21世纪高等学校规划教材

# 大学物理实验

## （第2版）

李滨 主编

修可白 孟庆刚 王玥萌 姜平晖 姜伟 白继元 副主编

## 21st Century University Planned Textbooks

人民邮电出版社

北京

**图书在版编目（CIP）数据**

大学物理实验 / 李滨主编. -- 2版. -- 北京：人
民邮电出版社，2013.2（2014.2重印）
21世纪高等学校规划教材
ISBN 978-7-115-30341-7

Ⅰ．①大… Ⅱ．①李… Ⅲ．①物理学－实验－高等学
校－教材 Ⅳ．①O4-33

中国版本图书馆CIP数据核字（2012）第308620号

## 内 容 提 要

本书包含绪论、测量误差与数据处理、基础实验、设计性实验、大学物理实验预备知识5个部分。内
容上包含了力学实验、热学实验、电磁学实验、光学实验、近代物理实验等。

本书可作为普通高等院校大学物理实验课程教材使用，也可供相关技术人员参考。

21 世纪高等学校规划教材

**大学物理实验（第 2 版）**

◆ 主　　编　李　滨
　　副 主 编　修可白　孟庆刚　王玥萌　姜平晖　姜　伟　白继元
　　责任编辑　王亚娜

◆ 人民邮电出版社出版发行　　北京市丰台区成寿寺路 11 号
　　邮编　100164　电子邮件　315@ptpress.com.cn
　　网址　http://www.ptpress.com.cn
　　北京昌平百善印刷厂印刷

◆ 开本：787×1092　1/16
　　印张：15.75　　　　　　2013 年 2 月第 2 版
　　字数：390 千字　　　　 2014 年 2 月北京第 3 次印刷

ISBN 978-7-115-30341-7

定价：32.00 元

本书参考教育部高等工科院校物理课程教学指导委员会发布的"高等工业学校大学物理实验课程教学基本要求"和"高等学校工科物理实验课程教学改革指南",结合工程应用型本科人才培养特点,以及实验室仪器设备情况,在不断探索实践改革和总结多年实践教学经验的基础上编写而成。

大学物理实验作为大学生踏入高等院校后的第一门科学实验课,在授予科学实验的基本知识、方法、技巧的同时,还肩负着培养学生严谨的科学态度,提高理论联系实际和分析问题、解决问题能力的重任。

本书在第一版的基础上,对部分内容进行修订,同时增加了部分实验内容,主要包括绪论,测量误差与数据处理,大学物理实验,设计性实验,大学物理实验预备知识五部分。实验内容上包括力学实验、热学实验、电磁学实验、光学实验和近代物理实验等实验项目。

本书由李滨主编,修可白、孟庆刚、王玥萌、姜平晖、姜伟、白继元任副主编。其中李滨负责第三章的实验一至实验八的编写工作;修可白负责第二章的编写工作;孟庆刚负责第三章的实验九至实验十三的编写工作;王玥萌负责第一章和第三章的实验十四至实验十八的编写工作;姜平晖负责第三章的实验十九至实验二十五的编写工作;姜伟负责第三章的实验二十六至实验三十以及第四章的编写工作;白继元负责第五章和附录的编写工作。全书由李滨统稿,秦进平审定。

限于编者的水平和经验,书中难免存在错误和不当之处,敬请广大读者批评指导。

编 者

2012 年 12 月

# 目　　录

# 第一章 绪论

科学实验是科学理论的源泉，是工程技术的基础。作为培养德、智、体全面发展的高级工程技术人才的高等学校，不仅要使学生具备比较深厚的理论知识，而且要使学生具有较强的从事科学实验的能力，以适应科学技术不断进步和国家现代化建设迅速发展的需要。

## 第一节　物理实验课程的作用和目的

### 一、大学物理实验课的重要作用

物理学是研究物质运动一般规律及物质基本结构的科学，它必须以客观事实为基础，必须依靠观察和实验。归根结底，物理学是一门实验科学，无论物理概念的建立还是物理规律的发现都必须以严格的科学实验为基础，并通过今后的科学实验来证实。

物理实验在物理学的发展过程中起着重要和直接的作用。

（1）实验可以发现新事实，实验结果可以为物理规律的建立提供依据

① 经典物理学（力学、电磁学、光学）规律是从以往的无数实验事实为依据总结出来的。

② X射线、放射性和电子的发现等为原子物理学、核物理学等的发展奠定了基础。

③ 卢瑟福从大角度α粒子散射实验结果提出了原子核基本模型。

（2）实验又是检验理论正确与否的重要判据

理论物理与实验物理相辅相成。规律、公式是否正确必须经受实践检验，只有经受住实验的检验，由实验所证实，才会得到公认。

① 电磁场理论的提出与公认。其历程如图1-1所示。

② 1905年爱因斯坦的光量子假说总结了光的微粒说和波动说之间的争论，能很好地解释勒纳德等人光电效应实验结果，但是直到1916年当密立根以极其严密的实验证实了爱因斯坦的光电效应方程之后，光的粒子性才为人们所接受。

③ 1974年J/ψ粒子的发现更进一步证实盖尔曼1964年提出的夸克理论。

大学物理实验是对高等工业学校的学生进行科学实验基本训练的一门独立的必要基础课程，是学生进入大学后受到系统实验方法和实验技能训练的开始。各类科学实验所涉及的误差理论、不确定度以及有效数字等基本概念，各类实验所涉及的基本实验方法、基本实验仪器都要在大学物理实验中加以讨论。因此，大学物理实验也是理工科学生从事其他科学实验的基础。

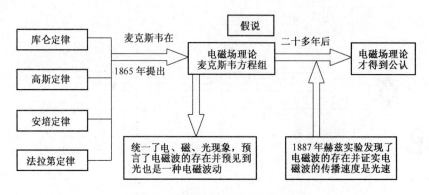

图 1-1　电磁场理论的提出与公认历程

## 二、大学物理实验课的目的

① 通过对物理实验现象的观测和分析，学习运用理论指导实验，分析和解决实验中问题的方法，加深对理论的理解。

② 培养学生具有初步从事科学实验的能力。它包括阅读教材，查阅资料，拟出或概括出实验原理和实验方法的能力；正确操作基本仪器，正确测量基本物理量，正确运用基本方法的能力；正确记录数据和处理数据的能力；正确分析实验结果和撰写实验报告的能力。简言之，要培养学生思维、工作、动手、分析、判断等从事科学工作的初步能力。

③ 通过实验培养学生实事求是、理论联系实际的作风。要善于用所学的理论指导实验，同时又善于从大量的实验现象和数据中总结规律，上升到理论。这正是人们在科学研究中所必须遵循的道路。

④ 培养学生严谨踏实、勇于探索与思考的科学精神以及团结互助和爱护公物的优良品德。

# 第二节　物理实验的主要环节、实验守则与实验安全

## 一、大学物理实验课的主要环节

实验课与听课不同，它的特点是同学们在教师的指导下自己动手，独立地完成实验任务。通常每个实验的学习，都要经历以下 3 个环节。

### 1. 做好实验预习

实验前必须认真阅读教材和有关资料，着重理解实验原理和所用的实验基本方法，明确哪些物理量是直接测量量，哪些是间接测量量。在此基础上写出预习报告，它作为正式报告的前面部分，要求在正式实验之前写好。它应包括以下几项内容。

（1）实验目的

（2）实验原理

实验原理应写得简明扼要，如列出实验所依据的主要公式，说明式中各量的物理意义及适用条件。还应包括电路图或光路图及相关的实验原理图。

（3）实验数据

（4）数据记录表格

表格应简单明了，能方便地记录直接测量的各个原始数据，并做好预习。

预习报告中最重要的是拟定出主要实验步骤和指明做好实验的关键，不可照抄教材。在预习中对做好本次实验的几个关键步骤要做到心中有数，绝不可应付了事。

### 2．实验操作

内容包括仪器的安装与调整，观察实验现象与选择测试条件，读数与数据记录，计算与分析实验结果以及误差估算等。

进入实验室，要注意遵守实验守则和实验室的各项规章制度。实验过程中，对观察到的现象和测得的数据及时进行判断，判断它们是否正常与合理。实验过程中可能会出现故障，在教师的指导下分析故障原因，学会并掌握排除简单故障的本领。

实验过程中遇到问题和挫折不是坏事，坚持探索，认真分析研究，找出原因，解决问题，就可以得到更大的收获。

实验结束后，所用的仪器、电源、桌凳等都要整理好，同时将原始记录交给任课教师签字生效后，方可离开实验室。

### 3．写一份简洁、清楚、工整和富有见解的实验报告

① 班级、组号、姓名、所用仪器台组（套）编号与实验名称写清楚（有时还须将实验时温度和大气压强等写在报告上）。

② 实验原理要写得简单明了，不要照抄教材，一般不超过 300 字。

③ 数据记录和处理，这是报告的核心，要认真计算和处理。

④ 回答思考题。

⑤ 小结。对实验中感到最深刻、最有收获的地方可以做一小结。小结全文不要超过 200 字。

原始记录随同实验报告在实验结束后的第 3 天必须交上，由任课教师批改。下次上课时反馈给学生。

## 二、实验守则

① 学生应在课表规定时间内进行实验，不得无故缺席或迟到。实验时间若要更动，须经实验室同意。

② 学生必须按照自己所在组的序号对照仪器的台（套）号入座；将预习报告放在实验桌上由教师检查，并回答教师的提问，经过教师检查认为合格后，方可进行实验。

③ 实验时，应携带必要的物品，如文具、计算器和草稿纸等。对于需要作图的实验应事先准备毫米格纸和铅笔。

④ 严格遵守实验室有关规定，不得大声喧哗、吵闹。未经许可，禁止擅自动用其他台（套）仪器。

⑤ 进入实验室后，根据仪器清单核对自己使用的仪器有否缺少或损坏。若发现有问题，

应及时向教师提出。未列入清单的仪器，另向教师借用，实验完毕后归还。

⑥ 不得伪造数据，一旦发现以零分计算，同时要对其进行批评教育。

⑦ 如发现有仪器、组件等出现故障，不得随意拆动，应及时报告指导教师。凡因误操作，使器物损坏者，要照章赔偿。

⑧ 实验结束后，数据交由教师签字。实验不合格或请假缺课的学生，由指导教师登记，通知学生在规定时间内补做。

## 三、实验安全

① 物理实验室电源为动力电，所以实验过程中应注意防止触电事故。例如，不要用手指触摸电源插座孔，电源插头拔出前不要拆卸熔断器（保险丝），仪器出现故障，要先关闭电源等。

② 对于高压电源应注意安全，不要触摸。即使在关闭电源后，若未做放电处理，切不可触摸导体部分以免被残余高压电击伤。

③ 实验中如果需要搬动较重物体，如大砝码、光具座上的夹具座等，要双手托稳，防止落地伤脚。

④ 在光线较暗的实验室进行光学操作时，要注意防止被锐器碰伤或触电，特别要注意防止辅助棒、物刺伤眼睛。

⑤ 玻璃晶体（片）在使用中要防止破损和被破碎片划伤。

# 第三节　基本测量方法和实验方法

物理实验方法，是依据所研究的物理规律、现象、原理，确定出正确的物理模型，以一种特殊的手段，实现测量和观察的方法。物理实验基本测量方法，大致可分为 3 种：一是直接测量法；二是根据被测量与测出量之间的关系，通过函数关系计算被测量的值，显然这是一种间接测量法；三是模拟方法。

物理实验基本方法不同于仪器的调整方法，也不同于数据处理方法。例如，分光计实验，为使望远镜光轴同仪器主轴严格垂直，采用了自准直法调整仪器；又如为了减少系统误差，采用左右逼近法测量；为了减少随机误差，采用逐差法处理数据。显然，以上三例都不是实验基本方法，常用的实验基本方法有以下几种。

## 一、比较法

### 1. 直接比较

一个待测物理量与一个经过校准的、属于同类物理量的量具或量仪（标准量）直接进行比较，从测量工具的标度装置上获取待测物理量量值的测量方法，称为直接比较。如用米尺测金属杆的长度即为直接比较。

### 2. 间接比较

由于某些物理量无法进行直接比较测量，故需设法将被测量转变为另一种能与已知标准量直接比较的物理量，当然这种转变必须服从一定的单值函数关系。如用弹簧的形变去测力，用水银的热膨胀去测温等均为这类测量，此类方法称间接比较。

### 3．比较系统

有些比较要借助于或简或繁的仪器设备，经过或简或繁的操作才能完成，此类仪器设备称为比较系统。天平、电桥及电位差计等均是常用的比较系统。

为了进行比较，常用以下方法。

（1）直读法

米尺测长，电流表测电流强度，电子秒表测时，这些都是由标度尺示值或数字显示窗示值直接读出被测值，此为直读法。直读法操作简便，但一般测量准确度较低。

（2）零示法

在天平称衡时，要求天平指针指零；用平衡电桥测电阻，要求桥路中检流计指针指零。这种以示零器示零为比较系统平衡的判据，并以此为测量依据的方法称零示法（或零位法）。零示法操作较繁琐，但由于人的眼睛判断指针与刻线重合的能力比判断相差多少的能力强，故零示法灵敏度较高，从而测量精密度也较高。

（3）交换法和替代法

为消除测量中的系统误差，提高测量正确度，常用到交换法和替代法。例如，为消除天平不等臂的影响，第 1 次称衡时在左盘放置被称量物，第 2 次称衡时在右盘放置被称量物，两次称衡值的平均值即为被称量物的质量，类似的测量方法称交换法；在用平衡电桥测电阻时，先接入待测电阻，调电桥平衡，保持电桥状态不变，用可调电阻箱替换待测电阻，调节电阻箱重新使电桥平衡，则电阻箱示值即为被测电阻的阻值，类似的测量方法称为替代法。

## 二、补偿法

当系统受到某一作用时会产生相应的某种效应，在受到另一同类作用时，又产生了一种新效应，新效应与旧效应叠加，使新旧效应均不再显现，系统回到初状态，此种新作用补偿了原作用。如原处于平衡状态的天平，在左盘上放上重物后，在重力作用下，天平梁臂发生倾斜，当在右盘放上与物同质量的砝码后，在砝码重量的作用下，天平梁臂发生反向倾斜，天平又回到平衡状态。这是砝码（的重力）补偿了物（的重力）的结果。运用补偿思想进行测量的方法称为补偿法。常用的电学测量仪器——电位差计，即基于补偿法。补偿法往往要与零示法、比较法结合使用。

## 三、放大法

放大有两类含义，一类是将被测对象放大，使测量精密度得以提高；另一类是将读数机构的读数细分，从而也能使测量精密度提高。

### 1．机械放大

利用丝杠鼓轮和蜗轮蜗杆制成的螺旋测微计和迈克尔逊干涉仪的读数细分机构，可把读数细分到 0.01mm 和 0.0001mm，读数精密度大为提高。利用杠杆原理，也能将读数细分。

### 2．视角放大

由于人眼分辨率的限制，当物对眼睛的张角小于 0.00157° 时，人眼将不能分辨物的细节，只能将物视作一点。利用放大镜、显微镜、望远镜的视角放大作用，可增大物对眼的视角，使人眼能看清物体，提高测量精密度。如果再配合读数细分机构，测量精密度将更高，如测微目镜、读数显微镜等。

### 3．角放大

根据光的反射定律，正入射于平面反射镜的光线，当平面镜转过 $\theta$ 角时，反射光线将相对原入射方向转过 $2\theta$，每反射一次便将变化的角度放大一倍。而且光线相当一只无质量的甚长指针，能扫过标度尺的很多刻度。由此构成的镜尺结构，可使微小转角得以明显显示。用此原理制成了光杠杆及冲击电流计、复射式光点电流计的读数系统。

## 四、模拟法

为了对难以直接进行测量的对象（如静电场极易受干扰，舰船、飞机体积太大等）进行测量，可以制成与研究对象有一定关系的模型，用对模型的测试代替对原型的测试，这种方法称为模拟法。当模型与原型的关系满足：①几何相似：模型与原型在几何形状上完全相似；②物理相似：模型与原型遵从同样的物理规律。当模型与原型同时满足上述这两个条件时，这类模拟称为物理模拟，飞机在风洞中吹风即其实例。另一类模拟称为数学模拟，其模型与原型在物理实质上可以完全不同，但它们却遵从相同的数学规律。如用稳恒电流场模拟静电场即属此类。

## 五、振动与波动方法

### 1．振动法

振动是一种基本运动形式。许多物理量均可为某振动系统的振动参量。只要测出振动系统的振动参量，利用被测量与参量的关系就可得到被测量。利用三线摆测量圆盘的转动惯量即是振动法的应用。

### 2．李萨如图法

两个振动方向互相垂直的振动，可合成为新的运动图像。图像因振幅、频率、相位的不同而不同。此图称李萨如图。利用李萨如图可测频率、相位差等。李萨如图通常用示波器显示。

### 3．共振法

一个振动系统受到另一系统周期性激励，若激励系统的激励频率与振动系统的固有频率相同时，振动系统将获得最多的激励能量，此现象称为共振。共振现象存在于自然界的许多领域，诸如机械振动、电磁振荡等。用共振法可测声音的频率、$LC$ 振荡回路的谐振频率。

### 4．驻波法

驻波是入射波与反射波叠加的结果。机械波、电磁波均会发生。驻波波长较易测得，故常用驻波法测波的波长。如又同时测出频率，则可知波的传播速度。

### 5．相位比较法

波是相位的传播。在传播方向上，两相临同相点的距离是一个波长。可通过比较相位变化而测出波的波长。驻波法和相位比较法在声速测量实验中将用到。

## 六、光学实验方法

### 1．干涉法

在精密测量中，以光的干涉原理为基础，利用对干涉条纹明暗交替间距的量度，实现对微小长度、微小角度、透镜曲率及光波波长等的测量。双棱镜干涉、牛顿环干涉等实验即为干涉测量，迈克尔逊干涉仪即为典型的干涉测量仪器。

### 2．衍射法

在光场中置一线度与入射光波长相当的障碍物（如狭缝、细丝、小孔、光栅等），在其后方将出现衍射花样。通过对衍射花样的测量与分析，可定出障碍物的大小。用伦琴射线对晶体的衍射，可进行物质结构分析。

### 3．光谱法

利用分光组件（棱镜或光栅），将发光体发出的光分解为分立的按波长排列的光谱。光谱的波长、强度等参量给出了物质结构的信息。

### 4．光测法

用单色性好、强度高、稳定性好的激光作光源，再利用声-光、电-光、磁-光等物理效应，可将某些需精确测量的物理量转换为光学量测量，光测法已发展为重要的测量手段。

## 七、非电量的电测法

随着科学技术的发展，许多物理量，如位移、速度、加速度、压强、温度、光强等都可经过传感器转换为电学量而进行测量，此即为非电量的电测法。一般说来，非电量电测系统如图 1-2 所示。

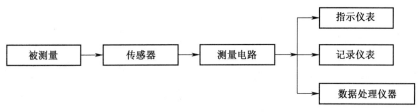

图 1-2 非电量电测系统

传感器是把非电的被测物理量转换成电学量的装置，是非电量电测系统中的关键器件。传感器都是根据某一物理原理或效应而制成的。

### 1. 温度—电压转换

进行温度—电压转换，可用热电偶来实现。热电偶是根据两种不同材料的金属接触时产生电势的接触电势效应和单一金属两端因温度不同而产生电势的温差电势效应而制成的。当两不同材料的金属导体两端均做密合接触，且两端温度又不同时，高、低温两端出现电势差，此电势差与材料和温度有关。若测出此电势差，并已知一端的温度（比如把此端置于冰水中），便可通过查阅事先编制好的表格而得知另一端的温度。这就是热电偶温度计。

### 2. 压强—电压转换

进行压强—电压转换，可用压电传感器来实现。这是利用某些材料的压电效应制成的。某些电介质材料，当沿着一定方向对其施力而使其变形时，内部产生极化现象，同时在它的两个表面上便产生符号相反的电荷，形成电势差，其大小与受力大小有关；当外力去除后，又重新恢复不带电状态；当作用力的方向改变时，电荷的极性也随之改变。这种现象称为正压电效应。反之，当在电介质的极化方向上施加电场，则会引起电介质变形，这种现象称为逆压电效应。正压电效应可用来测力与压强的大小，如对压电传感器施以声压，则会输出交变电压，通过测量电压的各参量而得知声波的各参量。

### 3. 磁感应强度—电压转换

进行磁感应强度—电压转换，可通过霍尔组件实现。霍尔组件是由半导体材料制成的片状物，当把它置于磁场中，并于两相对薄边加上电压，内部流有电流后，相邻两薄边将有异号电荷积累，出现电势差，其大小、方向与材料、电流大小及磁场磁感应强度有关，此效应称霍尔效应。用霍尔（组件）片可测磁感应强度。

### 4. 光—电转换

实现光—电转换的器件很多。利用光电效应制造的光电管、光电倍增管可测定相对光强。光敏电阻则是根据有些材料的电阻率会因照射光强不同而不同的性能制成的，因而可用它测量光束中谱线光强。光电池受到光照后会产生与光强有一定关系的电动势，从而可通过测电势来测量入射光的相对光强。光电二极管、光电三极管等器件，多用于电路控制。

# 第四节　基本实验操作技术

## 一、恢复仪器初态

所谓"初态"，是指仪器设备在进入正式调整、实验前的初始状态。正确的初态可保证仪器设备安全，确保实验工作顺利进行。如设置有调整螺丝的仪器，在正式调整前，应先使调整螺丝处于松紧合适的状态，具有足够的调整量，以便于仪器的调整。这在光学仪器中常会遇到。又如在电学实验中，未闭合电源前，应使电源的输出调节旋钮处于使电压输出为最小的位置，使滑线变阻器的滑动端处于最安全位置（若做分压，应使电压输出最小；若做限流，应使电路电流最小），使电阻箱接入电路的电阻不为零等。这样既保证了仪器设备的安全，又便于控制调节。

## 二、零位（零点）调整

绝大多数测量工具及仪表，如千分尺、电压表等都有其零位（零点）。在使用它们测量之前，都须校正零位。如零位不对，能调整则调整，不能调整则记下其对零的偏差值，以后在测量值中予以修正。

## 三、水平、铅直调整

有些实验仪器须在水平或铅直状态下才能正常工作。水平状态可借助水平仪进行判断，铅直状态可借助重锤进行判断。对其进行调整一般借助仪器基座上的 3 个调整螺丝。3 个螺丝成正三角形或等腰三角形排列，调节其中一个，基座便会以另外 2 个螺丝的连线为轴转动。

## 四、避免空程误差

由丝杠-螺母构成的传动与读数机构，由于螺母与丝杠之间有螺纹间隙，往往在测量刚开始或刚反向转动丝杠时，丝杠须转过一定角度（可能达几十度）才能与螺母啮合，结果与丝杠连接在一起的鼓轮已有读数改变，而由螺母带动的机构尚未产生位移，造成虚假读数而产生空程误差。为避免产生空程，使用这类仪器（如测微目镜，读数显微镜等）时，必须待丝杠与螺母啮合后，才能进行测量，且须单方向旋转鼓轮，切勿忽正转忽反转。

## 五、逐次（逐步）逼近调节

依据一定的判据，逐次缩小调整范围，较快捷地获得所需状态的方法称为逐次逼近调节法。判据在不同的仪器中是不同的，如天平是看天平指针是否指零，平衡电桥是看检流计指针是否指零，逐次逼近调节法在天平、电桥、电位差计等仪器的平衡调节中都要用到，在光路共轴调整、分光仪调整中也要用到，它是一个经常使用的调整方法。

## 六、消视差调节

当刻有刻度的标尺与需用此标尺来确定其位置或大小的物，如电表的表盘与指针、望远镜中叉丝分划板的虚像与被观察物的虚像不密合时，眼睛从不同方向观察会出现读数有差异或物与标尺刻线有分离的现象，此称视差现象。为了测量正确，实验时必须消除视差。消除视差的方法有两种：一是使视线垂直标尺平面读数。1.0 级以上的电表表盘上均附有平面反射镜，当观察到指针与其像重合，此时读下指针所指刻度值即为正确。焦利称的读数装置也是如此。二是使标尺平面与被测物密合于同一平面内。如游标卡尺的游标尺被做成斜面，便是为了使游标尺的刻线端与主尺接近处于同一平面，减少视差。使用光学测读仪器均须做消视差调节，使被观测物的实像成在作为标尺的叉丝分划板上，即它们的虚像处于同一平面。

## 七、调焦

在使用望远镜、显微镜和测微目镜等光学仪器时，为了清楚地看清目的物，均需进行调节。对前者要调物镜到叉丝间的距离，对后两者要调物镜到物间的距离，这种调节称为调焦。调焦是否已调好，以是否能看清目的物上的局部细小特征为准。

## 八、光路的共轴调整

在由两个或两个以上的光学组件组成的实验系统中，为获得好的像质，满足近轴光线条件等。必须进行共轴调整。调整一般分为两步，第一步进行粗调——目测调整，第二步根据光学规律进行细调，常用的方法有自准法和二次成像法。如果在光具座上进行实验，为了读数正确，还须把光轴调整得与光具座平行，即光学组件光心距光具座等高且光学组件截面与光具座垂直。

## 九、回路接线法

一张电路图可分解为若干个闭合回路。接线时，循回路由始点（如某高电位点）依次首尾相连，最后仍回到始点，此接线方法称回路接线法。按照此法接线和查线，可确保电路连接正确无误。

# 第二章
# 测量误差与数据处理

本章主要介绍测量误差、不确定度的基本概念，在此基础上，介绍有效数字及数据处理方法。考虑到本课程的特点，对于不确定度，在一定程度上进行了简化处理，以便使其具有较强的操作性。

## 第一节　测量和误差的基本知识

我们在进行物理实验时，不仅要对实验现象进行定性的观察，更主要的是找出有关物理量之间的定量关系。为了揭示物理量之间的内在关系，需要运用测量器具对物理量进行测量。在进行测量的时候，总会有误差，这是由于测量器具、测量环境、测量人员、测量方法等不理想，使得测量结果与真值之间总会有一定的差异。对同一物理量重复测量两次，结果并不一致，这就证明了这一点。随着科学技术的发展和测量方法的改进，误差可以愈来愈小，但仍然还会存在。

实践证明，测量结果中都存在着误差，误差自始至终存在于一切科学实验和测量的过程中。因此，分析测量中可能产生的各种误差，尽可能消除其影响，并对测量结果中未能消除的误差作出估计，是物理实验和许多科学实验中必不可少的工作。为此我们必须了解误差的概念、特性、产生的原因和估计方法等有关知识。

在测量误差理论学习中主要解决下列问题。

① 正确分析误差、消减系统误差到最低程度，合理测量、记录实验数据。

② 正确处理测量数据，以便得到接近于真值的最佳结果。

③ 合理评价测量结果的误差，写出测量结果的最终表达式。

④ 在设计性实验中，合理选择测量器具、测量方法和测量条件，以便得到最佳的结果。误差贯穿于整个实验之中，希望同学们不断地深入领会，提高实验素养。

### 一、测量

所谓测量就是将待测的物理量与一个选来作标准的同类量进行比较，得出它们之间的倍数关系。选来作为标准的同类量称为单位。倍数称为测量数值。由此可见，一个物理量的测量值等于测量数值与单位的乘积。一个物理量的大小是客观存在的，选择不同的单位，相应的测量数值就有所不同。单位愈大，测量数值愈小，反之亦然。

测量可分为两类，即直接测量和间接测量。直接测量是直接将待测物理量与选定的同类物理量的标准单位相比较，直接得到测量值大小的一种测量。它不必进行任何函数运算。例如用米尺量长度，表计时间，天平称质量，安培表测电流等。间接测量是根据直接测量所得到的数据，根据一定的公式，通过运算得到测量值大小的一种测量。例如，我们要测量一个圆柱的体积 $V$，在数学上，已知 $V = \pi d^2 h / 4$，其中 $d$ 为圆柱体的直径，$h$ 为高。利用长度测量工具，例如卡尺、千分尺测得 $d$ 和 $h$ 后，即可算出 $V$。不言而喻，体积 $V$ 的测量就属间接测量，则 $V$ 这个量就是间接测量量，而 $d$ 与 $h$ 则是直接测量量。

## 二、真值和误差

为了对测量及误差作进一步的讨论，我们引入有关真值和误差的一些基本概念。

真值——被测量在其所处的确定条件下，客观上所严格具有的量值。

误差——测量值与真值之差，记为

$$\Delta x = x - A \tag{2-1}$$

式中，$x$ 是测量结果（给出值），$A$ 是被测量的真值。$\Delta x$ 为测量误差，又称绝对误差。

任何测量都存在着误差，间接测量的误差来源于直接测量的误差。

任何一个测量结果表示为

$$x \pm \Delta x \tag{2-2}$$

$\Delta x$ 反映的是测量结果总的绝对误差，一般取正值（绝对值），$\pm$ 号说明 $\Delta x$ 是个范围，所以式（2-2）表示 $x$ 的真值（一般是多次测量的算术平均值）有较大的概率出现在 $(x + \Delta x) \sim (x - \Delta x)$ 区间。

真值是客观存在的，但它是一个理想的概念，在一般情况下不可能准确知道。然而在有些具体问题中，真值在实际上可以认为是已知的。例如，①理论值：三角形三个内角的和为180°等；②公认值：世界公认的一些常数值，如普朗克常数等；③相对真值：用准确度高一个数量级的仪器校准的测定值，如为了估计用伏安法测电阻的误差，可以用可靠性更高的电桥的测量结果作为真值。这种以给定为目的，能代替真值的量值，常被称为约定真值。在实际测量中常用被测量的实际值或以修正过的算术平均值 $\bar{x}$ 来代替真值。

按照定义，误差是测量结果与客观真值之差，它既有大小又有方向（正负）。由于真值在多数情况下无法知道，因此误差也是未知的，只能进行估计。

为全面评价测量结果引入相对误差。误差与真值之比称为相对误差，考虑到一般情况下，测量值与真值相差不会太大，故可以把误差与测量值之比作为相对误差。有

$$E = \frac{\Delta x}{A} \times 100\% = \frac{\Delta x}{\bar{x}} \times 100\% \tag{2-3}$$

例如，用米尺测量两个物体的长度，得出一个是 5cm，另一个是 25cm，测量的绝对误差为 0.05cm，二者的绝对误差相同，但前者误差占测量值的 0.05/5 = 1%，后者占 0.05/25 = 0.2%。显然测量误差的严重程度不同。为了全面评价测量的优劣，测量结果表示时，必须同时表示出其测量结果的相对误差。

## 三、误差的分类

误差按其特征和表现形式可以分为两类：系统误差和随机误差。为便于理解，我们从两个具体的例子着手讨论。

**例1** 用天平称量物体的质量。由于制造、调整及其他原因，天平横梁臂长不会绝对相等，因此测量结果与真值会产生定向的偏离。如果左臂比右臂短，当待测物体放在左盘时，称量的结果将偏小，反之则偏大。

**例2** 用停表测单摆周期。尽管操作者进行了精心的测量，但由于人眼对单摆通过平衡位置的判断前后不一、手计时响应的快慢不匀以及来自环境、仪器等造成周期测量微小涨落的其他因素，测量结果呈现出某种随机起伏的特点。表 2-1 所示为测量 50 个周期的 6 组数据。

表 2-1 单摆周期测量记录

| 测量次数 $i$ | 1 | 2 | 3 | 4 | 5 | 6 |
|---|---|---|---|---|---|---|
| $50T_i$ | 1′49″70 | 1′50″02 | 1′49″83 | 1′50″12 | 1′49″93 | 1′49″78 |

我们把类似例一的误差称为系统误差，类似例二的误差称为随机误差。

## 1. 系统误差

在同一被测量的多次测量过程中，保持常数或以可以预知方式变化的那一部分误差称为系统误差。

系统误差的特点是它的确定规律性。这种规律性可以表现为定值的，如天平的标准砝码不准造成的误差；可以表现为累积的，如用受热膨胀的钢尺进行测量，其指示值将小于真实长度，误差随待测长度成比例增加；也可以表现为周期性的，如测角仪器中主刻度盘中心不重合造成的偏心差；还可以表现为其他复杂规律的。系统误差的确定性反映在：测量条件一经确定，误差也随之确定；重复测量时，误差的绝对值和符号均保持不变。因此，在相同实验条件下，多次重复测量不可能发现系统误差。

系统误差产生的原因有以下几种：①所用仪器、仪表、量具的不完善性，称为仪器误差，这是产生系统误差的主要原因；②实验方法的不完善性或这种方法所依据的理论本身具有近似性；③实验者个人的不良习惯或偏向（如有的人习惯于侧坐、斜坐读数，使读得的数据偏大或偏小），以及动态测量的滞后或起落等。

对操作者来说，系统误差的规律及其产生原因可能知道，也可能不知道，已被确切掌握了其大小和符号的系统误差，称为可定系统误差；对大小和符号不能确切掌握的系统误差称为未定系统误差。前者一般可以在测量过程中采取措施予以消除或在测量结果中进行修正；而后者一般难以作出修正，只能估计出它的极限范围。

## 2. 随机误差

在实际测量条件下，多次测量同一量时，以不可预知的方式变化的那一部分误差称为随机误差。

随机误差的特点是它出现的随机性。在相同条件下，每个测量结果的误差其绝对值和符号以不可预定的方式变化，显示出没有确定的规律性。但就总体而言，它服从统计规律，随机误差的这种特点使我们能够在确定条件下，通过多次重复测量来发现它。

随机误差的处理可以从它所服从的统计分布规律来讨论。多数随机误差服从所谓的正态分布，这类误差又称为偶然误差，它是由众多的、不可能由测量条件控制的微小因素共同影响所造成的。

产生随机误差的主要原因是由于测量过程中某些随机的和不确定的因素的影响，如实验环境条件微小的波动及实验操作者的感官功能的偶然起伏等。通常，任一次测量所产生的随机误差或大或小，或正或负，毫无规律。但对同一量测量次数 $n$ 足够多时，将会发现它们的分布服从某种规律。

系统误差和随机误差是两种不同性质的误差，但它们又有着内在的联系。在一定的实验条件下，它们有自己的内涵和界限；但当条件改变时，彼此又可能互相转化。例如，系统误差与随机误差的区别有时与空间和时间的因素有关。测量温度在短时间内可保持恒定或缓慢变化、但在长时间中却是在某个平均值附近作无规律变化，因此由于温度变化造成的误差在短时间内可以看成是系统误差，而在长时间内则宜作随机误差处理。随着技术的发展和设备的改进，使有些造成随机误差的因素能够得到控制，某些随机误差就可确定为系统误差并得到改善或修正，而有些规律复杂的未定系统误差，也可以通过改变测量状态使之随机化，因此它们就会像偶然误差那样，呈现出某种随机性。事物的这种内在统一性，使我们有可能用统一的方法对它们进行计算和评定。

还有一种误差，是由于测量系统偶然偏离所规定的测量条件和方法或在记录、计算数据时出现失误而产生的，称为粗大误差，简称粗差。这实际上是一种测量错误。对这种数据应当予以剔除。需要指出的是，不应当把有某种异常的观察值都作为粗大误差来处理，因为它可能是数据中固有的随机性的极端情况。判断一个观察值是否为异常值时，通常应根据技术上或物理上的理由直接作出决定；当原因不明确时，可用统计方法处理。对此，本书不做介绍，必要时可参阅有关误差理论书籍。

## 四、精密度、正确度和准确度

习惯上，人们经常用"精度"一类的词来形容测量结果误差的大小，但作为科学术语，应该采用以下的说法。

精密度——表示测量结果中随机误差大小的程度。系指在规定条件下对被测量进行多次测量时，所得结果之间符合的程度。

正确度——表示测量结果中系统误差大小的程度。它反映了在规定条件下，测量结果中所有系统误差的综合。

准确度——表示测量结果与被测量的（约定）真值之间的一致程度。准确度又称精确度，它反映了测量中系统误差与随机误差的综合。

图 2-1 所示为射击时的记录图形，图 2-1（a）表示精密度高，正确度低，即随机误差小，系统误差大；图 2-1（b）表示正确度高，但是精密度低，即系统误差小，随机误差大；图 2-1（c）表示准确度高，既精密又正确，系统误差和随机误差都小。

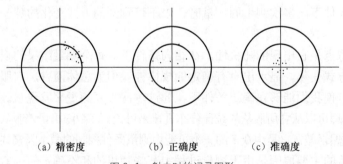

(a) 精密度          (b) 正确度          (c) 准确度

图 2-1　射击时的记录图形

# 五、仪器误差

任何测量过程都存在测量误差，用以说明测量结果可靠程度的定量指标是它的不确定度。当我们操作仪器进行各种测量并记录数据时，测量的不确定度与仪器的误差有关，仪器误差有众多的来源。以最普通的指针式电表为例，它们包括：轴承摩擦，转轴倾斜，游丝的弹性不均、老化和残余变形，磁场分布不均匀，分度不均匀，检测标准本身的误差等。逐项进行的测量结果与真值的一致程度，是测量结果中各系统误差与随机误差的综合估计指标。仪器误差或允许误差限就是指在正确使用仪器的条件下，测量所得结果和被测量的真值之间可能产生的最大误差。对照通用的国际标准，我国制定了相应的计量器具的检定标准和规程。结合物理实验的特点，在此进行简要的介绍。

## 1. 长度测量类

物理实验中最基本的长度测量工具是米尺、游标卡尺和螺旋测微计（千分尺）。

钢直尺和钢卷尺的允许误差如表 2-2 所示。不同分度值的游标卡尺的允许示值误差如表 2-3 所示。螺旋测微计的示值误差如表 2-4 所示。在基础物理实验中，考虑到上述规定的严格性又兼顾教学训练的简化需要，除具体实验中另有说明以外，我们约定：游标卡尺的仪器误差按其分度值估计，而钢板尺、螺旋测微计的仪器误差按其最小分度的 1/2 计算，如表 2-5 所示。

**表 2-2**　　　　　　　　　　　　钢直尺和钢卷尺的允许误差

| 钢　直　尺 | | 钢　卷　尺 | |
| --- | --- | --- | --- |
| 尺寸范围/mm | 允许误差/mm | 准确度等级 | 示值允许误差/mm |
| | | I 级 | $\pm(0.1\pm0.1L)$ |
| >1～300 | $\pm0.10$ | II 级 | $\pm(0.3\pm0.2L)$ |
| >300～500 | $\pm0.15$ | 注：式中 $L$ 是以米为单位的长度，<br>　　当长度不是米的整倍数时，<br>　　取最接近的较大整"米"数 | |
| >500～1000 | $\pm0.20$ | | |
| >1000～1500 | $\pm0.27$ | | |
| >1500～2000 | $\pm0.35$ | | |

**表 2-3**　　　　　　　　　　　　游标卡尺的允许示值误差

| 测量长度/mm | 示值误差/mm | | |
| --- | --- | --- | --- |
| | 分度值/mm | | |
| | 0.02 | 0.05 | 0.10 |
| 0～150 | $\pm0.02$ | $\pm0.05$ | |
| 150～200 | $\pm0.03$ | $\pm0.06$ | $\pm0.10$ |
| 200～300 | $\pm0.04$ | $\pm0.08$ | |
| 300～500 | $\pm0.05$ | $\pm0.08$ | |
| 500～1000 | $\pm0.07$ | $\pm0.10$ | $\pm0.15$ |

**表 2-4** 螺旋测微计的示值误差

| 测量范围/mm | 示值误差/μm |
|---|---|
| 0～25，25～50 | 4 |
| 50～75，75～100 | 5 |
| 100～125，125～150 | 6 |
| 150～175，175～200 | 7 |

**表 2-5** 实验中长度量具仪器误差的简化约定

| 钢板尺 | 游标卡尺 | | | 螺旋测微计 |
|---|---|---|---|---|
| | 1/10mm 分度 | 1/20mm 分度 | 1/50mm 分度 | |
| 0.5mm | 0.1mm | 0.05mm | 0.02mm | 0.005mm |

### 2．质量测量类

物理实验中称衡质量的主要工具是天平，天平的测量误差应当包括示值变动性误差、分度值误差和砝码误差等。单杠杆天平按精度分为十级，砝码的精度分为五等，一定精度级别的天平要配用等级相当的砝码。

在简单实验中，我们约定可取天平分度值的一半作为仪器误差。

### 3．时间测量类

停表是物理实验中最常用的计时仪表。在本课程中，对较短时间的测量可按 0.01s 作为停表的仪表误差。对石英电子秒表，其最大偏差 $\leqslant \pm\left(5.8\times10^{-6}t+0.01\right)$ s，其中 $t$ 是时间的测量值。

### 4．温度测量类

物理实验中常用的测温仪器包括水银温度计、热电偶和电阻温度计等。表 2-6 所示为实验常用的工作用温度计的示值允许误差。

**表 2-6** 工作用温度计的示值允许误差

| 温度计类别 | | 测量范围/℃ | 示值允许误差/℃ | | | |
|---|---|---|---|---|---|---|
| | | | 分度值 | | | |
| | | | 0.1 | 0.2 | 0.5 | 1 |
| 工作用玻璃水银温度计 | 全浸 | −30～+100 | ±0.2 | ±0.3 | ±0.5 | ±1.0 |
| | | >100～200 | ±0.4 | ±0.4 | ±1.0 | ±1.5 |
| | 局浸 | −30～+100 | — | — | ±1.0 | ±1.5 |
| | | >100～200 | — | — | ±1.5 | ±2.0 |
| 工作用铂铑—铂热电偶（热电偶参考端为℃） | Ⅰ级 Ⅱ级 | 0～1100 | ±1 | | | |
| | | 1100～1600 | $\pm[1+(t-1100)\times0.003]$ | | | |
| | | 0～600 | ±1.5 | | | |
| | | 600～1600 | $\pm0.25\%t$ | | | |
| 工业铂热阻 分度号 $P_t10,100$ | （A级） | −200～+850 | $\pm(0.15+0.002|t|)$ | | | |
| | （B级） | | $\pm(0.30+0.005|t|)$ | | | |

在本课程中，约定水银温度计的仪器误差按最小分度的 1/2 计算。

### 5．电学测量类

电学仪器按国家标准大多是根据准确度大小划分为等级，其基本误差限可通过准确等级的有关公式给出。

（1）电磁仪表（指针式电流表、电压表）

$$\Delta_{仪} = \alpha\% \cdot N_m \tag{2-4}$$

式中，$N_m$ 为电表的量程，$\alpha$ 是以百分数表示的准确度等级，共分为 5.0、2.5、1.5、1.0、0.5、0.2 和 0.1 七个级别。

（2）直流电阻器

实验室用的直流电阻器包括标准电阻和电阻箱，直流电阻器准确度等级分为 0.0005，0.001, 0.002, 0.005, 0.01, 0.02, 0.05, 0.1, 0.2, 0.5 等。

标准电阻在某一温度下的电阻值 $R_x$ 可由下式给出

$$R_x = R_{20}[1 + \alpha(t - 20) + \beta(t - 20)^2] \tag{2-5}$$

式中，$+20℃$时电阻值 $R_{20}$ 和一次、二次温度系数 $\alpha, \beta$ 可由产品说明书查出。在规定的使用范围内基本误差限由准确度级别和电阻值的乘积决定。

实验室广泛使用的另一种标准电阻是电阻箱。它的优点是阻值可调，但接触电阻和接触电阻的变化要比固定的标准电阻大一些。一般按不同度盘分别给出准确度级别，同时给出残余电阻（即各度盘开关取 0 时，连接点的电阻值），仪器误差可按不同度盘允许误差限之和再加上残余电阻来估算，即

$$\Delta_{仪} = \sum_i a_i\% \cdot R_i + R_0 \tag{2-6}$$

其中，$R_0$ 是残余电阻，$R_i$ 是第 $i$ 个度盘的示值，$a_i$ 是相应电阻的准确度级别。

（3）直流电位差计

$$\Delta_{仪} = a\%\left(U_x + \frac{U_0}{10}\right) \tag{2-7}$$

直流电位差计基本误差的允许极限由两项组成，一项是与标度盘示值成比例的可变项 $a\% \cdot U_x$，$a$ 是电位差计的准确度级别；另一项是与基准值 $U_0$ 有关的常数项。基准值 $U_0$ 是有效量程的一个参考单位，除非制造单位另有规定，有效量程的基准值规定为该量程中最大的 10 的整数幂。例如，某电位差计的最大标度盘示值为 1.8，量程因数（倍率比）为 0.1，则有效量程 0.18V 可以表成 10 的 lg 0.18 次方，即 $0.18 = 10^{\lg 0.18}$，不大于 lg 0.18 的最大整数为负 1，所以相应的基准值 $U_0 = 10^{-1} = 0.1V$。

（4）直流电桥

$$\Delta_{仪} = a\%\left(R_x + \frac{R_0}{10}\right) \tag{2-8}$$

与电位差计的情况类似，$R_x$ 是电桥标度盘示值，$a$ 是电桥的准确度级别，$R_0$ 是基准值。

（5）数字仪表

随着科学技术的发展，电压、电流、电阻、电容和电感的数字测量仪表得到了越来越广

泛的应用。数字仪表的仪器误差有几种表达式，下面给出两种：

$$\Delta_{仪} = a\%N_x + b\%N_m \qquad\qquad (2\text{-}9)$$

或

$$\Delta_{仪} = a\%N_x + \alpha 字 \qquad\qquad (2\text{-}9')$$

式中，$a$ 是数字式电表的准确度等级，$N_x$ 是显示的读数，$b$ 是某个常数，称为误差的绝对项系数，$N_m$ 是仪表的满度值，$\alpha$ 代表仪器固定项误差，相当于最小量化单位的倍数，只取 1，2，… 等数字，例如某数字电压表 $\Delta_{仪} = 0.02\%U_x + 2字$，则某固定项误差是最小量化单位的 2 倍，若取 2V 量程时数字显示为 1.4786V，最小量化单位是 0.0001V，于是

$$\Delta U = 0.02\% \times 1.4786 + 2 \times 0.0001 = 5 \times 10^{-4}\text{V}$$

### 6. 小结

① 仪器误差提供的是在正常工作条件下，误差绝对值的极限值，并不是测量的真实误差，也无法确定其符号，因此它仍然属于不确定度的范畴。实际上测量误差 $\Delta N$ 应当满足 $|\Delta N| \leqslant \Delta_{仪}$。仪器误差包含了在规定条件下，可定系统误差、未定系统误差和随机误差的总效果。例如，数字仪表是通过对被测信号进行适当的放大（衰减）后作量化计数，给出数字显示的。其中由于放大（衰减）系数和量化单位不准造成的误差属于可定系统误差，来自测量过程中电子系统的漂移而产生的误差属于未定系统误差，而量化过程的尾数截断造成的误差又具有随机误差的性质。

② 正确使用仪器条件是指实验规程中规定的配套仪器和环境等条件。例如，0.005～0.05 级电桥要求环境温度（20±5）℃，湿度 25%～75% 等。在非标准条件下使用还要考虑由此而引起的附加误差。例如，电位差计使用不配套的灵敏度电流计就应该计入由此而产生的灵敏度误差。

③ 从教学的训练考虑，在基础物理实验中对有些仪器误差作了若干简化，如钢板尺、螺旋测微器、物理天平、停表等。有些测量条件也不能严格保证，但作为不确定度的估算，仍具有重要的参考和训练价值。

④ 仪表的准确度指数通常采用百分数（%）表示的准确度级别或用科学标记法表示准确度的表示方法。

# 第二节 不确定度及其运算

用标准误差来评估测量结果的可靠程度，这种做法往往有可能会遗漏一些影响结果准确性的因素，如未定的系统误差、仪器误差等。鉴于上述原因，为了更准确地表述测量结果的可靠程度，提出了采用不确定度的建议和规定。

不确定度一词源于英文 Uncertainty，是指可疑、不能确定或测不准的意思。不确定度是测量结果所携带的一个必要的参数，以表征所得测量值的分散性、准确性和可靠程度。1980 年国际计量局发表了《不确定度工作组织的建议书》即 INC-J（1980）。1992 年，一些国际组织联合颁布了《测量不确定度导则》，在同年 10 月 1 日中国国家技术监督局《测量误差及数据处理（试行）》正式实施。该法规规定，在测量结果的最后表示形式中用总不确定度。

## 一、不确定度的概念

测量结果不确定度，是对待测量的真值所处量值范围的评定，其含义是明确的，即不确定度表示由于测量误差的存在，而使被测量值不能确定的程度。它是被测量的真值所处量值范围的一个评定参数，它和通常所说的误差是两个不同的概念，但同时又是互相联系的，都是由测量过程的不完善性引起的。不确定度越小，标志着误差的可能值越小，测量的可信赖程度越高。

## 二、不确定度的分类

参照《不确定度工作组织的建议书》（INC-J（1980））、《测量不确定度表达指南（1992）》和我国计量技术规范 JJG1027-91 等精神，结合物理实验教学实际，拟采用一种简化的方法来进行不确定度表达。

通常测量结果的不确定度，由几个分量构成，按其数值的评定方法，这些分量可归入两大类，即 A 类分量和 B 类分量。

① A 类不确定度——多次重复测量时，可以用统计方法处理得到的那些分量。

② B 类不确定度——不能用统计方法处理，而需要用其他方法处理的那些分量。

需要指出的是，A 类分量、B 类分量不一定与通常讲的随机误差、系统误差存在简单的对应关系。有关不确定度的计算、合成和传递等问题，将在后文中陆续介绍。

## 三、随机误差的正态分布规律和处理

### 1. 随机误差和正态分布

在一定的测量条件下，以不可预知的方式产生的误差称为随机误差。对这种误差，有比较完整的处理方法。但由于数学上的原因，我们将只限于介绍它的一些主要特征和结论。

重做测定单摆周期的实验（例二），并且次数足够多（如 $n = 64$），我们得到表 2-7 所示那样的一组数据，把它画成图 2-2 所示 $\frac{n_i}{n}$-$T_i$ 曲线。其中 $n$ 是测量的总次数，$n_i$ 是在 $i$ 次测量中周期为 $T_i$ 的次数（频数）。从图上可以看出，每次测量的周期尽管各不相同，但总是围绕着某个平均值（$T_0 = 2.1983$）而起伏，起伏本身虽具有随机性，但总的趋势是偏离平均值越远的次数越少，而且偏离过远的测量结果实际上不存在，不难想象，分布直方图下，总面积为 1（$\sum n_i / n = 1$）。如果再增加测量次数，图形也将发生变化，从细节上看似乎这种变化是随机的，但从总体上看却具有某种规律性，即有确定的轮廓（包络）。从理论上讲，对这类实验，我们无法预言下一次测量结果的确切数值，但可以从总体上把握结果取某个测量值的可能性（几率）有多大。

表 2-7                             单摆周期实验数据                            （$n = 64$）

| 周期 $T_i$/s | 2.194 | 2.195 | 2.196 | 2.197 | 2.198 | 2.199 | 2.200 | 2.201 | 2.202 | 2.203 | 2.204 |
|---|---|---|---|---|---|---|---|---|---|---|---|
| 频数 $n_i$ | 1 | 3 | 6 | 10 | 14 | 11 | 8 | 4 | 3 | 2 | 1 |
| 频率 $n_i/n$ | 0.0156 | 0.0469 | 0.0938 | 0.1562 | 0.2188 | 0.1719 | 0.1250 | 0.0625 | 0.0469 | 0.0312 | 0.0156 |

如果观测量 $x$ 可以连续取值，当测量次数 $n \to \infty$ 时，其极限将是一条光滑的连续曲线如图 2-3 所示。由误差理论知道，绝大多数的随机误差满足的几率分布是如图 2-3 所示的正态（高斯）分布。在消除了系统误差以后，$x_0$ 对应的就是测量真值 $A$。服从正态分布的随机误差具有下列特点：

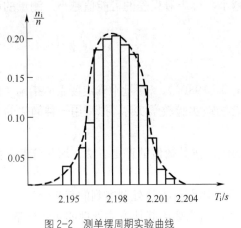

图 2-2　测单摆周期实验曲线

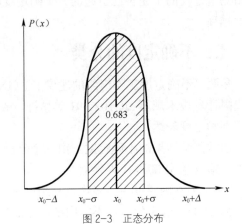

图 2-3　正态分布

单峰性——绝对值小的误差比绝对值大的误差出现的几率大，当 $x = A$ 时，几率曲线有极大值；

对称性——大小相等而符号相反的误差出现的几率相同 $P(A - \Delta x) = P(A + \Delta x)$；

有界性——在一定测量条件下，误差的绝对值不超过一定限度，

$$[P(x)]_{x > A + \Delta} \text{ 和 } [P(x)]_{x < A - \Delta} \approx 0；$$

抵偿性——误差的算术平均值随测量次数 $n$ 的增加而趋于零，

$$\lim_{n \to \infty} \frac{1}{n} \sum_{i=1}^{n} \Delta x_i = \lim_{n \to \infty} \frac{1}{n} \sum_{i=1}^{n} (x_i - A) = 0$$

或

$$\int_{-\infty}^{+\infty} (x - A)P(x)\mathrm{d}x = 0。$$

### 2. 标准误差和置信概率

测量结果的几率分布曲线提供了测量及其误差分布的全部知识。曲线越"瘦"，说明测量的精密度越高，越"胖"则说明精密度越低。测量结果落在 $x_1 \sim x_2$ 区间内的可能性（几率）是 $\int_{x_1}^{x_2} P(x)\mathrm{d}x$，我们把它称为置信概率。如果测量的误差限为 $\pm \Delta$，则

$$\int_{x_0 - \Delta}^{x_0 + \Delta} P(x)\mathrm{d}x \approx 1$$

直接测量通常得到的是一组含有误差的数据。如何从这组数据中给出误差的最佳估计值呢？从误差理论知道，测量系统随机误差分布的基本特征可以用所谓的标准误差的平方 $\sigma_x^2$ 来描述（$\sigma_x^2$ 称为方差）

$$\sigma_x^2 = \lim_{n \to \infty} \frac{1}{n} \sum_{i} (x_i - A)^2 \tag{2-10}$$

其中，$A$ 是真值，$n$ 是测量次数，$x_i$ 是第 $i$ 次的测量值。对正态分布，可以证明标准误差满足

$$\int_{A-\sigma}^{A+\sigma} P(x)\mathrm{d}x = 0.683 \tag{2-11}$$

即在真值附近 $\pm\sigma$ 区域的测量几率是 68.3%，换言之，操作者的任何一次测量，其结果将有 68.3%的可能落在 $A-\sigma \sim A+\sigma$ 的区间内。我们再从测量结果包含真值的角度来理解上述结论，任意进行一次测量，设测量值为 $x$，则 $x$ 满足下述条件的可能性是 0.683

$$A-\sigma \leqslant x \leqslant A+\sigma \tag{2-12}$$

（从理论上讲应是 $\int_{-\infty}^{+\infty} P(x)\mathrm{d}x = 1$，这时可以把由 $\int_{A-\Delta}^{A+\Delta} P(x)\mathrm{d}x = 0.9975$ 推算出的 $\pm\Delta$ 看作是误差限。）

式（2-12）又可写成

$$x+\sigma \geqslant A \geqslant x-\sigma \tag{2-13}$$

这就是说，在确定的测量条件下进行单次测量，若结果为 $x$，则真值 $A$ 落在 $x-\sigma \sim x+\sigma$ 区间内的可能性是 68.3%。因此，我们可以把 $\sigma$ 作为单次测量的随机误差估计。对正态分布，其置信概率是 68.3%。理论分析表明，若将置信区间变为 $(x\pm 2\sigma)$，则置信概率是 95.34%，若放大到 $(x\pm 3\sigma)$，则置信概率是 99.7%。通俗地讲，若把 $\sigma$ 乘以一个不同的用以确定置信区间大小的"覆盖因子"就可以得到不同的置信概率 $P$。

### 3．平均值和标准偏差

在一般情况下，由式（2-10）求 $\sigma$ 是无法通过测量来实现的。因为真值未知，$n$ 也不可能是无穷多次。所以，只能求它的估计值。误差理论指出，在有限次测量中，可以把

$$S_x = \sqrt{\frac{\sum (x_i-\overline{x})^2}{n-1}} \tag{2-14}$$

作为 $\sigma_x$ 的最佳估计。$S_x$ 称为标准偏差，式中 $\overline{x}$ 是测量值 $x_i(i=1,2,\cdots,n)$ 的算术平均值。

$$\overline{x} = \sum x_i / n$$

实验中最常遇到的问题是，在进行了一组等精密度重复测量以后，如何由获得的数据来提取真值和标准误差的最佳估计值。随机误差的统计理论的结论是，对直接观测量 $x$ 做了有限次的等精度独立测量，结果是 $x_1,x_2,\cdots,x_n$，若不存在系统误差，则应该：

① 把算术平均值

$$\overline{x} = \frac{x_1+x_2+\cdots x_n}{n} = \sum x_i / n \tag{2-15}$$

作为真值的最佳估计；

② 把平均值的标准（偏）差（注意它和 $S_x$ 的区别）

$$S_{\overline{x}} = \sqrt{\frac{\sum (x_i-\overline{x})^2}{n(n-1)}} \tag{2-16}$$

作为平均值 $\overline{x}$ 的标准误差的估计值，式（2-15）也可以从最小二乘的原理来理解。

## 四、直接测量结果的表示和总不确定度的估计

### 1. 总不确定度

完整的测量结果应给出被测量的量值 $x_0$，同时还要标出测量的总不确定度 $\Delta$，写成 $x_0 \pm \Delta$ 的形式。这表示被测量的真值在 $x_0 - \Delta$、$x_0 + \Delta$ 的范围之外的可能性（或概率）很小，不确定度是指由于测量误差的存在而对被测量值不能肯定的程度，是表征被测量的真值所处的量值范围的评定。

直接测量时被测量的量值 $x_0$ 一般取多次测量的平均值 $\bar{x}$；若实验中有时只能测一次或只需测一次，就取该次测量值 $x$。最后表示被测量的直接测量结果 $x_0$ 时，通常还必须将已定系统误差分量（即绝对值和符号都确定的已估算出的误差分量）从平均值 $\bar{x}$ 或一次测量值 $x$ 中减去，以求得 $x_0$，即用已定系统误差分量对测量值进行修正。如螺旋测微计的零点修正，伏安法测电阻中电表内阻影响的修正等。

根据国际标准化组织等 7 个国际组织联合发表的《测量不确定度表示 ISO 1993（E）》的精神，普通物理实验的测量结果表示中，总不确定度 $\Delta$ 从估计方法上也可分为两类分量：A 类指多次重复测量用统计方法计算出的分量 $\Delta_A$，B 类指用其他方法估计出的分量 $\Delta_B$，它们可用 "方、和、根" 法合成（下文中的不确定度及其分量一般都是指总不确定度及其分量），即有

$$\Delta = \sqrt{\Delta_A^2 + \Delta_B^2} \tag{2-17}$$

### 2. 总不确定度的 A 类分量 $\Delta_A$

在实际测量中，一般只能进行有限次测量，这时测量误差不完全服从正态分布规律，而是服从称之为 $t$ 分布（又称学生分布）的规律。这种情况下，对测量误差的估计，就要在贝塞尔公式（2-14）的基础上再乘以一个因子。在相同条件下对同一被测量进行 $n$ 次测量，若只计算总不确定度 $\Delta$ 的 A 类分量 $\Delta_A$，那么它等于测量值的标准偏差 $S_x$，乘以一个因子 $t_p(n-1)/\sqrt{n}$，即

$$\Delta_A = \frac{t_p(n-1)}{\sqrt{n}} S_x \tag{2-18}$$

式中，$t_p(n-1)$ 是与测量次数 $n$、置信概率 $P$ 有关的量。概率 $P$ 及测量次数 $n$ 确定后，$t_p(n-1)$ 也就确定了。因子 $t_p(n-1)$ 的值可以从专门的数据表中查得。当 $P = 0.95$ 时，$t_p(n-1)/\sqrt{n}$ 的部分数据可以从表 2-8 中查到。

表 2-8 测量次数与 $t_p(n-1)/\sqrt{n}$ 因子的关系

| 测量次数 $n$ | 2 | 3 | 4 | 5 | 6 | 7 | 8 | 9 | 10 |
|---|---|---|---|---|---|---|---|---|---|
| $t_p(n-1)/\sqrt{n}$ 因子的值 | 8.98 | 2.48 | 1.59 | 1.24 | 1.05 | 0.93 | 0.84 | 0.77 | 0.72 |

普通物理实验中测量次数 $n$ 一般不大于 10。从该表可以看出，当 $5 < n \leqslant 10$ 时，因子 $t_p(n-1)/\sqrt{n}$ 近似取为 1，误差并不很大。这时式（2-18）可简化为

$$\Delta_A = S_x \tag{2-19}$$

有关的计算还表明，在 $5 < n \leqslant 10$ 时作 $\Delta_A = S_x$ 近似，置信概率近似为 0.95 或更大。即当 $5 < n \leqslant 10$ 时取 $\Delta_A = S_x$ 已可使被测量的真值落在 $\bar{x} \pm S_x$ 范围内的概率接近或大于 0.95。所以我们可以这样简化：直接把 $S_x$ 的值当作测量结果的总不确定度的 A 类分量 $\Delta_A$。当然，测量次数 $n$ 不在上述范围或要求误差估计比较精确时，要从有关数据表中查出相应的因子 $t_p(n-1)/\sqrt{n}$ 的值。

### 3．总不确定度的 B 类分量 $\Delta_B$

在普通物理实验中常遇到仪器误差或误差限值，它是参照国家标准规定的计量仪表、器具的准确度等级或允许误差范围，由生产厂家给出或由实验室结合具体测量方法和条件简化的约定，用 $\Delta_仪$ 表示，仪器的误差 $\Delta_仪$ 在普通物理实验教学中是一种简化表示，通常取 $\Delta_仪$ 等于仪表、器具的示值误差限或基本误差限。许多计量仪表、器具的误差产生原因及具体误差分量的计算分析，大多超出了本课程的要求范围。用普通物理实验室中的多数仪表、器具对同一被测量的在相同条件下进行多次直接测量时，测量的随机误差分量一般比其基本误差限或示值误差限小不少；另一些仪表、器具在实际使用中很难保证在相同条件下或规定的正常条件下进行测量，其测量误差除基本误差或示值误差外还包含变差等其他分量。因此我们约定，在普通物理实验中大多数情况下把 $\Delta_仪$ 简化地直接当作总不确定度 $\Delta$ 中用非统计方法估计的 B 类分量 $\Delta_B$，即 $\Delta_B = \Delta_仪$。

### 4．总不确定度的合成

由式（2-17）、式（2-18）和式（2-19）可得

$$\Delta = \sqrt{\Delta_A^2 + \Delta_B^2} = \sqrt{\left(\frac{t_P(n-1)}{\sqrt{n}}S_x\right)^2 + \Delta_B^2} \qquad (2\text{-}20)$$

当测量次数 $n$ 符合 $5 < n \leqslant 10$ 条件时，式（2-20）可简化为

$$\Delta = \sqrt{S_x^2 + \Delta_B^2} \qquad (2\text{-}21)$$

式（2-21）是今后实验中估算不确定度经常要用的公式，希望能够记住。

如果 $S_x < \frac{1}{3}\Delta_B$，或因估计出的 $\Delta_A$ 对实验最后结果的影响甚小，则 $\Delta$ 可简单地用 $\Delta_B$ 来表示。

### 5．单次测量不确定度的估算

在普通物理实验中实行单次测量有以下两个主要理由（原因或条件）：
① 多次测量时，A 类不确定度远小于 B 类不确定度；
② 物理过程不能重复，无法进行多次测量。
在这种情况下简单地取

$$\Delta = \Delta_B \qquad (2\text{-}22)$$

即可。但对于后一种情况，确定 $\Delta_B$ 时除考虑 $\Delta_仪$ 因素外，还要兼顾实验条件等带来的附加不确定度。在普通物理实验中，通常由实验室以"允差"的形式给出。

### 6. 测量结果的表示

测量结果应表示为

$$x = (\bar{x} \pm \Delta_x) \text{（计量单位）} \tag{2-23}$$

其相对合成不确定度则为 $\left(\dfrac{\Delta_x}{\bar{x}}\right)\%$。评价测量结果时，相对不确定度也具有重要的意义，因此有时要求计算出相对不确定度。

## 五、小结

1. 测量结果表示的具体步骤如下所述。

① 给出测量公式，其中的可定系统误差（主要是影响较大的可定系统误差）应通过测量方法的改进加以消除或能在结果中加以修正。

② 对每个独立的观察量列出各自的误差来源，把它们分成 A 类和 B 类，分别给出标准差或近似标准差并按方差合成给出相应物理量的不确定度。

③ 由测量公式导出具体的方差传递公式（见式（2-26）或式（2-27））。

④ 代入数值计算 $N(\bar{x})$ 和 $\Delta N(\Delta)$ 并把它表示成 $N \pm \Delta N$ $(\bar{x} + \Delta)$ 的形式。

2. 列出全部误差因素并作出不确定度估计，对初学者来说是一个相当困难的问题，希望大家在实践中注意学习和积累。一般可以从以下几个环节去考察。

① 器具误差——测量仪器本身所具有的误差。例如，作为长度量具的米尺刻度不准确，标准电池本身有误差等。

② 人员误差——测量人员主观因素和操作技术所引起误差。例如，计时响应的超前或落后。

③ 环境误差——由于实际环境条件与规定条件不一致所引起的误差。环境条件包括温度、湿度、气压、振动、照明、电磁场、加速度等，不一致包括空间分布的不均匀以及随时间变化等。

④ 方法误差——测量方法不完善所引起的误差。例如所用公式的近似性以及在测量公式中没有得到反映但实际上起作用的因素（像热电势、引线电阻或引线电阻的压降等）。

⑤ 调整误差——由于测量前未能将计时器具或被测对象调整到正确位置或状态所引起的误差。例如，天平使用前未调整到水平，千分尺未调整零位等。

⑥ 观测误差——在测量过程中由于观察者主观判断所引起的误差。例如，测单摆周期时由于对平衡位置判断不准而引起的误差。

⑦ 读数误差——由于观测者对计量器具示值不准确读数所引起的误差。读数误差包括视差和估读误差。视差是指当指示器与标尺表面不在同一平面时，观察者偏离正确观察方向进行读数或瞄准时所引起的误差；估读误差是指观察者估读指示器位于两相邻标尺标记间的相对位置而引起的误差。

在全面分析误差分量时，要力求做到既不遗漏，也不重复，对于主要误差来源尤其如此。有些不确定度，例如仪器误差，已经是正常条件下几种误差因素的综合估计，这一点也应予以注意。在本门课程中将着重采取以下办法来进行训练：有针对性地就几项误差来源进行不确定度估计；实验室给出主要误差来源，操作者只就其中几项作出估计，其余不确定度分量由实验室提供；在实验室的提示下，由操作者自己分析主要误差来源，并合成不确定度。

3. 在计算合成不确定度时，应注意运用以下微小误差原则来简化运算。

① 由于不确定度本身只是一个估计值，因此当误差因素不多时，分量中绝对值小于最大不确定度分量的 1/3 以下的某个分量，可以略去不计，因为按方差传递公式，小者的贡献比大者差不多小了一个量级。但需注意，当有多项分量出现时，应使它们的方差和≤1/10 最大方差项才行。

② 在测量公式中，有时要引入修正项以提高测量精度。在计算不确定度时，修正项的贡献通常可以略去。这是因为修正项一般是一个相对小量，比主要项要小一两个数量级。

# 第三节 间接测量的结果表达和不确定度的传递

我们已经知道间接测量是指通过直接测量与被测量有函数关系的其他量，再经运算得到被测量值的一种测量。显然直接测量的不确定度，必须影响到间接测量的结果。

设间接测量量 $N$ 和各直接测量量 $x, y, \cdots$ 有下例函数关系

$$N = f(x, y, \cdots) \tag{2-24}$$

则其结果表达

$$N = \bar{N} \pm \Delta_N \tag{2-24'}$$

式中，$\bar{N}$ 为算术平均值，即 $\bar{N} = f(\bar{x}, \bar{y}, \cdots)$，$\Delta_N$ 为间接测量量的不确定度。

由于不确定度都是微小的量，相当于数学中的微小"增量"，因此间接测量量的不确定度的计算公式与数学中全微分公式基本相同。

对式（2-24）求全微分，得

$$dN = \frac{\partial f}{\partial x} dx + \frac{\partial f}{\partial y} dy + \cdots \tag{2-25}$$

式（2-25）表明，当 $x, y, \cdots$ 有微小改变 $dx, dy, \cdots$ 时，$N$ 也将改变 $dN$。通常误差远小于测量值，故可以把 $dx, dy, \cdots$ 和 $dN$ 看作误差，这就是误差传递公式。通过该式，如果我们求得了各直接测量量 $x, y, \cdots$ 的合成不确定度，根据方差合成定理则间接测量量 $N$ 的合成不确定度 $\Delta_N$ 和相对合成不确定度 $E$ 也可以求得。分别为

$$\Delta_N = \sqrt{\left(\frac{\partial f}{\partial x}\right)^2 \Delta_x^2 + \left(\frac{\partial f}{\partial y}\right)^2 \Delta_y^2 + \cdots} \tag{2-26}$$

$$E = \frac{\Delta_N}{N} = \sqrt{\left(\frac{\partial \ln f}{\partial x}\right)^2 \Delta_x^2 + \left(\frac{\partial \ln f}{\partial y}\right)^2 \Delta_y^2 + \cdots} \tag{2-27}$$

或

$$\Delta_N = \sqrt{\left(\frac{\partial f}{\partial x}\right)^2 S_x^2 + \left(\frac{\partial f}{\partial y}\right)^2 S_y^2 + \cdots} \tag{2-26'}$$

$$E = \frac{\Delta_N}{N} = \sqrt{\left(\frac{\partial \ln f}{\partial x}\right)^2 S_x^2 + \left(\frac{\partial \ln f}{\partial y}\right)^2 S_y^2 + \cdots} \tag{2-27'}$$

上面两个公式就是不确定度传递的基本公式。对于和差形式的函数，用式（2-26）比较方便；而对于积商和乘方、开方形式的函数，则用式（2-27）比较方便。实际计算时，传递系数 $\frac{\partial f}{\partial x}$ 以及 $\frac{\partial \ln f}{\partial x}$ 等均以平均值代入。用上面两式推出的某些常用函数的不确定度传递公式如表（2-9）所示。

**表 2-9**　　　　　　　　　常用函数不确定度传递公式

| 函　数　形　式 | 不确定度传递公式 | 误差的一般传递公式 |
|---|---|---|
| $N = x \pm y$ | $\Delta_N = \sqrt{\Delta_x^2 + \Delta_y^2}$ | $\Delta N = \Delta x + \Delta y$ |
| $N = xy$ 或 $N = x/y$ | $\frac{\Delta_N}{\overline{N}} = \sqrt{\left(\frac{\Delta_x}{\overline{x}}\right)^2 + \left(\frac{\Delta_y}{\overline{y}}\right)^2}$ | $\frac{\Delta N}{N} = \frac{\Delta x}{x} + \frac{\Delta y}{y}$ |
| $N = kx(k为常数)$ | $\Delta_N = k\Delta_x$　　　　$\frac{\Delta_N}{\overline{N}} = \frac{\Delta x}{\overline{x}}$ | $\Delta N = k \cdot \Delta x$ |
| $N = \frac{x^l y^m}{z^n}$ | $\frac{\Delta_N}{\overline{N}} = \sqrt{l^2\left(\frac{\Delta_x}{\overline{x}}\right)^2 + m^2\left(\frac{\Delta_y}{\overline{y}}\right)^2 + n^2\left(\frac{\Delta_z}{\overline{z}}\right)^2}$ | $\frac{\Delta N}{n} = l\frac{\Delta x}{x} + m\frac{\Delta y}{y} + n\frac{\Delta z}{z}$ |
| $N = \ln x$ | $\Delta_N = \frac{\Delta_x}{\overline{x}}$ | $\Delta N = \frac{\Delta x}{x}$ |

应该指出，间接测量量 $N = f(x, y, \cdots)$ 的平均值 $\overline{N}$ 在实际计算时，只要把相应的直接测量的平均值代入函数即可，即 $\overline{N} = f(\overline{x}, \overline{y}, \cdots)$。

**例 1**　杨氏模量 $y = \frac{8LDP}{\pi \rho^2 b \cdot \Delta S}$，求其不确定度的传递公式。

**解：** $\ln y = \ln\left(\frac{8}{\pi}\right) + \ln L + \ln D + \ln P - 2\ln\rho - \ln b - \ln\Delta S$

$$\frac{2\ln y}{2L} = \frac{1}{L} \quad \frac{2\ln y}{2D} = \frac{1}{D} \quad \frac{2\ln y}{2P} = \frac{1}{P} \quad \frac{2\ln y}{2\rho} = -\frac{2}{\rho} \quad \frac{2\ln y}{2b} = -\frac{1}{b} \quad \frac{2\ln y}{2\Delta S} = -\frac{1}{\Delta S}$$

$$E = \frac{\Delta y}{y} = \sqrt{\left(\frac{2\ln y}{2L}\right)^2 \Delta_L^2 + \left(\frac{2\ln y}{2D}\right)^2 \Delta_D^2 + \left(\frac{2\ln y}{2P}\right)^2 \Delta_P^2 + \left(\frac{2\ln y}{2\rho}\right)^2 \Delta_\rho^2 + \left(\frac{2\ln y}{2b}\right)^2 \Delta_b^2 + \left(\frac{2\ln y}{2\Delta S}\right)^2 \Delta_{\Delta S}^2}$$

$$= \sqrt{\left(\frac{\Delta_L}{L}\right)^2 + \left(\frac{\Delta_D}{D}\right)^2 + \left(\frac{\Delta_P}{P}\right)^2 + \left(\frac{2\Delta_\rho}{\rho}\right)^2 + \left(\frac{\Delta_b}{b}\right)^2 + \left(\frac{\Delta_{\Delta S}}{\Delta S}\right)^2}$$

$$\Delta y = y\sqrt{\left(\frac{\Delta_L}{L}\right)^2 + \left(\frac{\Delta_D}{D}\right)^2 + \left(\frac{\Delta_P}{P}\right)^2 + \left(\frac{2\Delta_\rho}{\rho}\right)^2 + \left(\frac{\Delta_b}{b}\right)^2 + \left(\frac{\Delta_{\Delta S}}{\Delta S}\right)^2}$$

**例 2**　已知金属环的外径 $D_2 = (3.600 \pm 0.004)\text{cm}$ ，内径 $D_1 = (2.880 \pm 0.004)\text{cm}$ ，高度 $h = (2.575 \pm 0.004)\text{cm}$ ，求金属环的体积 $V$ 及其不确定度 $\Delta_V$ 。

**解**：环体积为

$$V = \frac{\pi}{4}(D_2^2 - D_1^2)h = \frac{\pi}{4} \times (3.600^2 - 2.880^2) \times 2.575 = 9.436\text{cm}^3$$

环体积的对数及其偏导数为

$$\ln V = \ln \frac{\pi}{4} + \ln(D_2^2 - D_1^2) + \ln h$$

$$\frac{\partial \ln V}{\partial D_2} = \frac{2D_2}{D_2^2 - D_1^2} , \quad \frac{\partial \ln V}{\partial D_1} = -\frac{2D_1}{D_2^2 - D_1^2} , \quad \frac{\partial \ln V}{\partial h} = \frac{1}{h}$$

代入"方、和、根"合成公式，则有

$$E = \frac{\Delta_V}{V} = \sqrt{\left(\frac{2D_2 \Delta_{D2}}{D_2^2 - D_1^2}\right)^2 + \left(\frac{2D_1 \Delta_{D1}}{D_2^2 - D_1^2}\right)^2 + \left(\frac{\Delta h}{h}\right)^2}$$

$$= \sqrt{\left(\frac{2 \times 3.600 \times 0.004}{3.600^2 - 2.880^2}\right)^2 + \left(\frac{2 \times 2.880 \times 0.004}{3.600^2 - 2.880^2}\right)^2 + \left(\frac{0.004}{2.575}\right)^2}$$

$$= \sqrt{(38.1 + 24.4 + 2.4) \times 10^{-6}} = \sqrt{64.9 \times 10^{-6}} = 0.81\%$$

$$\Delta_V = V \cdot \frac{\Delta_V}{V} = 9.436 \times 0.0081 = 0.08\text{cm}^3$$

因此环体积为

$$V = (9.44 \pm 0.08)\text{cm}^3$$

# 第四节　有　效　数　字

## 一、测量结果的有效数字

我们知道，任何测量结果都有误差，那么实验时，直接测定量的数值应记录几位?按函数关系计算出的间接测定量应保留几位?这就是实验数据处理中的有效数字问题。

### 1. 有效数字

仪器的最小刻度代表仪器的精度。在测量某一物理量时，凡是从仪器的刻度上能直接读出的数值称为测量的可靠数字，而落在最小刻度之间的数值是凭我们估计得出，因此是不可靠的，这一数值称为可疑数字。例如，用米尺测量书本，米尺的最小刻度为 1mm，测量结果为 18.42cm，其中 18.4 是从米尺的刻度上直接读出的，是准确的，而末位的 2 是落在最小刻度之间，是估计读出的，因此是可疑的，但却是有效的。所以我们把数据中的可靠数字和其后一位可疑数字，统称为有效数字。

在实验数据中，末位可疑数字就是含有误差的数位。在大学物理实验中，我们规定随机误差（即偶然误差）一般只取一位，因而数据一般只允许最后一位存在误差。

记录测量数据应注意以下问题。

① 出现在数据中间和末尾的"0"都属有效数字。例如，用米尺测得一物体长为10.60cm，就是4位有效数字。其末尾的"0"表示物体的末端与米尺上毫米刻线"6"正好对齐，毫米以下的估读数为"0"，故记录数据时，这个"0"不能随便去掉。而出现在数据前面的"0"不是有效数字，如0.00256，前面的3个"0"不是有效数字。

② 实验数据最好用标准式记录。这种写法规定，数据用有效数字乘以10的方幂来表示，且一般要求小数点前只取一位。如长度10.60cm用m和μm作单位时，可分别写为$1.060 \times 10^{-1}$和$1.060 \times 10^{5}$，这样可以避免由于单位换算可能带来的混乱。

### 2. 测量结果的有效数字位数的确定

根据有效数字的定义，测量结果有效数字的最后一位应是偶然误差所在的那一位。因此测量结果有效数字的取位应由误差来决定。由误差来决定有效数字，这是处理一切有效数字问题的依据。例如，测得一长度的平均值为$\bar{L} = 15.83$ cm，误差$\Delta L = 0.08$ cm，则测量结果应表示为$L = (15.83 \pm 0.08)$ cm，也就是说，测量值的最后一位应取在与误差同数量级的那一位上。对它的下一位采取"舍入规则"的处理方法。

因为误差本身是一个不确定的值，因此在实验中我们约定：合成不确定度只取一位，相对合成不确定度取一位到两位。

### 3. 测量结果的书写形式

对于一个数值很大，而且有效数字位数不多的数据，为了便于核对有效数字及书写上的方便，通常将其写成标准式，并将测量值与不确定度采用同一单位。例如，所测电阻$R = 10\ 000\ \Omega$，$\Delta R = 5 \times 10^{2}\ \Omega$，测量结果应表达为$R = (1.00 \pm 0.05) \times 10^{4}\ \Omega$。

## 二、有效数字的运算规则

普遍的原理是：可靠数字间的运算，结果仍为可靠数字；可靠数字与可疑数字，或可疑数字间的运算，结果仍是可疑数字，最后结果只保留一位可疑数字，多余的可疑数字，采用舍入规则即"小于五则舍，大于五则入，等于五则把只保留的一位可疑数字凑成偶数"的法则处理。

间接测量量是由直接测量量计算出来的，因此参加的分量可能很多，各分量的大小和有效数字的位数也不一样。在运算中，数字会愈来愈多，当除不尽时，位数会无止境，不胜复杂，为了达到不因计算引进"误差"。现介绍有效数字的运算方法。

### 1. 有效数字的加减

例　a.　1.389+17.2+8.64

$$
\begin{array}{r}
1.38\overline{9} \\
17.\overline{2} \\
+\ \ 8.6\overline{4} \\
\hline
27.2\overline{2}9
\end{array}
$$

b.　26.65−3.926

$$
\begin{array}{r}
2\,6.6\overline{5} \\
-\ \ 3.92\overline{6} \\
\hline
2\,2.7\overline{2}\overline{4}
\end{array}
$$

为了便于区别，我们在可疑数字上加一横线，根据可疑数字只保留一位的原则可知，a的计算结果应为27.2，b的计算结果应为22.72。从上述例题中我们看到诸数相加（减）时，和（差）中小数点后保留的有效数字位数与诸数中小数点后最小者相同。这就是有效数字加减运算规律。

### 2．有效数字的乘除

**例** 4.178×10.1

$$
\begin{array}{r}
4.17\overline{8} \\
\times \quad 10.\overline{1} \\
\hline
\overline{4178} \\
417\overline{8} \quad \\
\hline
42.\overline{1}9\overline{7}\overline{8}
\end{array}
$$

结果只保留一位可疑数字，故 4.178 × 10.1 = 42.2，从该例中我们可以得出，几个数相乘（除），积（商）的有效数字位数与诸因子中有效数字位数最小的一个相同。首位相乘（除）有进（退）位时，积（商）的有效数字位数可以多（少）保留一位。

### 3．有效数字的乘方

不难证明，有效数字的乘方、开方其结果的有效数字与其底的有效数字的位数相同。

### 4．混合运算

在混合运算中，有的因子中可能包含加减运算，因而有效数字的位数可能增或减。这时就不能以原始数据为准来考虑计算结果几位有效数字了，而应从整个算式各个因子的有效数字来考虑。例如，算式

$$
\frac{(11.37-10.52)\times275}{11.37}=\frac{0.85\times275}{11.37}=21
$$

从 4 个原始数据看，似乎应保留 3 个有效数字，但因子（11.37-10.52）=0.85，只有两位有效数字，所以最后结果只应保留两位有效数字。如果在上面运算式中以（8.2+6.5）=14.7，代替因子（11.37-10.52）=0.85，虽然 8.2 和 6.5 都是两位有效数字，但其和 14.7 是 3 位有效数字，所以结果应保留 3 位有效数字。

在混合运算中涉及的公式中的常数和自然数，其有效数字位数可以看作是任意多，使用时，应根据其他测量数据而定。

### 5．函数运算

**例** 计算 sin15°15'的值，在 15°15'的基础上改变一个最小分度值，即 15°16'或 15°14'再计算其正弦值。

$$
\sin15°15'=0.2630312\cdots
$$
$$
\sin15°16'=0.263199\cdots
$$

sin15°15'和 sin15°16'结果的变化发生在第 4 位，所以 sin15°15'的结果应为 4 位有效数字。函数运算其结果有效数字位数应保留到变化位，如 sin15°15'=0.2630。

为了更好地掌握有效数字的运算规则，现举例如下，测量某一钢质长方体，得如下数据，试计算出它的密度。

长度　　$x = \bar{x} \pm \Delta x = (14.8 \pm 0.2)\,\text{mm}$

宽度　　$y = \bar{y} \pm \Delta y = (35.5 \pm 0.2)\,\text{mm}$

高度　　$z = \bar{z} \pm \Delta z = (12.0 \pm 0.1)\,\text{mm}$

质量　　$M = \bar{M} \pm \Delta M = (50.54 \pm 0.03)\,\text{g}$

**解**：先计算密度的平均值

$$\bar{\rho} = \frac{\bar{M}}{\bar{V}} = \frac{\bar{M}}{\bar{x} \cdot \bar{y} \cdot \bar{z}} = \frac{50.54}{14.8 \times 32.5 \times 12.0} = 8.76 \times 10^{-3}\,\text{g/mm}^3$$

根据乘除运算的不确定度传递公式可得相对不确定度为

$$E = \frac{\Delta \rho}{\bar{\rho}} = \sqrt{\left(\frac{\Delta x}{\bar{x}}\right)^2 + \left(\frac{\Delta y}{\bar{y}}\right)^2 + \left(\frac{\Delta z}{\bar{z}}\right)^2 + \left(\frac{\Delta M}{\bar{M}}\right)^2}$$

$$= \sqrt{\left(\frac{0.2}{14.8}\right)^2 + \left(\frac{0.2}{32.5}\right)^2 + \left(\frac{0.1}{12.0}\right)^2 + \left(\frac{0.03}{50.54}\right)^2} = 0.03 = 3\%$$

不确定度　　$\Delta \rho = E \cdot \bar{\rho} = 0.03 \times 8.76 \times 10^{-3} = 0.3 \times 10^{-3}\,\text{g/mm}^3$

由此可知小数点后的第一位就是可疑数字，故最后测量结果为

$$\rho = (8.8 \pm 0.3) \times 10^3\,\text{g/mm}^3$$

$$E = 3\%$$

### 三、不确定度和测量结果的数字化整规则

① 不确定度是与置信概率相联系的，所以不确定度的有效数字位数不必过多。一般只要保留 1～2 位，其后数位上的数字的舍入，不会对置信概率造成太大的影响。在本课程中，我们采用一种简化处理方法，约定不确定度只保留一位有效数字。

② 关于数据（包括不确定度）尾数的取舍问题，采用"4 舍 6 入 5 凑偶"的原则进行取舍。例如算得的不确定度为 0.045，则记为 0.04；若"5"的前一位是奇数，则在舍去这个"5"的同时，在前一位加"1"，从而使前一位也变成偶数，这就是所谓"5 凑偶"。例如，算得不确定度为 0.035，应记为 0.04。

③ 测量结果的有效数字位数取决于不确定度发生位，即结果的有效数字位数的末位数应与其不确定度的末位数对齐。例如，某一测量量的平均值为 3.4715，而不确定度为 0.03，则平均值应取到小数点后两位，考虑到"4 舍 6 入 5 凑偶"的原则，平均值应记 3.47，最终结果应表示为（3.47±0.03）单位。

# 第五节　实验数据的处理方法

实验必然要采集大量数据，实验人员需要对实验数据进行记录、整理、计算与分析，从而寻找测量对象的内在规律，正确得出实验结果。所以说，数据处理是实验工作不可缺少的重要组成部分。下面介绍实验数据处理常用的几种方法：

## 一、列表法

实验中，在记录和处理数据时，通常都将实验数据列成表格。列表就是将一组自变量和

应变量的实验数据依照一定的形式和顺序一一对应地列出来。数据列表可以简明地表示有关物理量间的对应关系，有助于寻找物理量间规律性的联系，便于发现和分析问题，可以提高处理数据的效率。所以在每一个实验中对所测得的数据应首先考虑列表处理。

数据列表记录和处理时，应注意以下几点。

① 各栏目（纵或横）均应标明物理量的名称和单位（用 SI 单位的国际符号表示）。

② 列入表中的是原始测量数据，对原始实验数据不应随便修改，确要修改时，也应把原来的数据画条横杠线以供备查。对过程中的一些重要中间结果也可列入表中。

③ 栏目的顺序应充分注意数据间的联系和计算顺序，力求简明、齐全、有条理。

④ 反映测量值函数关系的数据表格，应按自变量由小到大或由大到小的顺序排列，以便于处理和判断。

例如，在室温 $t=25℃$ 时，测量通过一电阻组件的电流 $I$ 和电压 $U$ 的变化关系，得到如表 2-10 所示数据。

**表 2-10**　　　　　　　　　　　　电阻组件的 *I-U* 关系　　　　　　　　　室温 *t*=25℃

| $U/V$ | 2.00 | 3.00 | 4.00 | 5.00 | 6.00 | 7.00 |
|---|---|---|---|---|---|---|
| $I/mA$ | 4.01 | 6.03 | 7.85 | 9.70 | 11.83 | 13.75 |

## 二、作图法

作图法也是数据处理的一个重要方法。利用图线表示被测物理量以及它们之间的变化规律，这种方法称为作图法。在图线上可得到实验测量数据以外的数据和其他一些图线的参数，如直线的斜率和截距等，它与列表法相比，更形象直观，易于显示变化规律，并能帮助发现个别测量错误。另外，通过图线可以推知未测量点的情况，延伸图形还可对测量范围以外的变化趋势作出推测，上面表格中的所列电流和电压之间关系就可用图 2-4 所示曲线表示。

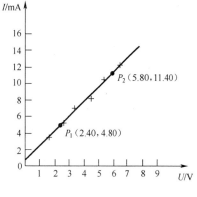

图 2-4　*I-U* 关系图

作图规则及注意事项如下所述。

① 选用坐标纸。

可供作图选用的坐标纸有直角坐标纸及对数坐标纸等多种，应根据具体实验情况选取合适的坐标纸。

② 标明坐标轴。

画两条稍粗的带有方向的直线表示坐标轴，一般以横轴代表自变量，以纵轴代表应变量。即坐标轴上应标明其所代表的物理量（或符号）、单位及坐标标度值。

③ 选定坐标轴比例。

选定比例原则上应使数据末位的可疑数字，在坐标轴上是估读数值，即使坐标纸的最小分格与数据中最后一位可靠数字的单位相对应。为了使图线较为对称地占满图纸，避免缩向一边或一角，坐标原点不一定选为（0，0），而是应使坐标纸上与变量数据变化范围相应的两个长度大体相等。另外值得注意的是，坐标的分度应使每个测量点的坐标值能迅速准确地读出，一般用一大格代表 1、2、5、10 个单位为好，而不采用一大格代表 3、6、

7、9 个单位。

④ 标出数据点。

数据点一般用"＋"、"△"、"○"、"×"等标记标出，其交叉点的坐标即是实验数据对应的坐标值。

⑤ 描绘图线。

数据点连成直线或光滑曲线时，不要求通过所有的点，但应使点尽量靠近图线，并以大致相同的数目均匀对称地分布在图线两侧。对个别偏离较大的点，经分析确系过失误差所致，则可剔除。

⑥ 注解和说明。

在图纸上的空白位置写出完整的图名、必须说明的实验条件及从图线上得出的某些参数。当需要从图线上读取数据点值时，应在图线上用特殊记号标明该点的位置，并在其旁侧标明它的坐标值 $(x，y)$。通常在图的下方写明图的名称及编号。最后写上实验者姓名、实验日期，将图纸与实验报告订在一起。

例如，根据表 2-10 作图，得到如图 2-4 所示的 $I$-$U$ 关系图，显然 $I$-$U$ 间呈线性关系。

## 三、图解法

通过图解方法得到测量量之间的曲线关系，求出有物理意义的参数，将这一实验数据的处理方法称为图解法。图解法就是实验数据的解析表示法。在物理实验中遇到最多的图解法的例子是通过图示的直线关系确定该直线的参数——截距和斜率。用图解法处理数据，可以求出某些物理量的测定值，验证物理理论和规律，找出与实验图线对应的方程式（即经验公式）。

① 求直线的斜率和截距。

实验图线为一直线时，与其对应的线性方程可以写为

$$y = a + bx \tag{2-28}$$

式中，$b$、$a$ 分别为直线的斜率和截距。$b$、$a$ 中包含的物理内容常常是我们所需要的。

求直线斜率时，用于计算的两个点 $P_1(x_1, y_1)$ 和 $P_2(x_2, y_2)$ 应在直线上选取，如图 2-4 所示，两点要相距较远，且不应是直接测量点，以免失去作图取平均值的意义。斜率可按公式

$$b = \frac{y_2 - y_1}{x_2 - x_1} \tag{2-29}$$

求得。求截距时，可在直线上选一点 $P_0(x_0, y_0)$，按下式

$$a = y_0 - bx_0 \tag{2-30}$$

求得。

例如，用图解法可由图 2-4 求得组件的电阻值。由欧姆定律 $I = \frac{1}{R}U$ 可知，$I$-$U$ 图线的斜率 $b = 1/R$，因而得 $R = 1/b$。如图 2-4 所示，在直线上取两点 $P_1$（2.40，4.80）和 $P_2$（5.80，11.40）得

$$R = \frac{1}{b} = \frac{(5.80 - 2.40)V}{(11.40 - 4.80)mA} = 515\Omega$$

② 曲线改直。

在物理实验中遇到的图线大多都不是直线（经验公式为非线性）。此时要用图解法求某些物理量，可通过适当的变量变换使经验公式线性化，从而把曲线改直。

例如，单摆法测重力加速度，用图解法处理数据时，需将公式 $T = 2\pi\sqrt{L/g}$ 线性化。比如将公式改为 $T^2 = L\,\mathrm{g}(4\pi^2/g)$，则作 $T^2 - L$ 图线可得一直线，求出斜率 $b$，即可按 $g = 4\pi^2/b$，求出重力加速度。

表 2-11 所示为一些常用的曲线改直的函数关系。

**表 2-11**                 常用的曲线改直的函数关系

| 函 数 | 改直坐标 | 斜 率 | 截 距 |
|:---:|:---:|:---:|:---:|
| $y = ax^b$ | $\ln y \sim \ln x$ | $b$ | $\ln a$ |
| $y = a/x$ | $y \sim 1/x$ | $a$ | $0$ |
| $y = a \cdot b^x$ | $\ln y \sim x$ | $\ln b$ | $\ln a$ |
| $y = ae^{-bx}$ | $\ln y \sim x$ | $-b$ | $\ln a$ |

由于图解法有局限性，如图纸的大小、分格的不均匀、线的粗细及连线的不确定性等影响，总会"引进"一些误差。因此，用图解法处理数据一般情况下不估算误差。

## 四、平均法

用同一组数据作图，不同的人可能描出几条不同的图线，因而用图解法处理数据所得结果往往因人而异，为了避免这样的不确定性，可采用下述的平均法求斜率和截距。

所谓平均法（也叫分组法），是将数据按自变量递变顺序（由大到小或由小到大）分成前后两组，再求各组的平均值，并利用平均值所确定的平均点求斜率和截距的方法。

设前后两组的平均点分别为 $A(x_A, y_A)$ 和 $B(x_B, y_B)$，在数据点数 $n$ 为偶数（$n = 2k$）时，可按下式求 $A$、$B$ 两平均点的坐标

$$\left.\begin{array}{l} x_A = (x_1 + x_2 + \mathrm{L} + x_k)/k \\ y_A = (y_1 + y_2 + \mathrm{L} + y_k)/k \\ x_B = (x_{k+1} + x_{k+2} + \mathrm{L} + x_n)/k \\ y_B = (y_{k+1} + y_{k+2} + \mathrm{L} + y_n)/k \end{array}\right\} \tag{2-31}$$

当 $n$ 为奇数时，可将中点坐标值一分为二，分别在前后两组求平均，如当 $n=5$ 时，两组平均点的坐标为

$$\left.\begin{array}{l} x_A = \dfrac{x_1 + x_2 + x_3/2}{2.5} \\[2mm] y_A = \dfrac{y_1 + y_2 + y_3/2}{2.5} \end{array}\right\} \qquad \left.\begin{array}{l} x_B = \dfrac{x_3/2 + x_4 + x_5}{2.5} \\[2mm] y_B = \dfrac{y_3/2 + y_4 + y_5}{2.5} \end{array}\right\}$$

求出平均点 $A$、$B$ 坐标后，斜率可按公式

$$b = \frac{y_B - y_A}{x_B - x_A}$$

求得。截距可按

$$a = y_A - bx_A \text{ 或 } a = y_B - bx_B$$

求出。

如需作图，可在图纸上标出 $A$、$B$ 两点，过 $A$、$B$ 作直线即得一确定的直线。

例如，用平均法处理表 2-10 所示数据，求出平均点，即可求出组件的电阻值。求平均点坐标得

$$\left.\begin{array}{l} U_A = (2.00 + 3.00 + 4.00)/3 = 3.00\text{V} \\ I_A = (4.01 + 6.03 + 7.85)/3 = 5.96\text{mA} \\ U_B = (5.00 + 6.00 + 7.00)/3 = 6.00\text{V} \\ I_B = (9.70 + 11.83 + 13.75)/3 = 11.76\text{mA} \end{array}\right\}$$

则组件电阻为

$$\frac{1}{b} = \frac{6.00 - 3.00}{11.76 - 5.96} = 0.517\text{V/mA}$$

$$R = \frac{1}{b} = 517\Omega$$

## 五、逐差法

逐差法也是处理数据的常用方法之一。所谓逐差，是将按递变顺序排列的函数值逐项相减求差。这里主要介绍最简单的一次逐差法。在物理实验中，常用此方法处理 $y = a + bx$ 型的线性方程，以求出常数系数 $a$、$b$ 值。如测得多组数据 $(x_i, y_i)$，$i = 1, 2, \text{L } n$（一般取 $n = 2k$）。用逐差法处理数据时，将按递变顺序排列的数据分为前后两组，然后将前后两组的对应项相减。用逐差的方法消去常数 $a$（此法也可消去系统误差中的某些恒差），求出 $b$ 值。在 $n = 2k$ 时，相隔 $k$ 项相减，有

$$b_j = \frac{\Delta y_j}{\Delta x_j} = \frac{y_{j+k} - y_j}{x_{j+k} - x_j}, j = 1, 2, 3\text{L }, k \tag{2-32}$$

则

$$\bar{b} = \frac{1}{k}\sum_{j=1}^{k} b_j \tag{2-33}$$

求出 $\bar{b}$ 后，可按下式

$$\bar{a} = \bar{y} - \bar{b}\bar{x} \tag{2-34}$$

求出 $\bar{a}$ 值。式中，$\bar{y}$、$\bar{x}$ 为 $y$、$x$ 的算术平均值。

一般 $x$ 的变化最好取成等间隔的。对于非线性方程，可进行适当变换使之变成线性方程，再按上述方法处理。

例如，用逐差法处理表 2-10 所示数据，此时 $n = 6$，故 $k = 3$，按式（2-32）有

$$b_1 = \frac{I_4 - I_1}{U_4 - U_1} = \frac{9.70 - 4.01}{5.00 - 2.00} = \frac{5.69}{3.00} = 1.90$$

$$b_2 = \frac{I_5 - I_2}{U_5 - U_2} = \frac{11.83 - 6.03}{6.00 - 3.00} = \frac{5.80}{3.00} = 1.93$$

$$b_3 = \frac{I_6 - I_3}{U_6 - U_3} = \frac{13.75 - 7.85}{7.00 - 4.00} = \frac{5.90}{3.00} = 1.97$$

则

$$\overline{b} = \frac{1}{3}(1.90 + 1.93 + 1.97) = 1.93 \text{mA/V}$$

$$R = \frac{1}{b} \text{g} 10^3 = 518\Omega$$

上述几种处理数据的方法各有其优缺点，处理数据时，可根据具体情况，选用合适的方法。

## 练习题

1．对某量 $x$ 在等精度的重复测量下，得 $n=10$ 次的值 $x_i$(mm)分别为：

1021.6；1021.4；1022.3；1019.5；1024.2；

1020.6；1020.8；1024.1；1023.0；1020.5。

试列表写出各次测量值 $x_i$ 和 $\overline{x}$、$\Delta x_i$、$\overline{\Delta x}$ 以及 $S$ 值，并写出最终测量结果表达式。

2．指出下列各数据的有效数字位数（末位数字上面不再特意加一横，也是可疑数字）。

（1）0.00001　　　（2）0.01000　　　（3）1.0000　　　（4）980.1240

（5）$1.35 \times 10^{27}$　　（6）0.1003　　　（7）0.00072　　　（8）$9.436 \times 10^{-31}$

3．改正下列错误，写出正确答案。

（1）$a = 0.863 \pm 0.25$cm　　　　　　（2）$b = 31704 \pm 201$kg

（3）$c = 7.945 \pm 0.081$　　　　　　　（4）$d = 7.967531 \pm 0.0041$

（5）$e = (21680 \pm 300)$kg　　　　　　（6）$f = (12.430 \pm 0.3)$cm

（7）$g = (16.5378 \pm 0.4132)$cm　　　（8）$h = (19.756 \pm 1.4)$cm

（9）$I = (26.4 \times 10^4 \pm 2000)$km　　（10）$j = 6342$km $= 6342000$m $= 634200000$cm

4．按有效数字法则计算下列各题。

（1）3.2306+6.8　　　　（2）0.00712×1.6

（3）$100 \div (0.2)^2$　　　　（4）$\pi \div 3.392$

5．用米尺测一物体长度所得数据为 12.02，12.01，12.03，12.01，12.02（单位：cm）。求物长的 A 类不确定度，若 $\Delta_{仪} = 0.01$cm，试表示测量结果。

6．量得一圆柱体质量为 $m = (162.38 \pm 0.01)$g，长度 $L = (3.992 \pm 0.002)$cm，直径 $d = (24.927 \pm 0.002)$mm，求圆柱体的密度。

7．推导圆柱体体积 $V = \frac{\pi d^2 h}{4}$ 的不确定度公式（"方和根"）。

8．已知 $m = (236.124 \pm 0.004)$g，$d = (2.345 \pm 0.005)$cm，$h = (8.21 \pm 0.03)$cm。试计算 $\rho = \frac{4m}{\pi d^2 h}$ 的结果及不确定度 $\Delta_\rho$，并分析直接测量值 $m$、$d$、$h$ 的不确定度对间接测量值 $\rho$ 的影响（即 $m$、$d$、$h$ 的单项不确定度哪个对结果影响最大）。

9．利用单摆测量重力加速度 $g$，直接测量结果分别为：摆长 $l = (97.69 \pm 0.03)$cm，周期 $T = (1.9842 \pm 0.0005)$s。当摆角很小时有 $T = 2\pi\sqrt{l/g}$ 的关系，试求重力加速度及其不确定度。

# 第六节　物理实验报告一般式样、作图法处理数据举例

**例1**

## 实验报告
## （实验四　拉伸测定杨氏弹性摸量）

## 一、实验目的

① 用金属丝的伸长测杨氏弹性模量。

② 用光杠杆测量微小长度的变化。

③ 用逐差法处理数据。

## 二、实验原理

在式（3-13）中，截面积 $S = \dfrac{1}{4}\pi d^2$，$d$ 为钢丝直径。有

$$E = \frac{4l(F' - F)}{\pi d^2}\frac{1}{\Delta l} \tag{2-35}$$

一般情况下，在弹性限度内，$\Delta l$ 是很小的，如何测定微小长度变化 $\Delta l$，是本实验的关键。

如图 2-5 所示，假定在初始状态下，反射镜 M 的法线 $ON_0$ 调节成水平，从望远镜中可看到标尺刻度为 $n_0$。当钢丝被拉长 $\Delta l$ 后，反射镜 M 偏转一个角度 $\alpha$。此时镜面法线为 $ON'$，望远镜中能看到标尺刻度为 $n$，则与之相应的光线 $ON$ 将与水平成 $2\alpha$ 角。当然，实际上 $\alpha$ 和 $2\alpha$ 都是很小的角度，于是

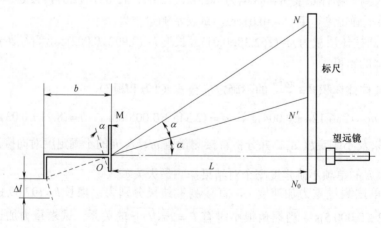

图 2-5　光杠杆测微小长度

$$\alpha \approx \tan \alpha = \frac{\Delta l}{b} \tag{2-36}$$

$$2\alpha \approx \tan 2\alpha = \frac{n - n_0}{L} \tag{2-37}$$

可推导得

$$\Delta l = \frac{b}{2L}(n - n_0) \tag{2-38}$$

由于 $\alpha$ 角很小，实际上式（2-38）的成立并不一定要求起始点的平面镜法线是水平的。也就是说，镜面从任意转角算起，当钢丝再伸长 $\Delta l$，因而镜面再偏转 $\alpha$ 时，式（2-38）都是近似成立的。

如果我们从中看到的标尺刻度由 $n$ 变到 $n'$，则

$$\Delta l = \frac{b}{2L}(n' - n) \tag{2-39}$$

将式（2-39）代入式（2-35），得

$$E = \frac{8Ll}{\pi bd^2}\left(\frac{F' - F}{n' - n}\right) \tag{2-40}$$

式中，$l$ 为钢丝长度，指图 3-9 中的上夹头 A 夹持钢丝的部位到下夹头 B 夹持钢丝的部位间的距离；$b$ 是转镜装置（也称为光杠杆）的臂长（见图 2-5）；$d$ 是钢丝直径；$F' - F$ 和 $n' - n$ 分别为当给钢丝所加的拉力从 $F$ 增加到 $F'$ 时，拉力的增量和从望远镜中观察到的标尺刻度的相应变化；而 $L$ 为镜面到标尺间的距离。

## 三、实验仪器

杨氏弹性模量测定仪、光杠杆、尺读望远镜、钢卷尺等。

## 四、数据记录与处理

表 2-12

| 测量次数 | 砝码总质量 $m_i$/kg（不计预加砝码） | 望远镜内标尺刻度 $n_i$/cm | | |
| --- | --- | --- | --- | --- |
| | | 增重时 | 减重时 | 平均值 $\overline{n_i}$ |
| 1 | 0 | -5.50 | -5.50 | -5.50 |
| 2 | 1 | -4.17 | -4.13 | -4.15 |
| 3 | 2 | -3.38 | -3.36 | -3.37 |
| 4 | 3 | -2.39 | -2.45 | -2.42 |
| 5 | 4 | -1.42 | -1.44 | -1.43 |
| 6 | 5 | -0.55 | -0.59 | -0.57 |
| 7 | 6 | 0.32 | 0.30 | 0.31 |
| 8 | 7 | 1.30 | 1.30 | 1.30 |

$L = 185.22\text{cm}$

$l = 102.11\text{cm}$

$b = 7.15\text{cm}$

表 2-13 螺旋测微计零点修正值 $d_0 = -0.002$mm   $\Delta_{仪} = 0.004$mm   单位：mm

| | 1 | 2 | 3 | 4 | 5 | 6 | 平均 $\overline{d'}$ | $S$ |
|---|---|---|---|---|---|---|---|---|
| $\overline{d'}$ | 0.600 | 0.608 | 0.601 | 0.598 | 0.601 | 0.602 | 0.602 | 0.003 |

$$\overline{d} = \overline{d'} - d_0 = 0.602 + 0.002 = 0.604\text{mm}$$

$$\Delta_B = \sqrt{\Delta_{仪}^2 + \Delta_{仪}^2} = \sqrt{(0.004)^2 + (0.004)^2} = 0.006\text{ mm}$$

$$\Delta_d = \sqrt{S^2 + \Delta_B^2} = \sqrt{(0.003)^2 + (0.006)^2} = 0.007\text{mm}$$

$$d = \overline{d} \pm \Delta_d = 0.604 \pm 0.007\text{ mm}$$

表 2-14   $\Delta_{仪} = 0.05$cm

| $F' - F / N$ | $\overline{n'} - \overline{n} / \text{cm}$ | | $\overline{\overline{n'} - \overline{n}} / \text{cm}$ | $S_{\overline{n'} - \overline{n}} / \text{cm}$ |
|---|---|---|---|---|
| | $\overline{n}_5 - \overline{n}_1$ | 3.57 | | |
| $4 \times 9.8$ | $\overline{n}_6 - \overline{n}_2$ | 3.58 | 3.64 | 0.07 |
| | $\overline{n}_7 - \overline{n}_3$ | 3.68 | | |
| | $\overline{n}_8 - \overline{n}_4$ | 3.72 | | |

$$\Delta_{\overline{n'} - \overline{n}} = \sqrt{(1.59 S_{\overline{n'} - \overline{n}})^2 + \Delta_B^2} = \sqrt{(1.59 \times 0.07)^2 + 0.07^2} = 0.1\text{ cm}$$

其中 $\Delta_B = \sqrt{\Delta_{仪}^2 + \Delta_{仪}^2} = \sqrt{0.05^2 + 0.05^2} = 0.07$cm

用所测得的数据求出杨氏弹性模量 $E$

$$E = \frac{8Ll}{\pi bd^2}\left(\frac{F' - F}{\overline{n'} - \overline{n}}\right) = \frac{8 \times 185.22 \times 10^1 \times 102.11 \times 10^1}{\pi \times 7.15 \times 10^1 \times 0.604}\left(\frac{4 \times 9.8}{3.64 \times 10^1}\right) = 2.01 \times 10^5\text{ N/mm}^2$$

$E$ 的不确定度用下式计算：

$$\frac{\Delta_E}{E} = \sqrt{\left(\frac{\Delta_L}{L}\right)^2 + \left(\frac{\Delta_l}{l}\right)^2 + \left(\frac{\Delta_b}{b}\right)^2 + 2\left(\frac{\Delta_d}{d}\right)^2 + \left(\frac{\Delta_{\overline{n'} - \overline{n}}}{\overline{n'} - \overline{n}}\right)^2}$$

$$= \sqrt{(\frac{0.05}{185.22})^2 + (\frac{0.05}{102.11})^2 + (\frac{0.05}{7.15})^2 + 2(\frac{0.007}{0.604})^2 + (\frac{0.1}{3.64})^2}$$

$$= 0.03 = 3\%$$

其中，$\Delta_L$、$\Delta_l$、$\Delta_b$ 采用仪器误差，均为 0.05cm。

$$\Delta_E = E \cdot \frac{\Delta_E}{E} = 2.01 \times 10^5 \times 3\% = 0.06 \times 10^5\text{N/mm}^2$$

$$E \pm \Delta_E = (2.01 \pm 0.06) \times 10^5\text{ N/mm}^2$$

例 2

# 作图法处理实验数据

作图法可形象、直观地显示出物理量之间的函数关系，也可用来求某些物理参数，因此它是一种重要的数据处理方法。作图时要先整理出数据表格，并要用坐标纸作图。

伏安法则电阻实验数据列表如表 2-15 所示。

表 2-15　　　　　　　　　　　　　伏安法测电阻实验数据

| $U$/V | 0.74 | 1.52 | 2.33 | 3.08 | 3.66 | 4.49 | 5.24 | 5.98 | 6.76 | 7.50 |
| --- | --- | --- | --- | --- | --- | --- | --- | --- | --- | --- |
| $I$/mA | 2.00 | 4.01 | 6.22 | 8.20 | 9.75 | 12.00 | 13.99 | 15.92 | 18.00 | 20.01 |

具体作图步骤如下所述。

### 1．选择合适的坐标分度值，确定坐标纸的大小

坐标分度的选取应基本反映测量值的准确度或精密度。

根据表 2-16 数据 $U$ 轴可选 1mm 对应于 0.01V，$I$ 轴可选 1mm 对应于 0.20mA，并可定坐标的大小（略大于坐标范围、数据范围）约为 130mm × 130mm。

### 2．标明坐标轴

用粗实线画坐标轴，用箭头标定轴方向，标坐标轴的名称或符号、单位，再按顺序标出坐标轴整分格上的量值。

### 3．标实验点

实验点可用 "＋"、"○" 等符号标出（同一坐标系下不同曲线用不同的符号）。

### 4．连成图线

用直尺、曲线板等把点连成直线、光滑曲线。一般不强求直线或曲线通过每个实验点，应使位于图线两边的实验点与图线最为接近且分布大体均匀，如图 2-6 所示。

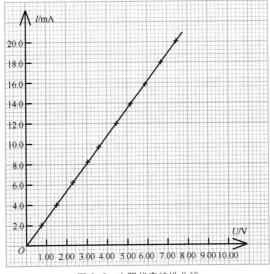

图 2-6　电阻伏安特性曲线

**5．标出图线特征**

在图上空白位置标明实验条件或从图上得出的某些参数。如利用所绘直线可给出被测电阻 $R$ 的大小：从所绘直线上读取两点 $A$、$B$ 的坐标就可求出 $R$ 值。

**6．标出图名**

在图线下方或空白位置写出图线的名称及某些必要的说明，如图 2-7 所示。至此一张图才算完成。

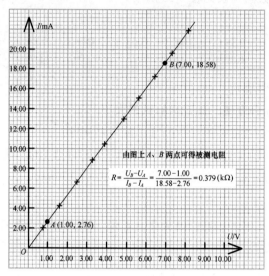

由图上 $A$、$B$ 两点可得被测电阻

$$R = \frac{U_B - U_A}{I_B - I_A} = \frac{7.00 - 1.00}{18.58 - 2.76} = 0.379\,(\text{k}\Omega)$$

图 2-7　伏安特性曲线求电阻示意图

**7．不当图例展示**

如图 2-8～图 2-10 所示。

不当图例 I

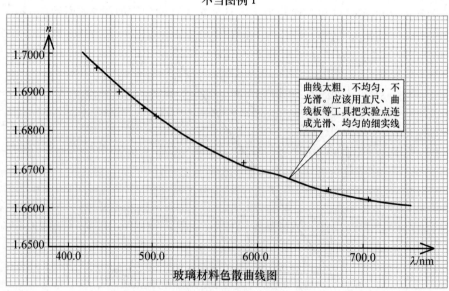

曲线太粗，不均匀，不光滑。应该用直尺、曲线板等工具把实验点连成光滑、均匀的细实线

玻璃材料色散曲线图

图 2-8　不当图例 I 与改正后的图例

改正后图例

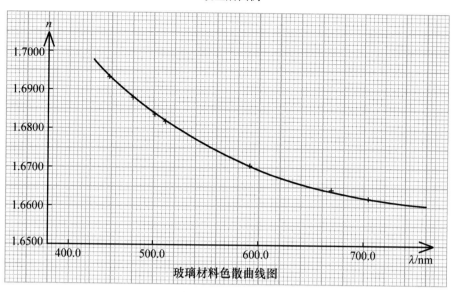

玻璃材料色散曲线图

图 2-8 不当图例Ⅰ与改正后的图例（续）

不当图例Ⅱ

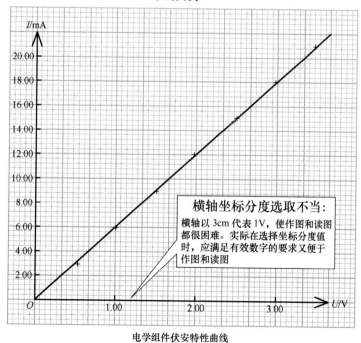

**横轴坐标分度选取不当：**

横轴以 3cm 代表 1V，使作图和读图都很困难。实际在选择坐标分度值时，应满足有效数字的要求又便于作图和读图

电学组件伏安特性曲线

图 2-9 不当图例Ⅱ与改正后的图例

改正后图例

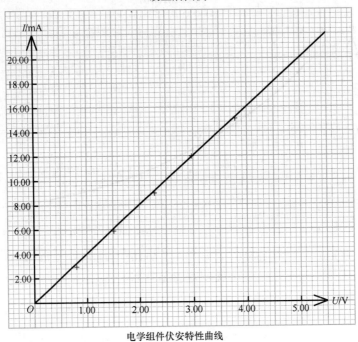

电学组件伏安特性曲线

图 2-9  不当图例Ⅱ与改正后的图例（续）

不当图例Ⅲ

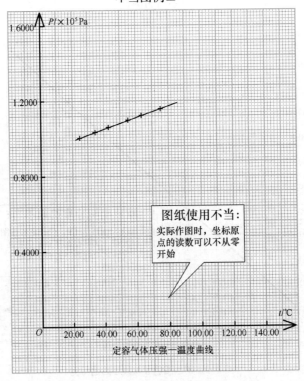

图纸使用不当：
实际作图时，坐标原点的读数可以不从零开始

定容气体压强—温度曲线

图 2-10  不当图例Ⅲ及改正后的图例

改正后图例

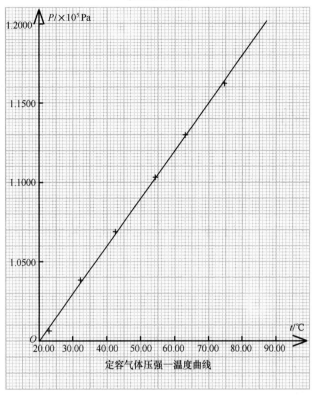

图 2-10　不当图例Ⅲ及改正后的图例（续）

# 第三章 基础实验

## 实验一　力学基本测量仪器的使用

### 一、实验目的

① 学习游标和测微螺旋的原理。
② 掌握游标卡尺、千分尺及读数显微镜的使用方法。
③ 学习掌握多次测量不确定度的估算方法。

### 二、实验仪器

游标卡尺、千分尺、读数显微镜、物理天平、待测物体等。

### 三、仪器的结构、原理及使用

请参看本书的大学物理实验预备知识中的游标卡尺、千分尺（螺旋测微计）、物理天平及读数显微镜的使用及注意事项。

### 四、实验步骤

#### 1. 测金属圆筒的密度

用游标卡尺测量金属圆筒的外径 $D$、内径 $d$ 及长度 $L$。
要求：在不同部位各测 6 次。
用物理天平测金属圆筒的质量 $M$（一次），将所测数据填入表 3-1。

#### 2. 测金属丝的直径

① 记录螺旋测微计的零点修正值 $D_0$。
② 用螺旋测微计测金属丝的直径。要求在不同部位共测 6 次，将所测数据填入表 3-2。

#### 3. 测钢板尺上某一刻线的宽度

用读数显微镜测钢板尺上某一刻线的宽度。

要求：对同一刻线在 3 个不同位置分别测量 6 次，将所测数据填入表 3-3。

# 五、数据及计算

## 1. 测金属圆筒的密度

金属圆筒质量：$M =$ 　　　　　　$\times 10^{-3}\text{kg}$　　　　$\Delta M = \Delta_仪 = 0.05 \times 10^{-3}\text{kg}$

表 3-1　　　　　　　　　　　　　　　　　　　　　游标卡尺的 $\Delta_仪 = 0.02\text{mm}$

| | $L/\times 10^{-3}\text{m}$ | $D/\times 10^{-3}\text{m}$ | $d/\times 10^{-3}\text{m}$ |
|---|---|---|---|
| 1 | | | |
| 2 | | | |
| 3 | | | |
| 4 | | | |
| 5 | | | |
| 6 | | | |
| 平均 | | | |
| $S$ | | | |

$$\Delta_L = \sqrt{S_L^2 + \Delta_仪^2} = \qquad \times 10^{-3}\text{m}$$

$$\Delta_D = \sqrt{S_D^2 + \Delta_仪^2} = \qquad \times 10^{-3}\text{m}$$

$$\Delta_d = \sqrt{S_d^2 + \Delta_仪^2} = \qquad \times 10^{-3}\text{m}$$

$$L = \overline{L} \pm \Delta_L = \qquad \times 10^{-3}\text{m}$$

$$D = \overline{D} \pm \Delta_D = \qquad \times 10^{-3}\text{m}$$

$$d = \overline{d} \pm \Delta_d = \qquad \times 10^{-3}\text{m}$$

金属圆筒平均密度 $\quad \overline{\rho} = \dfrac{4M}{\pi\left(\overline{D}^2 - \overline{d}^2\right)\overline{L}} = \qquad \text{kg/m}^3$

相对不确定度 $E = \dfrac{\Delta_\rho}{\rho} = \sqrt{\left(\dfrac{\Delta_L}{\overline{L}}\right)^2 + \left(\dfrac{2\overline{d}\cdot\Delta_d}{\overline{D}^2 - \overline{d}^2}\right)^2 + \left(\dfrac{2\overline{D}\cdot\Delta_D}{\overline{D}^2 - \overline{d}^2}\right)^2 + \left(\dfrac{\Delta_M}{M}\right)^2} = \qquad \%$

不确定度 $\Delta_\rho = E \cdot \overline{\rho} = \qquad\qquad\qquad \text{kg/m}^3$

金属圆筒密度 $\rho = \overline{\rho} \pm \Delta_\rho = \qquad\qquad\qquad \text{kg/m}^3$

## 2. 测金属丝的直径

表 3-2　　螺旋测微计零点修正值 $D_0 =$ 　　mm　　　　$\Delta_仪 = 0.004\text{mm}$　　单位：mm

| | 1 | 2 | 3 | 4 | 5 | 6 | 平均 $\overline{D'}$ | $S$ |
|---|---|---|---|---|---|---|---|---|
| $D'$ | | | | | | | | |

$$\overline{D} = \overline{D'} - D_0 = \qquad\qquad\text{mm}$$

$$\Delta_B = \sqrt{\Delta_{仪}^2 + \Delta_{仪}^2} = \qquad\qquad\text{mm}$$

$$\Delta_D = \sqrt{S^2 + \Delta_B^2} = \qquad\qquad\text{mm}$$

测量结果：$D = \overline{D} \pm \Delta_D = \qquad\qquad\text{mm}$

相对不确定度：$E = \dfrac{\Delta_D}{\overline{D}} \times 100\% = \qquad\qquad\%$

### 3．测钢板尺上某一刻线的宽度

表 3-3 　　　　　　　　　　　　　　　　　　　　$\Delta_仪 = 0.004\text{mm}$ 　　单位：mm

| | 显微镜读数 | | 刻线宽度 |
| --- | --- | --- | --- |
| | $n_1$ | $n_2$ | $d = \lvert n_2 - n_1 \rvert$ |
| 1 | | | |
| 2 | | | |
| 3 | | | |
| 4 | | | |
| 5 | | | |
| 6 | | | |
| 平均 $\overline{d}$ | | | |
| $S$ | | | |

$$\Delta_B = \sqrt{\Delta_{仪}^2 + \Delta_{仪}^2} = \qquad\qquad\text{mm}$$

$$\Delta_d = \sqrt{S_d^2 + \Delta_B^2} = \qquad\qquad\text{mm}$$

$$d = \overline{d} \pm \Delta_d = \qquad\qquad\text{mm}$$

$$E = \dfrac{\Delta_d}{\overline{d}} \times 100\% = \qquad\qquad\%$$

## 六、思考题

1．一游标卡尺的游标为 50 分度，其总长度为 49 mm，试计算此游标卡尺的精度，并说明应如何在游标卡尺上标值？

2．简述螺旋测微计的读数原理。

3．如何正确使用读数显微镜？应特别注意什么问题？

# 实验二 利用气垫导轨验证牛顿第二定律

气垫技术在工业生产领域已被广泛应用，如气垫船、空气轴承、气垫输送线等。在物理实验中，由于摩擦的存在，使得实验误差很大，甚至使某些力学实验无法进行。气垫导轨是一种摩擦力很小的实验装置。它利用从导轨表面小孔喷出的压缩空气，在滑块与导轨面之间形成很薄的空气膜（也就是所谓的气垫），将滑块从导轨面上托起，从而把滑块与导轨面之间的接触摩擦变成空气层间的内摩擦，而空气层间的内摩擦较之接触摩擦是非常小的，这样就极大地减少了力学实验中难克服的摩擦力的影响，从而可以对一些力学现象和过程作较精密的定量研究。

## 一、实验目的

① 熟悉气垫导轨的结构、原理、调整及使用方法。
② 掌握用气垫导轨测物体运动速度和加速度的方法。
③ 验证牛顿第二定律。

## 二、实验仪器

气垫导轨、气泵、滑块、智能计时仪、细线、砝码盘及砝码，物理天平（其使用请参看附录"物理天平"），坐标纸 10cm × 10cm 一张（自备）。

## 三、仪器介绍

### 1. 气垫导轨（简称气轨）

（1）气轨的结构

气轨是一种力学实验装置。如图 3-1 所示，导轨由一根长 1～2m 的三角形铝管制成。铝管一端堵死，另一端是进气嘴和气源相连，向上的两个侧面分别开有两排小孔。当气源向导轨送进压缩的气体时，气体从小孔喷出，将导轨上的滑块浮起，导轨面和滑块面间形成很薄的空气层（即气垫），可使滑块在导轨上作近似于无摩擦的运动。在导轨的一端还安有一个小定滑轮。导轨安装在工字钢（或口字钢）上。工字钢架的底部有 3 个底脚螺钉即支脚可以调节导轨水平。

（2）滑块

滑块用角铝做成，是气轨上被研究的运动物体。它的两端可装缓冲弹簧，尼龙搭扣或橡皮筋（套）。上面可装挡光片。滑块两旁的螺钉还可安装加重块或骑码，以改变滑块的质量。使用滑块时，应轻拿轻放，不得磕碰，以防变形。

（3）光电门

光电门由光电管及聚光小灯泡组成。光电门装在气轨上，小灯泡的光线正好照射在光电管上，当滑块经过光电门时，其上的挡光片遮挡小灯泡照射到光电管上的光线，光电管产生的信号电压可控制计时仪。

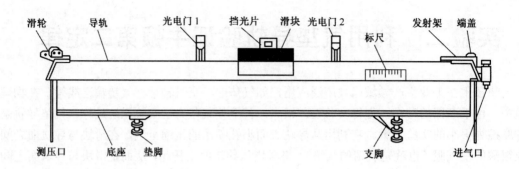

图 3-1　QG-5 型气垫导轨

（4）气轨测瞬时速度的原理

物体作直线运动时的平均速度为

$$\bar{v} = \frac{\Delta x}{\Delta t} \tag{3-1}$$

式中，$\Delta x$ 是物体在 $\Delta t$ 时间内所经过的位移，时间间隔 $\Delta t$（或位移 $\Delta x$）越小，平均速度就越接近于某点的实际速度，当取极限 $\Delta t \to 0$ 时，就得到物体在某点的瞬时速度

$$v = \lim_{\Delta t \to 0} \frac{\Delta x}{\Delta t} = \lim_{\Delta t \to 0} \bar{v} \tag{3-2}$$

但在实验中，直接用式（3-2）测量某点的速度几乎是不可能的，因为当 $\Delta t$ 趋于零时（$\Delta x$ 也同时趋于零），在测量上有具体的困难。即使这样，在一定误差范围内，我们仍可取一很小的 $\Delta t$ 及其经过的位移 $\Delta x$，用平均速度 $\dfrac{\Delta x}{\Delta t}$ 来近似地代替瞬时速度。

本实验是在气垫导轨上进行的（见图 3-1），物体（滑块）在导轨上运动时，摩擦阻力接近于零。

滑块上装有一宽度为 $\Delta x$ 的挡光片，如图 3-2 所示。当滑块在导轨上运动时，挡光片 $b_1$ 边一进入光电门，便开始遮住小灯泡射入光电管的光线，计时仪立即计时，一直到挡光片另一边 $b_2$ 再进入光电门，计时停止。从计时仪中显示的数字即为挡光片经过光电门所用的时间 $\Delta t$，应用公式 $\dfrac{\Delta x}{\Delta t}$ 可计算出这段时间的平均速度，只要 $\Delta x$ 取得较小，就可近似地认为是该点的瞬时速度。

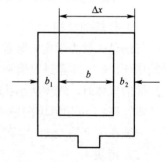

图 3-2　挡光片

（5）导轨的调平

当导轨水平时，滑块在水平方向所受的合外力为零，此时滑块作匀速直线运动，即滑块在导轨上任意位置的速度都相同；反之，当导轨倾斜时，滑块在导轨上任意两点的速度都不同。根据这一点，我们可以检验和调整导轨的水平状态。

将两个光电门安装在导轨的两个不同位置 $S1$ 和 $S2$ 上，让装有挡光片的滑块在导轨上往复运动，若滑块经过两个光电门的时间相等，即 $\Delta t_1 = \Delta t_2$，说明滑块经过两个光电门的速度一致，导轨已达到水平，若 $\Delta t_1 \neq \Delta t_2$，显然，时间较短的一端所处的位置较低。然后，反复调节导轨的支脚，使 $\Delta t_1 = \Delta t_2$（或相差小于千分之几秒），就可以认为导轨基本处于水平状态了。这时，可根据前面关于测平均速度的方法，由 $\Delta x$ 及经过的时间 $\Delta t$，近似地算出滑块作匀速直线运动的瞬时速度 $\dfrac{\Delta x}{\Delta t}$，式中，$\Delta x$ 是挡光片上 $b + b_1$（或 $b + b_2$）的宽度。

（6）使用气轨注意事项

① 不要损伤气轨和滑块。在气源关闭时，不要在气轨上拉动滑块，以免损伤气轨和滑块的表面。不要磕碰轨面，也不要摔碰滑块。

② 注意保持导轨表面清洁。实验前用棉纱蘸少许酒精将气轨表面和滑块内表面擦洗干净。实验后盖好防尘罩。

③ 在滑块上加放骑码和加重块时，务必对称放置，以保持滑块平衡，避免和气轨互相摩擦。

（7）加速度的测量

当导轨倾斜时，滑块在斜面上所受的合外力为一常数，因此滑块作匀加速直线运动，此时有

$$v_2 = v_1 + at \qquad (3\text{-}3)$$

式中，$v_2$ 是滑块在 S2 处的速度，$v_1$ 是滑块在 S1 处和速度，$t$ 为滑块经过 S1 至 S2 距离的时间。因为

$$v_1 = \frac{\Delta x}{\Delta t_1} \qquad\qquad v_2 = \frac{\Delta x}{\Delta t_2}$$

将 $a = \dfrac{v_2 - v_1}{t}$ 整理后可得滑块的加速度为

$$a = \frac{(\Delta t_1 - \Delta t_2)\Delta x}{\Delta t_1 \cdot \Delta t_2 \cdot t} \qquad (3\text{-}4)$$

（8）验证牛顿第二定律

置于水平气垫导轨上的滑块，在沿着导轨的恒力作用下，其运动可视为无摩擦的匀加速直线运动，如图 3-3 所示，绕过气垫导轨一端上的气浮滑轮的细线将滑块与砝码盘连接起来。设滑块的质量为 $M$，砝码盘连同砝码的质量为 $m$，则系统的加速度为

$$a = \frac{m}{(M + m)}g \qquad (3\text{-}5)$$

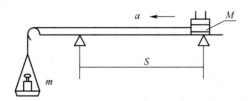

图 3-3 验证牛顿第二定律

在 $m$ 取不同值 $m_i(i = 1,2,3,\cdots,n)$ 的情况下，可测得系统相应的加速度 $a_i$，于是可得一组

$\left\{\left(\dfrac{m_i}{M+m_i}\right),a_i\right\}$，并作 $a-\dfrac{m}{M+m}$ 图。如果所得图线为一直线，则说明系统的加速度与其所受合外力成正比，而与系统的总质量成反比，从此可验证牛顿第二定律。

### 2. 智能计时仪简介

智能计时仪是多用途光控智能测时仪表，计时准确、性能可靠，用于气垫导轨尤为方便。该计时仪的面板布置如图 3-4 和图 3-5 所示。

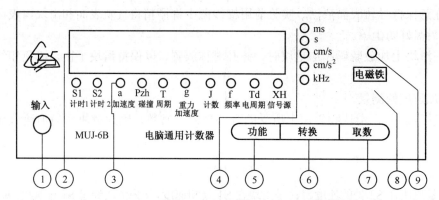

1-测频输入口；2-LED 显示屏；3-功能转换指示灯；4-测量单位指示灯；
5-功能选择/复位键；6-数值转换键；7-取数键；
8-电磁铁键；9-电磁铁开关指示灯
图 3-4　智能计时仪的前面板

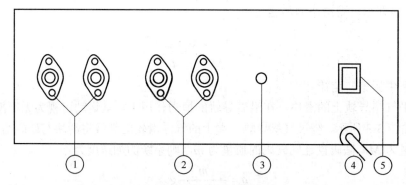

1-P1 光电门插口（外侧口兼电磁铁插口）；2-P2 光电门插口；
3-频标输出插口；4-电源线；5-电源开关
图 3-5　智能计时仪的后面板

（1）计时仪的数据采集

置于气垫导轨上的光电门中装有由红外光发射管和光电三极管组成的光电开关，每当光电开关的光路被遮断时，便向计时仪输出一个计时控制脉冲。当滑块先后两次通过光电门时，其上的两个挡光杆（片）依次 4 次遮断光路，计时仪将依次记录并存储挡光片通过第 1 光电门的时间即第 1 次与第 2 次遮光的时间间隔 $\Delta t_1$；挡光片通过第 1、第 2 光电门所用时间，即第 1 次与第 3 次遮光的时间间隔 $t$，第 3 次与第 4 次遮光的时间间隔 $\Delta t_2$，即挡光片通过第 2 光电门的时间，以及按式（3-4）计算得到的滑块运动的加速度 $a$ 的值。为配合气垫导轨实验，本仪器把 4 次遮光记为一次测量，共可连续记录并存储 20 个测量所得数据。

（2）按键的功能

功能选择/复位键⑤：用于 10 种功能的选择，即 S1，S2，a，…的选择及取消显示屏数据使其复位。如按下"功能键"前，光电门遮过光，则按此键起清屏作用，功能复位；光电门没遮过光时，按"功能键"仪器将选择新的功能或按下"功能键"不放，可循环选择功能，至所需的功能灯亮时，放开此键即可。

数值转换键⑥：用于测量单位即 ms，s，cm/s，…的选择和挡光片宽度的设定及简谐运动周期值的设定。

选择单位时，可按下数值转换键，测量单位在时间 s 或速度 cm/s 等单位之间转换；设定挡光片宽度时，则按住数值转换键不放，屏幕上将显示所需要的挡光片宽度 1.0cm、3.0cm、5.0cm、10.0cm，当显示到所需选用的挡光片宽度时即可放开此键。

（3）仪器功能与操作

按功能选择/复位键⑤，进行以下操作。

① 调到"计时 1"（S1）功能挡：测量对任一光电门的挡光时间，即挡光开始计时，露光截止。可连续测量。

② 调到"计时 2"（S2）功能挡：测量任意一个光电门两次挡光时间间隔。即第 1 次挡光计时，第 2 次挡光截止。

③ 调到"加速度"（a）挡：

滑块通过两个光电门后本机将会循环显示下列数据：

| 1 | 指第 1 个光电门 |
| ×××××× | 滑块通过第一个光电门的时间（速度） |
| 2 | 指第 2 个光电门 |
| ×××××× | 滑块通过第 2 个光电门的时间（速度） |
| 1-2 | 指第 1 至第 2 光电门 |
| ×××××× | 滑块通过第 1 至第 2 光电门的时间（加速度） |

如要显示速度值，请确认所使用的挡光片与设定的挡光片宽度应一致。（仅显示时间时可忽略此项操作）。每次开机，挡光片宽度自动设定为 1.0cm。

## 四、实验步骤

### 1．调节气垫导轨水平

① 接通气源及智能计时仪电源。

② 调节导轨的单脚螺钉，使滑块能够静止或虽有运动，但其方向并不确定为止。

③ 将计时仪的功能调到 S2 挡，给滑块一初速度，记录滑块通过两个光电门所用的时间，若通过两个电光门的时间基本一致，即 $\Delta t_1 = \Delta t_2$，说明导轨已调至水平。

### 2．验证牛顿第二定律

① 将导轨调成水平状态。

② 按图 3-3 所示用细线通过滑轮连接滑块与砝码盘。

③ 取砝码盘连同砝码的质量为 $m = 10.00g$。

④ 在气轨的标尺上测量出挡光片的宽度 $\Delta x$，按住计时仪的数值转换键⑥，将 $\Delta x$ 的值设入计时仪中。

⑤ 将滑块移至导轨的右端，然后将计时仪功能调整到"$a$"挡（加速度），按数值转换键⑥使测量单位调整到"ms"挡，使滑块在砝码的作用下运动。

当滑块通过两个光电门后，用手轻轻止住滑块（防止与挡框碰撞拉断细线）。从计时仪上记下 $\Delta t_1$、$\Delta t_2$、$t$ 值，按下数值转换键⑥，使测量单位转到"$cm/s^2$"挡，当测量单位"$cm/s^2$"灯亮时，此时屏幕显示的测量值即为加速度值，再重复本步骤两次。

⑥ 依次使 $m = 10.00g$、$15.00g$、$20.00g$、$25.00g$、$30.00g$，在 $m$ 为每一值下重复步骤⑤。

⑦ 用物理天平称量滑块质量 $M$。

# 五、数据及处理

验证牛顿第二定律

表 3-4　　　　　　$\Delta x = $　　　　　　cm, $M = $　　　　　　kg

| $m/ \times 10^{-3}kg$ | $\dfrac{m}{M+m}$ | 测次 | $\Delta t_1 /\times 10^{-3}s$ | $\Delta t_2 /\times 10^{-3}s$ | $t/\times 10^{-3}s$ | $a = \dfrac{(\Delta t_1 - \Delta t_2)\Delta x}{\Delta t_1 \Delta t_2 t}$ | $\bar{a}/cm/s^2$ |
|---|---|---|---|---|---|---|---|
| | | 1 | | | | | |
| | | 2 | | | | | |
| | | 3 | | | | | |
| | | 1 | | | | | |
| | | 2 | | | | | |
| | | 3 | | | | | |
| | | 1 | | | | | |
| | | 2 | | | | | |
| | | 3 | | | | | |
| | | 1 | | | | | |
| | | 2 | | | | | |
| | | 3 | | | | | |
| | | 1 | | | | | |
| | | 2 | | | | | |
| | | 3 | | | | | |

作 $a - \dfrac{m}{M+m}$ 图，并说明验证结果。

# 六、思考题

1. 为什么气轨调平时滑块的速度要接近实验时速度？

2. $a - \dfrac{m}{M+m}$ 图线的斜率是什么？

# 实验三 扭摆法测物体转动惯量

转动惯量是刚体转动时惯性大小的量度，是表明刚体特性的一个物理量。刚体转动惯量除了与物体的质量有关外，还与转轴的位置、质量分布（即形状、大小及密度分布）有关。如果刚体形状简单，且质量分布均匀，可以直接计算出它绕特定转轴的转动惯量。对于形状复杂、质量分布不均匀的刚体（如电动机转子、枪炮弹丸等），计算将变得极为复杂，通常采用实验方法来测定。

转动惯量的测量，一般都是使刚体以一定的形式运动，通过表征这种运动特征的物理量与转动惯量的关系，进行间接测量。本实验所采用的扭摆法，就是使物体作扭转摆动，先测定转动周期及其他参数，然后通过计算得出物体的转动惯量。

## 一、实验目的

① 用扭摆测定几种不同形状物体的转动惯量和弹簧的扭摆常数，并与理论值比较。
② 验证转动惯量平行轴定理。

## 二、实验仪器

转动惯量测试仪（含主机、光电传感器两部分）、扭摆、载物金属盘、空心金属圆柱体、实心塑料圆柱体 2 个、木球、金属细杆、金属滑块一对。

## 三、实验原理

### 1. 扭摆构造

扭摆的构造如图 3-6 所示，在轴 1 上可以装上各种待测物体；薄片状螺旋弹簧 2 垂直于轴 1 安装，用以产生恢复力矩；3 为水平仪，用来调整系统平衡。

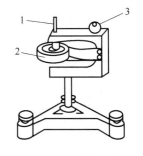

图 3-6 扭摆的构造

### 2. 转动惯量、扭转常数和周期关系

当装在轴 1 上的待测物体转过一定角度 $\theta$ 后，在弹簧的恢复力矩 $M$ 的作用下，物体就开始绕轴 1 作往返扭转运动。根据胡克定律，弹簧扭转而产生的恢复力矩 $M$ 与所转过的角度 $\theta$ 成正比，即

$$M = -K\theta \tag{3-6}$$

式中，$K$ 为弹簧的扭转常数。
根据转动定律

$$M = I\beta \tag{3-7}$$

式中，$I$ 为转动惯量，$\beta$ 为角加速度。

由式（3-7）得

$$\beta = \frac{M}{I} \tag{3-8}$$

令 $\omega^2 = \frac{K}{I}$，忽略轴承的摩擦力矩。由式（3-6）、式（3-8）得

$$\beta = \frac{\mathrm{d}^2\theta}{\mathrm{d}t^2} = -\frac{K}{I}\theta = -\omega^2\theta \tag{3-9}$$

上述方程表示扭摆运动具有角简谐振动的特性，角加速度与角位移成正比，且方向相反，此方程解为

$$\theta = A\cos(\omega t + \varphi) \tag{3-10}$$

式中，$A$ 为谐振动的角振幅，$\varphi$ 为初相位角，$\omega$ 为角速度。

有

$$T = \frac{2\pi}{\omega} = 2\pi\sqrt{\frac{I}{K}} \tag{3-11}$$

由式（3-11）可知，在已经通过实验测得物体扭摆的摆动周期 $T$ 的情况下，只要已知 $I$ 和 $K$ 中任何一个，即可算出另一个物理量。

本实验先用几何形状规则、密度均匀的物体来标定弹簧的扭转常数 $K$，即先由它的质量和几何尺度算出转动惯量 $I$，再结合测出的周期 $T$ 算出扭转常数 $K$。然后，通过标定的 $K$ 值，计算形状不规则、密度不均匀的物体的转动惯量。

**3. 转动惯量平行轴定理**

理论分析证明，若记 $I_0$ 为质量 $m$ 的物体绕通过质心的轴的转动惯量，记 $I$ 为转轴平行移动距离 $x$ 后的转动惯量，则二者关系为

$$I = I_0 + mx^2 \tag{3-12}$$

# 四、实验内容

### 1. 熟悉仪器，实验准备

① 熟悉扭摆构造、使用方法，以及转动惯量测试仪的使用方法（参阅本实验最后附注：转动惯量测试仪简介）。

② 调整扭摆基座底脚螺丝，使水平仪中气泡居中。

### 2. 测定扭转常数 $K$ 以及各种被测物的转动惯量

① 装上金属载物盘，并调节光电探头位置，使载物盘上挡光杆处于其缺口中央且能遮住发射、接收红外线的小孔。测出载物盘的摆动周期 $T_0$。

② 把短塑料圆柱、长塑料圆柱和金属圆筒依次安装在载物盘上，分别测出摆动周期 $T_1$、$T_2$、$T_3$。

③ 用类似方法测出木球的摆动周期 $T_4$。并把所有测得周期填入表 3-5。

表 3-5

| 次数 | $10T_0/s$ | $10T_1/s$ | $10T_2/s$ | $10T_3/s$ | $10T_4/s$ | $10T_5/s$ |
|---|---|---|---|---|---|---|
| 1 | | | | | | |
| 2 | | | | | | |
| 3 | | | | | | |
| $10\bar{T}$ | | | | | | |
| 平均周期 $\bar{T}$ /s | | | | | | |

④ 测出各被测物的质量和几何尺度填入表 3-6。

表 3-6

| 序号 | 物体 | 质量/kg | 几何尺度 $/10^{-2}$m | 理论值 $I/10^{-4}$kgm$^2$ | 周期 $\bar{T}$ /s | 实验值 $I/10^{-4}$kgm$^2$ | 相对误差/% |
|---|---|---|---|---|---|---|---|
| 0 | 金属载物盘 | | | | | | |
| 1 | 短塑料圆柱 | | $D_1 =$ | | | | |
| 2 | 长塑料圆柱 | | $D_2 =$ | | | | |
| 3 | 金属圆筒 | | $D_内 =$ | | | | |
| | | | $D_外 =$ | | | | |
| 4 | 木球 | | $D_4 = 13.4$ | | | | |
| 5 | 金属细杆 | | $L_5 =$ | | | | |

注：*木球转动惯量的实测值为 $I_4 - I_{球支座}$，$I_{球支座} = 0.179$（$\times 10^{-4}$kgm$^2$），木球的质量不包含球支座的质量。

　　**金属细杆的转动惯量实测值为 $I_5 - I_{夹具}$，$I_{夹具} = 0.232$（$\times 10^{-4}$kgm$^2$）。

　　　　求出 $K =$ 　　　　　　N·m

## 3. 验证转动惯量平行轴定理

① 装上金属细杆，使金属细杆中心与转轴重合。测出摆动周期 $T_5$，并填入表 3-5。

② 将滑块对称放置在金属细杆两边凹槽内，如图 3-7 所示。分别测出滑块质心离转轴 5.00 cm，10.00 cm，15.00 cm，20.00 cm 及 25.00 cm 时摆动周期 $T$，并填入表 3-7。

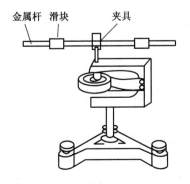

图 3-7　验证转动惯量平行轴

**表 3-7**　　　　　　　　　　　　　　　　　滑块质量 $m_6 = $　　　　　kg

| $X$/cm | 5.00 | 10.00 | 15.00 | 20.00 | 25.00 |
|---|---|---|---|---|---|
| 10 次摆动周期 $10T$/s | | | | | |
| 平均周期 $\overline{T}$ /s | | | | | |
| 实验值 $I$/$10^{-4}$kgm$^2$ | | | | | |
| 理论值 $I'$ /$10^{-4}$kgm$^2$ | | | | | |
| 相对误差% | | | | | |

注：表 3-7 中实验值 $I = \dfrac{1}{4\pi^2}\overline{T}^2 \cdot K$，理论值 $I' = I_5 + I'_6 + 2m_6 X^2$。其中，$I_5$ 为金属杆实测值，$m_6$ 为一个滑块的质量。$I'_6$ 为两个滑块绕通过质心的轴的转动惯量理论值。$I'_6 = 0.809(\times 10^{-4}\,\text{kgm}^2)$。

## 五、数据处理

计算扭转常数 $K$ 及各物体的转动惯量 $I$。

表 3-6 中计算公式如下

$$K = 4\pi^2 \frac{I'_1}{\overline{T}_1^2 - \overline{T}_0^2} \qquad\qquad I_0 = \frac{1}{4\pi^2}\overline{T}_0^2 \cdot K$$

$$I'_1 = \frac{1}{8}m_1 \cdot D_1^2 \qquad\qquad I_1 = \frac{1}{4\pi^2}\overline{T}_1^2 \cdot K - I_0$$

$$I'_2 = \frac{1}{8}m_2 \cdot D_2^2 \qquad\qquad I_2 = \frac{1}{4\pi^2}\overline{T}_2^2 \cdot K - I_0$$

$$I'_3 = \frac{1}{8}m_3\left(D_内^2 + D_外^2\right) \qquad\qquad I_3 = \frac{1}{4\pi^2}\overline{T}_3^2 \cdot K - I_0$$

$$I'_4 = \frac{1}{10}m_4 \cdot D_4^2 \qquad\qquad I_4 = \frac{1}{4\pi^2}\overline{T}_4^2 \cdot K$$

$$I'_5 = \frac{1}{12}m_5 \cdot L_5^2 \qquad\qquad I_5 = \frac{1}{4\pi^2}\overline{T}_5^2 \cdot K$$

## 六、注意事项

① 弹簧的扭转常数 $K$ 值不是固定的，而与摆角有关。为了不带来系统误差，实验过程中摆角应大致保持在 90° 左右。

② 光电探头应放在挡光杆的平衡位置处，挡光杆不能与之接触，以避免增大摩擦力矩。

③ 基座应保持水平。

④ 安装待测物体时，其支架应全部套入扭摆主轴，并在主轴豁口处旋紧固定螺钉，否则既不安全，又会造成很大误差。

⑤ 为提高测量精度，应先让扭摆自由摆动，然后按"执行"键进行计时。

⑥ 使用过程中若系统死机，请按"复位"键或关闭电源后重新启动。但以前数据将丢失。

## 七、思考题

1. 在测定摆动周期时，光电探头应放置在挡光杆平衡位置处，为什么？

2. 在实验中，为什么称细杆质量时，须取下夹具？

3. 在验证转动惯量平行轴定理时，若两个滑块不对称放置，将采用什么方法验证此定理？

# 附注：转动惯量测试仪简介

## 一、仪器简介

转动惯量测试仪由主机和光电传感器两部分组成。

主机采用单片机作为控制系统，可以用来测量物体转动和摆动的周期及旋转体的转速，能实现记录、存储、计算平均值等功能。

光电传感器主要由红外发射管和接收管组成，将光信号转化成脉冲电信号，送入主机工作。为确保计时准确，光电探头不能放置在强光下，以免过强光线对光电探头的影响。

## 二、按键的使用

TH-2 转动惯量测试仪面板如图 3-8 所示。

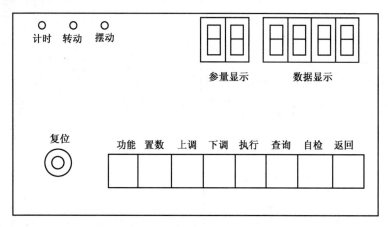

图 3-8　TH-2 型转动惯量测试仪面板

### 1. "复位" 键

按下此键后，仪器恢复为开机时的默认状态。默认状态为"摆动"指示灯亮，参量表示为"$P_1$"，数据显示为"……"。

### 2. "功能" 键

可以选择摆动、转动两种功能。开机时或复位后的默认值为"摆动"。若按下"功能"键，则显示"n = N-1"，表示主机处于转动计时状态；再次按下"功能"键，则显示"2n-N-1"，表示主机处于摆动计时状态，依次类推。

### 3. "置数" 及 "上调"、"下调" 键

此三键配合使用可以预置周期数。按下"置数"键，显示"n = 10"，表示当前周期数为默认值 10；再按"上调"或"下调"键，周期数依次加 1 或减 1；最后再按一下"置数"键

确认，显示"F₁end"或"F₂end"，表示摆动或转动置数完毕。

注：

① 周期数只能在1～20之间设置。

② 周期数一旦预置完毕，除复位、关机和再次置数外，其他操作均不改变预置的周期数。

### 4."执行"键

让刚体自由转动或摆动，按下"执行"键，此时仪器显示"px0.00"，主机处于等待状态。表示即将执行第 $x$ 次测量。当挡光杆第1次挡光，主机接收第1个脉冲信号，计时指示灯点亮，计时开始。当挡光杆第 $N$ 次挡光，主机接收到第 $N$ 个脉冲信号，即计时器记录 $n$ 个周期的总时间。

重复以上操作，可进行多次测量。本机最多可重复测量5次（P₁～P₅）。

另外，"执行"键还具有修改功能。例如要修改第3组数据，可按"执行"键直至出现"P3.00"，再重新测量。

### 5."查询"键

可以查询每次测量值（C₁～C₅）和平均周期 $C_A$，若显示"NO"则表示没有数据。

### 6."自检"键

按此键后，仪器依次显示"n = N–1""2n = N–1""SCGOOD"，表示单片机正常工作，并自动复位到"P₁…"

### 7."返回"键

可清除所有数据，返回到初始状态"P₁…"，但预置周期数不变，功能不变。

## 三、显示信息说明

| | |
|---|---|
| P₁…… | 初始状态 |
| n = N–1 | 转动计时的脉冲数 $N$ 与周期数 $n$ 关系 |
| 2n = N–1 | 摆动计进的脉冲数 $N$ 与周期数 $n$ 关系 |
| n = 10 | 默认周期数 |
| F₁end | 摆动周期预置确定 |
| F₂end | 转动周期预置确定 |
| Px0.00 | 执行第 $x$ 次测量（$x$ 为1～5） |
| Cx×.××× | 查询第 $x$ 次测量结果（$x$ 为1～5） |
| SCGOOD | 自检正常 |

# 实验四　拉伸法测定杨氏弹性模量

固体在外力作用下发生形态变化，称为"形变"。当外力在一定限度内，外力作用停止后，形变完全消失，这种形变称为"弹性形变"。外力过大时，形变不能全部消失，留有剩余的形变，称为"塑性形变"。逐渐增加外力到开始出现剩余形变，就称为达到了物体的弹性限度。

最简单的形变是棒状物体受力的伸缩。棒的伸长 $\Delta l$ 与原长 $l$ 的比 $\Delta l/l$ 称为"应变"。如截面积为 $S$ 的棒，拉力由 $F$ 增加到 $F'$，棒伸长了 $\Delta l$，按胡克定律，在弹性限度内，应变 $\Delta l/l$ 与棒的单位面积上所受的附加作用力 $(F'-F)/S$ 成正比，即

$$\frac{F'-F}{S} = E\frac{\Delta l}{l} \tag{3-13}$$

比例系数 $E$ 称为"杨氏弹性模量"。在国际单位制中 $E$ 的单位是 N/m$^2$。

杨氏弹性模量是描述固体材料抵抗形变能力的重要物理量，是选择机械构件材料的依据，是工程技术中常用参数。

## 一、实验目的

① 用金属丝的伸长测杨氏弹性模量。
② 用光杠杆测量微小长度的变化。
③ 用逐差法处理数据。

## 二、实验仪器

杨氏弹性模量测定仪、尺读望远镜、光杠杆、钢卷尺。

仪器装置如图 3-9 所示。金属（钢）丝 L 的上端固定于 A 点，下端与挂钩连接，挂钩上挂有砝码盘。金属丝穿过并固定于 B 夹。B 在平台 C 的孔中能上下移动。光杠杆 M 的两个前足放在平台 C 上，一个后足放在 B 夹上。光杠杆前安有望远镜 R 和标尺 S。

当砝码盘上的砝码增加或减少时，金属丝就伸长或缩短。夹在金属丝上的钢夹 B 就随之下降或上升。光杠杆 M 的后跟随着钢夹 B 的升降而升降。于是光杠杆 M 的平面镜产生偏转，从望远镜 R 中可观察到米尺刻度的变化。根据光杠杆原理，可算出钢丝的伸长（或缩短）量 $\Delta l$。

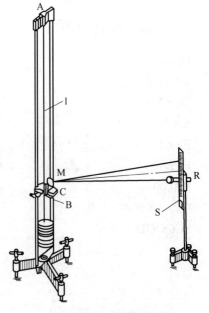

图 3-9　测杨氏弹性模量的装置

## 三、实验原理

在式（3-13）中，截面积 $S = \dfrac{1}{4}\pi d^2$，$d$ 为钢丝直径。有

$$E = \frac{4l(F'-F)}{\pi d^2}\frac{1}{\Delta l} \tag{3-14}$$

一般情况下，在弹性限度内，$\Delta l$ 是很小的，如何测定微小长度变化 $\Delta l$，是本实验的关键。

如图 3-10 所示，假定在初始状态下，反射镜 M 的法线 $ON_0$ 调节成水平，从望远镜中可看到标尺刻度为 $n_0$。当钢丝被拉长 $\Delta l$ 后，反射镜 M 偏转一个角度 $\alpha$。此时镜面法线为 $ON'$，望远镜中能看到标尺刻度为 $n$，则与之相应的光线 $ON$ 将与水平成 $2\alpha$ 角。当然，实际上 $\alpha$ 和 $2\alpha$ 都是很小的角度，于是

$$\alpha \approx \tan\alpha = \frac{\Delta l}{b} \tag{3-15}$$

$$2\alpha \approx \tan 2\alpha = \frac{n-n_0}{L} \tag{3-16}$$

可推导得

$$\Delta l = \frac{b}{2L}(n-n_0) \tag{3-17}$$

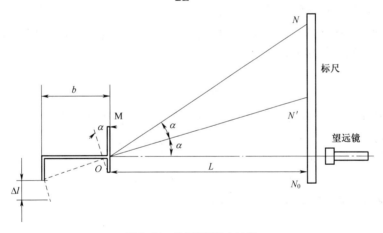

图 3-10 光杠杆测微小长度

由于 $\alpha$ 角很小，实际上式（3-17）的成立并不一定要求起始点的平面镜法线是水平的。也就是说，镜面从任意转角算起，当钢丝再伸长 $\Delta l$，因而镜面再偏转 $\alpha$ 时，式（3-17）都是近似成立的。

如果我们从中看到的标尺刻度由 $n$ 变到 $n'$，则

$$\Delta l = \frac{b}{2L}(n'-n) \tag{3-18}$$

将式（3-18）代入式（3-14），得

$$E = \frac{8Ll}{\pi b d^2}\left(\frac{F'-F}{n'-n}\right) \tag{3-19}$$

式中，$l$ 为钢丝长度，指图 3-9 中的上夹头 A 夹持钢丝的部位到下夹头 B 夹持钢丝的部位间

的距离；$b$ 是转镜装置（也称为光杠杆）的臂长（见图 3-10）；$d$ 是钢丝直径；$F'-F$ 和 $n'-n$ 分别为当给钢丝所加的拉力从 $F$ 增加到 $F'$ 时，拉力的增量和从望远镜中观察到的标尺刻度的相应变化；而 $L$ 为镜面到标尺间的距离。

## 四、实验步骤

### 1. 调整仪器

① 调节实验装置的底座螺钉，使装置铅直，从而使钢丝保持铅直。并保证望远镜与反光镜的距离在 120cm 左右。

② 将光杠杆的前面两个脚尖，放在平台 C 的沟槽内，后脚尖放在 B 夹上，如图 3-11 所示。注意一定要稳定，使镜面 M 与平台大致垂直。

③ 调节望远镜成水平状态，并对准镜面 M，调节目镜，使之能清楚地看到十字叉丝。

从望远镜的外侧，沿镜筒方向看镜面中是否有标尺像，若没有，则移动装有望远镜与标尺的三角架，直到能看到镜面中有标尺像，就可以从望远镜中观察，调节目镜和物镜间的距离，直到看清标尺的刻线与读数为止。

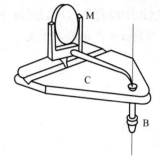

图 3-11 光杠杆

注意消除视差。仔细调节目镜和物镜间的距离，直到当眼睛上下略微移动时，标尺刻度的像和叉丝之间无相对位移为止。

### 2. 测量

① 逐渐增加砝码并记录标尺刻度，测量 8 次后再逐渐减去砝码并记录标尺刻度。计算两组对应数据平均值。加减砝码时，动作要轻，不要碰动光杠杆。

② 测量平面镜 M 到标尺 S 之间的垂直距离 $L$ 以及钢丝的上下两夹之间的距离 $l$。

将平面镜的 3 个足尖印在纸上，以直线连接前两个足尖，用适当的仪器测量后尖印到此连线的垂直距离 $b$，将数据记录到表格 3-8 中。

表 3-8

| 测量次数 | 砝码总质量 $m_i/\text{kg}$（不计预加砝码） | 望远镜内标尺刻度 $n_i/\text{cm}$ | | |
|---|---|---|---|---|
| | | 增重时 | 减重时 | 平均值 $\overline{n_i}$ |
| 1 | 1 | | | |
| 2 | 2 | | | |
| 3 | 3 | | | |
| 4 | 4 | | | |
| 5 | 5 | | | |
| 6 | 6 | | | |
| 7 | 7 | | | |
| 8 | 8 | | | |

$L =$　　　　　cm

$l =$　　　　　cm

$b =$　　　　　cm

③ 测量钢丝直径 $d$，记录到表格 3-9 中，测量时，在钢丝的不同位置，不同角度测量 6 次，求出 $d$ 的平均值及不确定度 $\Delta d$。

**表 3-9　螺旋测微计零点修正值 $d_0 =$　　　　　mm，$\Delta_仪 = 0.004$mm　单位：mm**

| | 1 | 2 | 3 | 4 | 5 | 6 | 平均 $\overline{d'}$ | $S$ |
|---|---|---|---|---|---|---|---|---|
| $\overline{d'}$ | | | | | | | | |

$\overline{d} = \overline{d'} - d_0 =$　　　　　mm

$\Delta_B = \sqrt{\Delta_仪^2 + \Delta_仪^2} =$　　　　　mm

$\Delta_d = \sqrt{S^2 + \Delta_B^2} =$　　　　　mm

$d = \overline{d} \pm \Delta_d =$　　　　　mm

### 3．处理数据

本实验用逐差法处理数据，求出待测钢丝的杨氏弹性模量。

根据表 3-8 的数据完成表 3-10。

**表 3-10**　　　　　$\Delta_仪 = 0.05$cm

| $F' - F / N$ | $\overline{n'} - \overline{n}/\text{cm}$ | | $\overline{\overline{n'} - \overline{n}}/\text{cm}$ | $S_{\overline{n'} - \overline{n}}/\text{cm}$ |
|---|---|---|---|---|
| | $\overline{n}_5 - \overline{n}_1$ | | | |
| $4 \times 9.8$ | $\overline{n}_6 - \overline{n}_2$ | | | |
| | $\overline{n}_7 - \overline{n}_3$ | | | |
| | $\overline{n}_8 - \overline{n}_4$ | | | |

$\Delta_{\overline{n'} - \overline{n}} = \sqrt{(1.59 S_{\overline{n'} - \overline{n}})^2 + \Delta_B^2} =$　　　　　cm

其中 $\Delta_B = \sqrt{\Delta_仪^2 + \Delta_仪^2} =$　　　　　cm

用所测得的数据求出杨氏弹性模量 $E$

$$E = \frac{8Ll}{\pi b d^2}\left(\frac{F' - F}{\overline{|n' - n|}}\right) =$$　　　　　$\text{N/mm}^2$

$E$ 的不确定度用下式计算：

$$\frac{\varDelta_E}{E} = \sqrt{\left(\frac{\varDelta_L}{L}\right)^2 + \left(\frac{\varDelta_l}{l}\right)^2 + \left(\frac{\varDelta_b}{b}\right)^2 + 2\left(\frac{\varDelta_d}{d}\right)^2 + \left(\frac{\varDelta_{n'-n}}{n'-n}\right)^2} =$$

其中，$\varDelta_L$、$\varDelta_l$、$\varDelta_b$ 采用仪器误差，均为 0.05cm。

$$\varDelta_E = E \cdot \frac{\varDelta_E}{E} = \qquad\qquad \text{N/mm}^2$$

$$E = E \pm \varDelta_E = \qquad\qquad \text{N/mm}^2$$

## 五、思考题

1. 材料相同，但粗细、长度不同的两根钢丝，它们的杨氏弹性模量是否相同？

2. 本实验所用的光杠杆和望远镜能分辨得最小长度变化是多少？怎样提高光杠杆测量微小长度变化的灵敏度？

3. 试求出本实验所用金属丝的倔强系数。

4. 本实验的各个长度测量为什么使用不同的测量仪器。

5. 在本实验中，哪一个量的测量对实验结果的影响最大？怎样改进？

6. 用逐差法处理数据的优点是什么？应注意什么问题？

# 实验五 线胀系数的测量

绝大多数物质都具有"热胀冷缩"的特性，这是由于物体内部分子热运动加剧或减弱造成的。材料的线膨胀是指材料受热膨胀时，在一维方向上的伸长。线胀系数是选用材料的一项重要指标，在工程结构的设计中，在机械设备及仪器的制造中，在材料的加工中，都应予以考虑。否则，将影响结构的稳定性和仪表的精度，甚至会造成工程结构的毁损、仪表的失灵等。

## 一、实验目的

① 了解用光杠杆法测线胀系数的原理。
② 熟悉调整光杠杆和尺读望远镜的基本方法。
③ 学会测量线胀系数的一种方法。

## 二、实验仪器

固体线胀系数测定仪、尺读望远镜、光杠杆、钢卷尺、温度计、坐标纸 15cm×10cm 一张（自备）。

### 1. 固体线胀系数测定仪

本实验所用固体线胀系数测定仪如图 3-12 所示。待测铜管置于加热器的中心孔内，下端与孔底面相接触，使铜管只能向上膨胀。光杠杆两前脚置于平台的槽内，后脚置于铜管上端的金属环上（环与管端固定在一起）。加热器底座上有加热电源开关、电源指示灯及调压旋钮。调压范围为 95～220V，顺时针调节为增加，测温范围为 10℃～100℃。

### 2. 尺读望远镜

尺读望远镜的结构如图 3-13 所示。

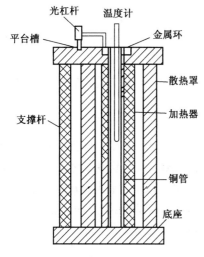

图 3-12 固体线胀系数测定仪

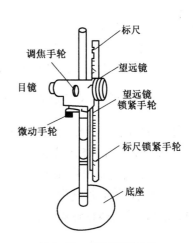

图 3-13 尺读望远镜结构

仪器的调整：将光杠杆按前述要求放置在固体线胀系数测定仪的平台上，使小平面镜与平台大致垂直；调整望远镜与光杠杆距离不小于 650 mm；调节望远镜镜筒呈水平且与平面镜等高，使望远镜的光轴与平面镜垂直，同时与标尺垂直，调整望远镜及标尺的高度，使没镜筒的轴线方向通过准星观察平面镜内是否有标尺的像，若看不到标尺的像，则可左右移动底座，或松开望远镜的锁紧手轮调整望远镜高度及微动手轮，直至通过准星看平面镜内出现标尺像为止；旋转目镜，使分划板十字叉丝最为清晰；调节调焦手轮，使从望远镜内观察光杠杆反射镜内标尺像最为清晰，继续调节微动手轮和底座，使十字叉丝对准标尺的某一刻线。

# 三、实验原理

## 1. 线胀系数

固体受热后其长度的增加称为线膨胀。经验表明，在一定的温度范围内，原长为 $L$ 的物体，受热后其伸长量 $\Delta L$ 与其温度的增加量 $\Delta T$ 近似成正比，与原长 $L$ 亦成正比，即

$$\Delta L = aL\Delta T \tag{3-20}$$

式中，比例系数 $a$ 称为固体的线胀系数。大量实验表明，不同材料的线胀系数不同，塑料的线胀系数最大，金属次之，锻钢、熔凝石英的线胀系数很小。线胀系数很小的材料在精密测量仪器的制造中有较多的应用。

实验还发现，同一材料在不同温度区域，其线胀系数不一定相同。某些合金在金相组织发生变化的温度附近，同时会出现线胀量的突变。因此测定线胀系数也是了解材料特性的一种手段。但是，在温度变化不大的范围内，线胀系数可认为是一常量。

为测量线胀系数，我们将材料做成均匀条状或杆状。由式（3-22）可知，若温度为 $T_1$ 时材料的长度为 $L$，温度为 $T_2$ 时材料较 $T_1$ 时伸长了 $\Delta L$，则该材料在（$T_1$，$T_2$）温区内的线胀系数为

$$a = \frac{\Delta L}{L(T_2 - T_1)} \tag{3-21}$$

其物理意义是固体材料在（$T_1$，$T_2$）温区内，温度每升高一度时单位材料长度的相对伸长量，其单位为 $^\circ\!C^{-1}$。

测量线胀系数的主要问题是如何测量伸长量 $\Delta L$。金属的 $a$ 值数量级为 $10^{-5}$ / ℃，而实验样品的长度一般为几十厘米，可见其受热后的伸长是十分微小的。对于这么微小的伸长量，用普通量具是测不准的，事实上，对金属受热后的伸长量，普通量具也难以测量。故通常采用千分表、读数显微镜、光杠杆放大法、光学干涉法等。在本实验中采用的是光杠杆法。

## 2. 光杠杆测微小长度变化量的原理

光杠杆测量微小长度变化的装置主要包括两部分：一部分是放在主体支架平台上的光杠杆，另一部分是放在光杠杆前方的尺读望远镜系统，光杠杆测量微小长度变化的原理如图 3-14 所示，此时望远镜光轴和标尺垂直。若被测物的长度发生一微小变化量 $\Delta L$ 后，则光杠杆的后脚的高度也将随同被测物有 $\Delta L$ 的变化，这时光杠杆将以两前脚连线为轴，以 $b$ 为半径转过一角度 $\theta$，平面镜也将随之转过 $\theta$ 角，在 $\theta$ 角较小（即 $\Delta L \ll b$ 时），有

$$\theta \approx \frac{\Delta L}{b} \tag{3-22}$$

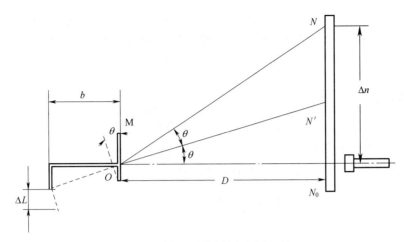

图 3-14　光杠杆测微小长度变化量原理

根据光的反射定律，平面镜的反射光线将偏转 $2\theta$ 角。若被测物长度没有变化之前，望远镜中的标尺读数为 $n_1$，变化后的读数为 $n_2$，令 $n = |n_2 - n_1|$，则当 $\Delta n << D$ 时，有

$$2\theta \approx \frac{\Delta n}{D} \qquad (3\text{-}23)$$

式中，$D$ 为平面镜与标尺面的距离，将式（3-25）代入式（3-24）可得

$$\Delta L \approx \frac{b}{2D} \cdot \Delta n \qquad (3\text{-}24)$$

由此可见，光杠杆的作用在于将微小长度变化量 $\Delta L$ 放大为较大的位移量 $\Delta n$，于是便可通过对 $b$、$D$ 及 $\Delta n$ 这些易于测准的量的测量来求得 $\Delta L$ 的值。

## 四、实验步骤

① 从加热器中取出铜管，用钢卷尺测量其长度 $L$，然后把铜管慢慢放入孔中，直到铜管的一端接触底面，调节温度计的锁紧螺钉（注意不要过紧，以免夹碎玻璃），使温度计下端长度为 150～200 mm，小心放入铜管内。

② 调整光杠杆 $b$ 的长度，放置好光杠杆，调整好尺读望远镜及平面镜，具体方法参考 65 页尺读望远镜的使用。

③ 将线胀系数测定仪的调压旋钮逆时针调节到底，打开电源开关，当温度上升至高于室温 10℃左右时，记录第一组数据并填入表 3-11。温度每上升 5℃读记一次望远镜的读值 $n$ 及相应温度 $T$（根据温度上升快慢，可适当设节调压旋钮），共测 10 组。

表 3-11

| 测次<br>项目 | 1 | 2 | 3 | 4 | 5 | 6 | 7 | 8 | 9 | 10 |
|---|---|---|---|---|---|---|---|---|---|---|
| 铜管温度 $T$/℃ | | | | | | | | | | |
| 望远镜读值 $n$/cm | | | | | | | | | | |

④ 用钢卷尺测量标尺至平面镜的距离 $D$。

⑤ 用钢卷尺测量光杠杆的长度 $b$，其方法如下：将光杠杆的三个脚尖印在平放的纸上，得到三点。将两前脚尖印用直线连接，过后脚尖印向两前脚尖连线做垂线得一垂足，用米尺测量垂足至后脚尖印的距离即为 $b$ 值。

## 五、数据及计算

铜管长度 $L =$                  cm                  光杠杆长度 $b =$             cm

平面镜与标尺的距离 $D =$                  cm

根据表 3-11 作 $n - T$ 图线，并由图线求解 $a$ 的值

$$a = \left| \frac{\Delta n}{\Delta T} \right| \cdot \frac{b}{2LD} = k \frac{b}{2LD} = \qquad\qquad ℃^{-1}$$

其中，$\left| \dfrac{\Delta n}{\Delta T} \right|$ 为 $n - T$ 图线斜率 $k$。

## 六、注意事项

① 光杠杆、望远镜、标尺调整好后，整个实验过程中都要防止其发生变动。

② 观测标尺时，眼睛正对望远镜，不得忽高忽低引起视差。

③ 尺读望远镜和光杠杆一旦调整好后，以后的操作过程中不能挤压实验台。

④ 平面镜与标尺的距离 $D$ 在 120cm 左右时，观察效果较好。

⑤ 第一组数据在高于室温 10℃ 时读取较为理想。

## 七、思考题

1. 两根材料相同，粗细、长度不同的金属棒，在同样的温度变化范围内，它们的线胀系数是否相同？膨胀量是否相同？为什么？

2. 在本实验过程中，应注意哪些操作要点？

# 实验六　示波器的调节和使用

示波器是一种用来观察各种交变电压波形的电子仪器，可用来测量电压（或电流）、频率、相位、功率、调幅度等，它的输入阻抗高，频率响应好，在测量技术中应用广泛。

## 一、实验目的

① 了解示波器的工作原理。
② 了解示波器各主要的功能旋钮的作用。
③ 利用示波器测量电压幅度和频率及波形的观察。

## 二、实验仪器

COS5020B 型通用仪示波器、DF-1641D 型信号发生器。

## 三、实验原理

示波器（全名是阴极射线示波器）是一种显示各种电压波形的仪器。示波器的显示部分是一圆形的荧光屏，当示波管中高速运动的电子打在屏上时，即能发光。由光迹可以指示电压波形和幅值大小，以及交流电压的频率（或周期）等。一般的电压表，是仅靠指针在电表表面弧形尺上旋过的幅度来指示待测电压值的，故不能如示波器那样较完整地测出上述这些特征。

### 1. 示波器的主要组成部分。

如图 3-15 所示，示波器基本上由阴极射线示波管、电源、锯齿波发生器及信号放大器所构成（x 轴也可输入外信号，也有放大器，在图中略去了）。

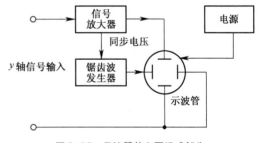

图 3-15　示波器的主要组成部分

示波管是示波器中的显示部件，在一个抽成高真空的玻璃泡中，装有各种电极，其内部结构如图 3-16 所示，由以下三个主要部分组成。

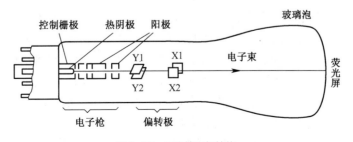

图 3-16　示波管内部结构

（1）电子枪

用以产生定向运动的高速电子，包括三个电极：热阴极，这是一个罩在灯丝外面的小金属圆筒，其端头涂有氧化物，当灯丝中通以电流而使阴极受热时，阴极就会发射电子，并形成电子流，阴极射线的名称由此来；控制栅极，这是一个端头开有小孔的金属圆筒，套于阴极外面，电子可以从小孔通过。由于工作时栅极的电位比阴极低，故可控制通过小孔的电子数目。也就是说，调节栅极电位的高低可以控制到达制到达荧光屏的电子流强度，使荧光屏点的亮度（也称辉度）发生变化，这称为辉度调节；阳极，这也是由开小孔的圆筒所组成，阳极电压（对阴极而言）约1000V，可使电子流得到很高的速度，而且阳极区域的电场还能将由栅极过来的散开的电子流聚焦成一窄细的电子束。通过改变阳极电压的大小来调节电子束聚焦程度，即荧光屏上光点的大小，这称为聚焦调节。

（2）偏转极

示波管内装有两对相互垂直的极板，第一对是垂直偏转板 Y1、Y2，第二对是水平偏转板 X1、X2（见图3-16）。设电子束原来是射在荧光屏中心的，如图3-17（a）所示，如 Y1、Y2 加上一定电压（设 Y1 的电位高于 Y2），则电子束经过极板时，因受到垂直于运动方向且方向向上的电场力作用而发生偏转。电子束到达荧光屏时，光点位置即如图 3-17（b）所示，位于中央水平轴的上方；反之，如 Y2 电位高于 Y1，则光点位于下方。又如只在 X1、X2 两极加电压，

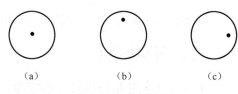

图3-17 光点位置

并设 X1 电位高于 X2，则电子束到达屏幕时，我们观察到的光点即位于右方，如图3-17（c）所示。光点的偏转距离的大小与偏转电压成正比。

（3）荧光屏

阴极射线管前端的玻璃壁，其内表面涂有发光物质，它在吸收电子打在其上的动能之后，即辐射可见光。在电子轰击停止后，发光仍能维持一段时间，称为余辉，余辉的久暂决定于发光物质的成分。在荧光屏上，电子束的动能不仅转换成光能，同时还转换成热能。因此，若电子束长时间地轰击荧光屏的某一点或电子流密度过大，就可能使被轰击点的发光物质烧毁，而形成暗斑，故在操作时应予注意。

### 2. 示波器显示波形的基本原理

如图3-18（a）所示，在 $x$ 轴偏转板（即水平偏转板）上加一个随时间 $t$ 按一定比例增加的电压信号 $U_x$，则光点将从 A 点向 B 点移动。如果在光点到达 B 点时突然把 $U_x$ 降到零（图中坐标轴上的 $T_x$ 点），那么光点就要返回 A 点。若此后 $U_x$ 再按上述相同情况变化（幅值 $U_x$ 和周期 $T_x$ 均相同），则光点又会重新由 A 移到 B。这样 $U_x$ 周而复始地变化，并由于发光物质的特性又能使光迹有一定的保留时间，于是就得到一条"扫描线"，一般称它为时间基线。只要在 X 轴偏转板上加一个类似"锯齿"形式的电压信号，就可以得到这样一条基线。

假如在 $x$ 轴加有扫描电压的同时，在 $y$ 轴加一正弦变化电压，如图3-18（b）所示，则电子流不但受到水平电场力而且还受到铅直方向电场力的作用，示波屏上不再是一条经过中心的水平方向光迹。设正弦电压信号 $U_y$ 的周期 $T_y$ 与 $U_x$ 的同期 $T_x$ 相同，当 $U_x$ 为正半周时，偏传板 Y1 的电位高于 Y2，所以在水平中心线的上方出现一个正弦波半周的波形；当 $U_y$ 为负

半周时，偏转板 Y2 的电位高，正弦波负半周的波形就出现在中心线的下方。当扫描电压第一个周期结束时，正好完整显示了一个周期的信号波形 $U_y$；而且电子束立即回到原点，并开始扫描第二个周期的信号波形。光点所画的轨迹和第一周期的完全重合，所以在屏上显示出一个稳定的波形。由于在每一周期内，加在 $X$ 轴偏转板上的锯齿波电压与时间成线性关系，因而示波管所显示的波形也就是待测电压信号在（$U_y$，$t$）坐标图上的波形，这就是示波器显示波形的基本原理。如 $U_x$ 的周期为 $U_y$ 的 $n$ 倍（整数），屏上就显示 $n$ 个正弦波形，当被测信号的频率不是扫描电压频率的整数倍时，荧光屏上的波形就会左右移动。为了要观察稳定的波形，就需要始终保持整数倍的关系。为此，一般就设法引入另一个幅度可以调节的电压，以控制扫描电压的频率，从而满足上述条件，这就是整步（同步）作用，所引入的电压称为整步电压。整步电压可以取自被测信号（称内整步），或电源电压（称电源整步）；也可以将另一个外加信号由"整步输入"接线柱接入，这称为外整步，总之，视需要而定。在一般情况下，常使用"内整步"。整步电压不可过大，否则尽管图形是稳定的，但不能获得被测信号的完整波形。

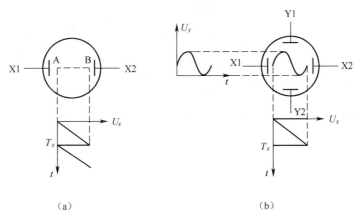

（a） （b）

图 3-18 示波器显示波形基本原理

　　如有两个不同频率的正弦电压分别从示波器的 $X$ 和 $Y$ 轴输入，则在波器上所观察到的将是怎样的一个合成图形呢？例如 $y$ 轴输入一个 50Hz 的正弦电压，而将一个信号发生器产生的正弦电压信号输入 $X$ 轴，调节信号的频率，使屏上分别出现如图 3-19 所示的各波形，这些图称为李萨如图形。图中标志 1:1、1:2、1:3、2:1，为 $y$ 轴与 $x$ 轴电压的频率之比，即发生器的频率分别为 50Hz、100Hz、150Hz、25Hz。由于李萨如图形的形状与这两个正弦电压的频率比值有关，因此可利用李萨如图形从已知频率来测未知频率，这种测量方法具有较高的精度。一般地，李萨如图形法只适用于测量频率稳定度较高的低频率。

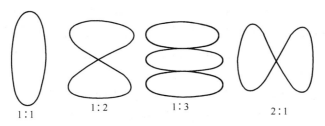

1:1　　　　1:2　　　　1:3　　　　2:1

图 3-19 李萨如图形

## 四、仪器介绍

### 1. COS5020B 型通用示波器控制面板

COS5020B 型通用示波器控制面板如图 3-20 所示。

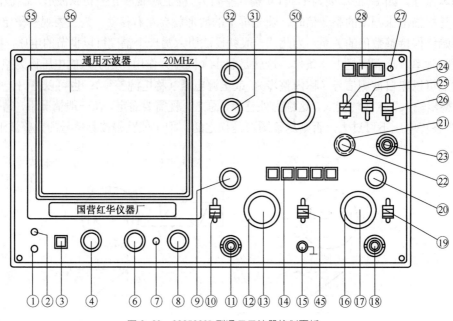

图 3-20　COS5020B 型通用示波器控制面板

（1）示波管电路

"电源"（POWER）③：示波器的主电源开关。当此开关按下时，开关上方的指示灯亮，表示电源已接通。

"辉度"（IN　TEN）④：控制光点和扫线的亮度。

"聚焦"（FOCUS）⑥：将扫线聚成最清晰。

"标尺亮度"（ILLUM）⑧：调节刻度照明的亮度。

"光迹旋转"（TRACE ROTATION）⑦：用来调整水平扫线，使之平行于刻度线。

（2）垂直偏转系统

"$Y_1$（X）"⑪：$Y_1$ 的垂直输入端。在 X—Y 工作时作为 X 轴输入端。

"$Y_2$（Y）"⑱：$Y_2$ 的垂直输入端。在 X—Y 工作时作为 Y 轴输入端。

"AC—⊥—DC"⑩、⑲：输入信号与垂直放大器连接方式的选择开关。"AC"指交流耦合；"⊥"指输入信号与放大器断开，同时放大器输入端接地；"DC"指直流耦合。

"V/cm"⑫、⑯：衰减开关，从 5mV/cm 到 5V/cm 共分 10 挡，选择垂直偏转因数用。当该旋钮（VARIABLE）⑬、⑰被拉出（×5 扩屏状态）时，偏转因数为面板指示值的 1/5。

↕"位移"（POSITION）⑨、⑳：凋节扫线或光点的垂直位置。

"Y 方式"（VERT MODE）⑭：选择垂直系统的工作方式。"$Y_1$"：$Y_1$ 单独工作；"$Y_2$"：$Y_2$ 单独工作。

"内触发"（INT TRIG）㊺：选择内部的触发信号源。当"触发源"开关㉖设置在"内"时，由此开关选择馈送到 A 触发电路的信号。

$Y_1$（X-Y）：以 $Y_1$ 输入信号作触发源信号，在 X-Y 工作时，该信号连接到 $x$ 轴上。

$Y_2$：$Y_2$ 输入信号作为触发信号。

（3）触发

外触发㉓：这个输入端作为外触发信号和外水平信号的公用输入端。用此输入端时，"触发源"开关㉖应置"外"位置。

"触发源"（SOURCE）㉖：选择触发信号。

"内"：内触发开关㊺选择的内部信号作为触发信号。当置"X-Y"（X-Y）工作方式时，起连通信号的作用。

"电源"：交流电源信号作为触发信号。

"外"：外触发输入端㉓的输入信号作为触发信号。

"耦合"（COUPLING）㉕：选择触发信号和触发电路之间耦合方式，也选择 TV 同步触发电路的连接方式。

"AC"：通过交流耦合施加触发信号。

"HFR"：AC 耦合，可抑制高于 50kHz 的信号。

"DC"：通过直流耦合施加触发信号。

"极性"（SLOPE）㉔：选择触发极性。

"+"在信号正斜率上触发。

"–"在信号负斜率上触发。

"释抑"（HOLDOFE）㉑：此双联控制旋钮为释抑时间调节。

"电平"（LEVEL）㉒：触发电平调节。

当信号波形复杂，用电平旋钮㉒不能稳定触发时，可用"释抑"旋钮使波形稳定。"电平"旋钮用于调节在信号的任意选定电平进行触发。当旋钮转向"→+"时，显示波形的触发电平上升，当此旋钮转向"→–"时，触发电平下降。当此旋钮置"锁定"位置时，不论信号幅度大小（从很小的幅度到大的幅度），触发电平自动保持在最佳状态。不需要调节触发电平。

## 2. DF-1641D 型信号发生器

DF-1641D 型信号发生器面板如图 3-21 所示，标志说明及功能见表 3-12。

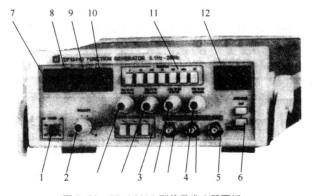

图 3-21 DF-1641D 型信号发生器面板

表 3-12

| 序　　号 | 面板标志 | 名　　称 | 作　　用 |
|---|---|---|---|
| 1 | POWER | 电源开关 | 按下开关，电源接通，电源指示灯发亮 |
| 2 | FREQ | 频率调节 | 与"11"配合选择工作频率 |
| 3 | FUNCTION | 波形选择 | 输出波形选择 |
| 4 | PULL　TO INV AMPLI TUDE | 斜波倒置 开关幅度 调节旋钮 | 调节输出幅度大小 |
| 5 | OUT　PUT | 信号输出 | 输出波形由此输出，阻抗为50Ω。为保证输出指示的精度，当需要输出幅度小于信号最大输出幅度的10%，建议使用衰减器 |
| 6 | ATTENUATOR | 输出衰减 | 按下按钮可产生-20dB 或-40dB 衰减 |
| 7 | | 频率 LED | 所有内部产生频率或外测时的频率均由此6个 LED 显示 |
| 8 | GATE | 闸门显示 | 此灯闪烁，说明频率计正在工作 |
| 9 | kHz | 频率单位 | 指示频率单位，灯亮有效 |
| 10 | Hz | 频率单位 | 指示频率单位，灯亮有效 |
| 11 | RANGE | 频率选择开关 | 频率选择开关与"2"配合选择工作频率 |
| 12 | | 电压 LED | 当电压输出端负载阻抗为50Ω时，输出电压峰-峰值为显示值的0.5，若负载变化时，则输出电压峰-峰值=［负载值/（50+负载值）］×显示值 |

## 五、实验步聚

① 打开示波器电源开关③，并确认开关上方的电源指示灯亮，约 20s 后，示被管屏幕上将出现一扫线。

② 调节"辉度"④和"聚焦"⑥旋钮，使扫线亮度适当，且最清晰。

③ 调节 Y2"位移"旋钮⑳和光迹旋转电位器⑦（用起子调节），使扫线与水平刻度线平行。

④ 为便于观察信号，调节"V/cm"⑯和"t/cm"㊿开关到适当的位置，使显示出来的波形幅度适中，周期适中。

⑤ 调节了$\updownarrow$"位移"⑳和←→"位移"㉜控制旋钮于适当位置，使显示波形对准刻度以便于读出电压值（$V$p-p)和周期（$T$）。

上述为本示波器的基本操作步骤，系针对 Y2 单通道工作操作程序。Y1 单通道工作的程序与上述相同，在实验内容中将进一步介绍操作方法。

## 六、实验内容

### 1. 测量前的调节与准备（严格按实验步骤调节）

### 2. 测干电池电压 $V_D$

① "AC、DC"⑲选择开关置"DC"挡，调节"Y2 移位"，使水平亮线与某一刻度线

重合（该线作为参考电平的基线）。一旦确定参考电平线，在本次测量中，"Y2 移位"就不可再变，否则读数不准。

② 将一节电池的"正"、"负"极分别连接到"Y2 输入"和"⊥"而"V/cm"旋至"0.5V/cm"挡。若亮线恰在基线上方 3 大格处，则其幅度为 3.0cm，$V_D = 0.5V/cm \times 3.0cm = 1.5V$。若将"V/cm"置"1V/cm"挡，则读得 1.5cm 左右（读数时估计误差较前大）。可见，合理选择"V/cm"的挡位，可以提高测量精度。

记录格式："V/cm"选用＿＿＿V/cm 挡，垂直位移＿＿＿cm，$V_D = $＿＿＿V。

### 3．交流电压测量

将"AC、DC"⑲开关拨至"AC"挡，将信号发生器的输出端与示波器"Y2 输入"⑱相接。调节发生器"输出衰减"和"输出幅度"的适当指示数（频率读数固定为 22～20kHz）的某一值，相继使输出衰减为 0、20、40，测量输出电压值，记录格式见表 3-13。

表 3-13

| 发生器分贝衰减数 | | 0 | 20 | 40 |
|---|---|---|---|---|
| 示波器 | 挡位/（V/cm） | | | |
| Y 轴示值 | 高度/cm | | | |
| | 最大交流电压/V | | | |

### 4．频率测量

将发生器的输出信号输送到示波器的 Y2 轴，调节"t/cm"为某一合适值，读波形上相继两同相位的峰-峰之间距离 $t$cm，便可算得输入信号周期 $T$

$$T = "t/cm"指示数 \times t，而频率 f = 1/T$$

当发生器频率示值依为 0.1kHz、1kHz、10kHz、100kHz 时，测量由示波器所显示各相应波形的频率值。记录格式见表 3-14。

表 3-14

| 发生器频率标度/kHz | | 0.1 | 1 | 10 | 100 |
|---|---|---|---|---|---|
| 示波器 | 挡位/（t/cm） | | | | |
| | 长度 $l$/cm | | | | |
| X 轴示值 | 周期 $T$/s | | | | |
| | 频率 $f$/Hz | | | | |

### 5．李萨如图形的观察

在 $y$ 轴输入一个 50Hz 的观正弦信号（可由信号发生器供给），在 $x$ 轴输入另一个 50Hz 的正弦信号（可由发生器提供，但"分贝衰减"要置于"40"，以防示波器损坏），将示波器㊺和⑭拨至 X-Y，即可观察到两互相垂直振动合成的李萨如图形。$x$ 轴、$y$ 轴的信号频率分别改变到 50Hz、100Hz、150Hz 等，描下各种合成的李萨如图形。记录格式见表 3-15。

表 3-15

| 图形　　　　　　　　x 轴/Hz<br>y 轴/Hz | 50 | 100 | 150 |
|---|---|---|---|
| 50 | | | |
| 100 | | | |
| 150 | | | |

# 实验七　线性电阻和非线性电阻的电流—电压特性

## 一、实验目的

① 熟悉电流表、电压表、滑线变阻器的使用方法。

② 测绘电阻的电流—电压特性曲线，并学会用图线表示实验结果。

③ 了解晶体二极管的单向导电性。

## 二、实验仪器

电流表、电压表、滑线变阻器、直流电源、开关、金属膜电阻、晶体二极管、导线、坐标纸 10cm× 10cm 一张（自备）、20cm× 10cm 一张（自备）。

## 三、实验原理

### 1. 线性电阻

加在一个组件两端的电压 $U$ 与流过组件的电流 $I$ 的比值 $R$ 称为该组件的电阻，即 $R=U/I$。若流过组件的电流与所加电压成正比（即其电流—电压图线为一直线），则称该类组件为线性组件，它们所呈现的电阻称为线性电阻。一般金属导体的电阻就是线性电阻。在一定温度下，这类电阻的阻值只取决于材料的性质及其几何形状，而与外加电压的大小无关。其电流—电压特性如图 3-22 所示，当电压反向时，电流也反向，图线（直线）斜率的倒数即为电阻值。

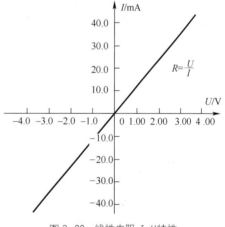

图 3-22　线性电阻 $I$-$U$ 特性

### 2. 非线性电阻

若通过组件的电流与外加电压不成比例（即电流—电压图线不是直线），则称这类组件为非线性组件，其所呈现的电阻称为非线性电阻。常用的半导体器件、热敏电阻、光敏电阻等，都是非线性组件。

晶体二极管（又称半导体二极管）的电阻值不仅与外加电压大小有关，而且还与所加电压的方向有关，其电流—电压特性如图 3-23 所示，表现出明显的单向导电性。

半导体的导电性能，介于导体和绝缘体之间。如果在纯净的半导体材料中掺入微量的杂质，则其导电能力就会有上万倍的增加。若掺入杂质的半导体中有大量的带负电的自由电子产生，则称这类半导体为电子型半导体或 N 型半导体；若掺入杂质的半导体中有大量的空穴产生，则称这类半导体为空穴型半导体或 P 型半导体。2AP 系列晶体二极管，是由 P 型锗和 N 型锗结合而成的 PN 结型晶体二极管，其结构和表示符号如图 3-24 所示。它有正、负两个电极，正极由 P 型半导体引出，负极由 N 型半导体引出。

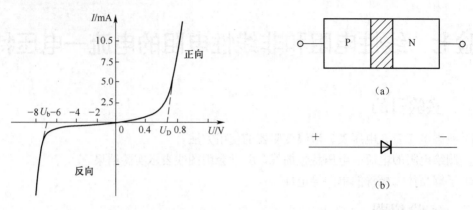

图 3-23　晶体二极管 $I$–$U$ 特性　　　　图 3-24　PN 结型晶体二极管

PN 结的形成和导电情况如图 3-25 所示。图（a）表示为：由于 P 区的空穴浓度大于 N 区的空穴浓度，空穴便由 P 区向 N 区扩散；同理，N 区的自由电子将向 P 区扩散。扩散的结果，在 P 区中由于空穴的减少而出现一层带负电的粒子（以⊖表示）区；在 N 区中由于自由电子的减少而出现一层带正电子的粒子（以⊕表示）区。于是，在 P 区与 N 区的交界处就形成了带负、正电荷的薄层区，称之为 PN 结。两带电层形成的电场（内电场）又将对载流子（空穴和电子）的扩散起阻挡作用，因而，又称此带电层为阻挡层。当扩散作用和内电场的阻挡作用相等，即载流子的迁移达到动态平衡时，二极管中不再有迁移电流，阻挡层的厚度也不再变化。

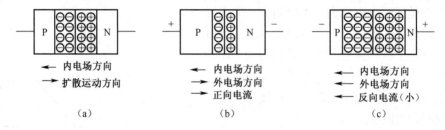

图 3-25　PN 结的形成和单向导电性

图（b）表示为：当 PN 结加上正向电压（正极接高电位，负极接低电位）时，外电场与内电场方向相反，削弱了 PN 结的阻挡作用，使阻挡层变薄，因而载流子能顺利地通过阻挡层形成较大的电流。随着正向电压的增加，电流也将增加，但电流的大小并不和所加电压成正比，这表明，PN 结具有效小的正向电阻。

图（c）表示为：当 PN 结加上反向电压时，外电场与内电场方向相同，PN 结的阻挡作用加强，阻挡层变厚，因而只有极少数载流子能通过 PN 结形成很小的反向电流。这表明 PN 结具有很大的反向电阻。

晶体二极管的电流电压图线可以参考图 3-23。可见，晶体二极管的电流和电压不是线性关系，即对于不同的外加电压具有不同的电阻值。

## 3. 电表的连接和接入误差

在测量二极管的电流和其两端电压的电路中，电表有两种接法：一种是电流表外接，电压表内接，如图 3-26 所示。另一种按法是电流表内接，电压表外接，如图 3-27 所示。

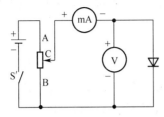
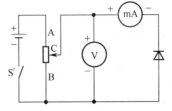

图 3-26　测晶体二极管正向 $I\text{-}U$ 特性电路　　　　图 3-27　测晶体二极管反向 $I\text{-}U$ 特性电路

按图 3-26 的接法，电压表所测得的电压是二极管两端的电压，但电流表所测得的电流不只是流过二极管的电流，而是流过二极管与电压表的电流之和；因而产生了电流的测量误差。但当电压表内阻远大于二极管的正向电阻时，这种接法误差很小，甚至对测量结果所产生的影响可以忽略。

按图 3-27 的接法，电流表测得的是流过二极管的电流，但电压表所测得的却不是二极管两端的电压，而是二极管与电流表上的电压之和。因而产生了电压的测量误差。但当电流表的内阻远小于二极管的反向电阻时，这种误差也会很小，甚至对测量结果所产生的影响可以忽略。

这种由于电表的接入而引起的测量误差属于系统误差，可以在计算测量结果时将电表的内阻考虑在内而加以修正。但在一般情况下，可通过选取合适的电表和连接方法，使误差减小到可以忽略的程度。通常，在待测器件阻值较小时采用图 3-26 所示接法，而在待测器件的阻值较大时采用图 3-27 所示接法。

## 四、实验步骤

### 1. 测金属膜电阻（线性电阻）的电流—电压特性，并求其阻值

① 按图 3-28 所示连接电路。R 为金属膜电阻，其标称值为 3.3kΩ，电压表的量程取 3V，电流表的量程取 1mA。

② 将稳压电源的"调压旋钮"置 0，将滑线变阻器 C 端的滑动头移到中间，接通电源开关 S。

③ 配合调节电源的"调压旋钮"及滑线变阻器滑动头的位置，使电压表的读值依次为 0.00V、0.30V、…、2.10V，并将电流表的相应读数值记入表 3-16。

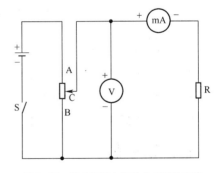

图 3-28　测金属膜电阻的 $I\text{-}U$ 特性电路

### 2. 测晶体二极管的电流—电压特性

（1）正向特性的测定

① 按图 3-26 所示连接电路。将稳压电源的"调压旋钮"置 0，将滑线变阻器的滑动头（C 端）移至中间，取电压表的量程为 1.2V、电流表的量程为 5mA，接通开关 S。

② 配合调节电源的"调压旋钮"及滑线变阻器滑动头的位置，依次使电压表的读值为 0.000V、0.050V、0.100V、…并将电流表的相应读值记入表 3-17，直至电流表的读值接近 5mA 为止。

（2）反向特性的测定

① 将电路改成图 3-27 所示接法。取电压表的量程为 6V，电流表的量程为 1mA。将滑线变阻器的滑动头（C 端）移至中间，电源的"调压旋钮"置 0，接通电源开关 S。

② 配合调节电源的"调压旋钮"及滑线变阻器滑动头（C 端）的位置，使电压表的读值从 0 开始逐渐增加，观察电流表的变化，直到电压表的读值为 4.50V 为止。

## 五、数据及处理

（1）测金属膜电阻的电流—电压特性、并求其阻值

**表 3-16**

| 测次 | 1 | 2 | 3 | 4 | 5 | 6 | 7 | 8 |
|------|---|---|---|---|---|---|---|---|
| $U$/V |   |   |   |   |   |   |   |   |
| $I$/mA |   |   |   |   |   |   |   |   |

作 $I$-$U$ 图，并由图线求电阻的阻值。

（2）测晶体二极管的电流—电压特性

（3）正向特性

**表 3-17**

| 测次 | 1 | 2 | 3 | 4 | 5 | 6 | 7 | … |
|------|---|---|---|---|---|---|---|---|
| $U$/V |   |   |   |   |   |   |   |   |
| $I$/mA |   |   |   |   |   |   |   |   |

作 $I$-$U$ 图。

（4）写出测量晶体二极管反向特性的现象，从而得出结论

## 六、注意事项

① 电源在使用前必须详细阅读使用说明。

② 作图需使用铅笔并标注图名。

③ 电表读数时应使指针与表盘弧形镜面中反射的像重合，以保证读数的准确性。

## 七、思考题

1. 当毫安表选择不同的量程时，读出的数据应该保留到小数点后几位？

2. 如何用万用表来鉴别晶体二极管的正、负极？

3. 非线性组件的电阻能否用电桥来测量？为什么？

# 附注：HY3002-2 型直流稳压电源使用方法简介

## 一、仪器简介

HY3002-2 型直流稳压电源面板如图 3-29 所示。

图 3-29　HY3002-2 型直流稳压电源面板

① 显示器（两侧相同）

② 电源开关

③ 调流旋钮（CURRENT）（两侧相同）

④ 调压旋钮（VOLTAGE）（两侧相同）

⑤ 输出接线柱（"+"为正极，"-"为负极，GND 为接地）（两侧相同）

⑥ 功能按键

⑦ V/A 选择开关（两侧相同）

## 二、使用方法

1. 电源开关打开前必须确保如下状态（否则可能会烧毁仪器）。

① 调流旋钮（CURRENT）顺时针旋转到底，使 C.V.指示灯亮起（开机后）。

② 调压旋钮（VOLTAGE）逆时针旋转到底，使电压输出为零（开机后）。

③ 功能按键处于 INDEP 状态（两按键同时弹起状态）。

④ V/A 选择开关处于 VOLT 状态。

2. 连接导线至输出接线柱，只连接正、负极接线柱。

3. 打开电源，并按实验要求调节输出电压（显示器显示电压）。调节时要缓慢增加电压，并同时注意电表是否有异常，如电表出现异常现象应立即关闭电源，防止损坏电表等设备，并检查电路。

4. 更改电路后，必须严格按步骤重新操作。

# 实验八　用模拟法测绘静电场

带电导体在空间形成的静电场，除极简单情况外，一般不能求出其数学表达式，因此常用实验手段来研究或测绘静电场。但是，直接测量静电场也会遇到很大困难，这不仅因为设备复杂，还因为把探针引入静电场时，探针上会产生感应电荷，这些电荷又产生电场，与原电场叠加起来，使静电场产生显著畸变。为克服测量上的困难，通常采用一种间接的测量方法（模拟法）来研究和测量静电场。

## 一、实验目的

① 学习用电流场模拟静电场的概念和方法。
② 加深对电场强度和电力线、电位概念的理解。
③ 学会使用静电场描绘仪。

## 二、实验仪器

静电场描绘仪、稳压电源、电压表、检流计、滑线变阻器、坐标纸 26cm× 18cm 一张（自备）。

## 三、实验原理

### 1．模拟法

模拟法是指不直接研究自然现象或过程本身，而利用与这些自然现象或过程相似的模型来进行研究的一种方法。模拟可分为物理模拟和数学模拟。物理模拟是指保持同一物理本质的模拟。数学模拟是指两个不同物理本质的自然现象或过程可用同样的数学方程加以描述，因而可用其中的一个来模拟另外的一个。本实验采用的是数学模拟。

### 2．用稳恒电流场模拟静电场

| 静　电　场 | 稳恒电流场 |
|---|---|
| 均匀电介质中两导体平板上各带电荷$\pm Q$ | 两电极间的均匀电介质中流过电流 $I$ |
| 电位分布 $U$ | 电位分布 $U$ |
| 电场强度 $E$ | 电场强度 $E$ |
| 介质介电常数$\varepsilon$ | 导电介质电导率$\sigma$ |
| 电位移矢量 $\mathbf{D} = \varepsilon E$ | 电流密度矢量 $\mathbf{J}=\sigma E$ |
| 介质内无自由电荷时 | 导电介质内无电流时 |
| $\oint \mathbf{D} \cdot \mathbf{ds} = 0$ | $\oint \mathbf{J} \cdot \mathbf{ds} = 0$ |
| $\dfrac{\partial^2 U}{\partial x^2} + \dfrac{\partial^2 U}{\partial y^2} + \dfrac{\partial^2 U}{\partial z^2} = 0$ | $\dfrac{\partial^2 U}{\partial x^2} + \dfrac{\partial^2 U}{\partial y^2} + \dfrac{\partial^2 U}{\partial z^2} = 0$ |

　　稳恒电流场和静电场本来是两种不同的场，但这两种场有相似的性质，它们都是有源场和保守场，都可以引入电位 $U$。对静电场和稳恒电流场来说，我们可以用两组对应的物理量来描述它们，这两组对应的物理量所遵循的物理规律如上表所示。

　　由上表可知，这两种场所遵循的物理规律是相同的。两种场的电位分布都满足拉普拉斯方程。那么，在相同的边界条件下，它们的解也应该相同（最多相差一个常数），这正是我们用稳恒电流场来模拟静电场的基础。

　　为了在实验中实现模拟，稳恒电流场和被模拟的静电场的边界条件应该相同或相似，这就要求在模拟实验中，用形状和所放位置均相同的良导体电极来模拟产生静电场的带电导体，如图 3-30 所示。

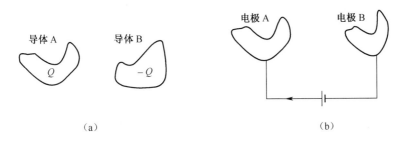

（a）　　　　　　　　　　　　　　　　（b）

图 3-30　静电场和稳恒电流场的比较

　　因为静电场中带电导体上的电量是恒定的，相应的模拟电流场的两电极间的电压也应该是恒定的。用电流场中的导电介质（不良导体）来模拟静电场中的电介质，如果模拟的是真空（空气）中的静电场，则电流场中的导电介质必须是均匀介质，即导电率必须处处相等。由于静电场中带电导体表面是等电位的，导体表面附近的场强（或电力线）与表面垂直，这就要求电流场中电极（良导体）表面也是等电位的，这只有在电极（良导体）的电导率远大于导电介质（不良导体）的电导率时才能保证，所以导电介质的电导率不宜过大。

### 3. 无限长带电同轴圆柱导体中间的电场分布

　　如图 3-31（a）所示，真空中有一圆柱体 A 和圆柱体壳 B 同轴放置（均匀导体），分别带有等量异号电荷。由静电学可知，在 A、B 间产生的静电场中，等位面是一系列同轴圆柱面，电力线则是一些沿径向分布的直线。图 3-31（b）是在垂直于轴线的任一截面 $S$ 内的圆形等位线与径向电力线的分布示意图。由理论计算可知，在距离轴线垂直距离为 $r$ 的一点处的电位是

$$V_r = V_0 = \frac{\ln \dfrac{R_B}{r}}{\ln \dfrac{R_B}{R_A}} \tag{3-25}$$

其中，$V_0$ 为导体 A 的电位，导体 B 的电位为零（接地），距中心 $r$ 处的场强为

$$E_r = -\frac{dV_r}{dr} = \frac{V_0}{\ln\frac{R_B}{R_A}} \cdot \frac{1}{r} \qquad (3-26)$$

式中，负号表示场强方向指向电位降落方向。

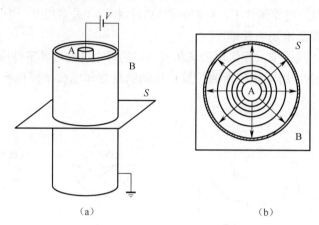

(a)　　　　　　　　　　(b)

图 3-31　无限长带电同轴圆柱导体的电场分布

### 4．模拟场分布

在无限长同轴圆柱体中间充以导电率很小的导电介质，且在内、外圆柱间加电压 $V_0$ 让外圆柱体接地，使其电位为零，此时通过导电介质的电流为稳恒电流。导电介质中的电流场即可作为上述静电场的模拟场，如图 3-32 所示。

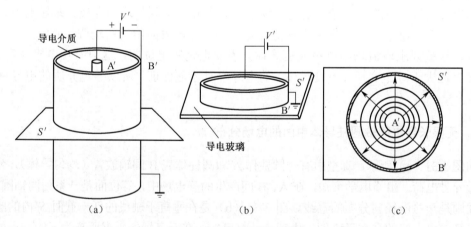

(a)　　　　　　　　(b)　　　　　　　　(c)

图 3-32　用电流场模拟静电场

由于无限长带电同轴圆柱体的电力线在垂直于圆柱体的平面内，模拟电流场的电力线也在同一平面内，且其分布与轴线的位置无关。因此，可把三维空间的电场问题简化为二维平面问题。即只研究一个导电介质在一个平面上的电力线分布即可。

理论计算可以证明，电流场中 $S$ 面的电位分布 $V'$ 与原真空中的静电场的电力线平面 $S$ 的电位分布是完全相同的，导电介质中的电场强度 $E'$ 与原真空中的静电场强度 $E_r$ 也完全相同的，即

$$V_r' = V_0 \cdot \frac{\ln \dfrac{R_B}{r}}{\ln \dfrac{R_B}{R_A}} \qquad\qquad (3\text{-}27)$$

所以

$$E_r' = -\frac{dV_r'}{dr} \frac{V_0}{\ln \dfrac{R_B}{R_A}} \cdot \frac{1}{r} = E_r \qquad\qquad (3\text{-}28)$$

## 四、实验内容

静电场描绘仪如图 3-33 所示。

仪器主要由上层板，下层板和上、下针移动座三部分构成。上、下层板，用四根柱支承共间，下层板上装有产生辐射状静电场的圆柱电极，圆环电极，导电纸。测量带反向电量的两个点电荷的电场分布时换用两个圆柱电极，这两个电极被安装在下层板上两相距为 100 毫米的孔内。上、下针移动座可在下层板上移动到不同测量位置。上层板上装有压紧坐标纸的压板，上针可在坐标纸上重复下针所在点的相应位置。

① 采用同轴圆筒电极，按图 3-34 所示连接好线路。

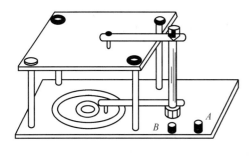

图 3-33　静电场描绘仪

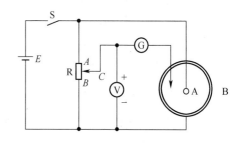

图 3-34　连接线路图

② 调节好探针，保持下探针与导电纸接触良好，上探针与坐标纸有 1~2mm 的距离。接通电源，调节电源的输出电压为 6V，并将电压表量程选择在 6V 位置。

③ 调节滑线变阻器，使电压表读数为 1V（此时下探针应处于空置状态，不与导电纸接触），之后移动探针，使检流计指针指零，这时表明探针所在处电势为 1V，按下上探针在坐标纸上扎孔为记。继续移动探针，找出一系列电势为 1V 的点，点的多少以能够描绘出等势线为准。

④ 调节滑线变阻器，使电压表读数分别为 2V、3V、4V、5V，找出相应的一系列等势点。用铅笔将不同电势的等势点用不同的记号标明。

⑤ 用圆规作图，使同一电势的等势点尽可能多地落在同一圆上，少部分不能落在圆上的点内外均匀分布，个别偏差较大的点可以去掉。标明电极位置，再利用电力线和等势线垂直的关系，画出相应的电力线。测出每一等势线的半径并记入表 3-18 中，按公式（3-29）计算出相应半径电势的理论值，与实验值比较。

## 五、实验数据记录与处理

| $V_r$实/V | 1 | 2 | 3 | 4 | 5 |
|---|---|---|---|---|---|
| 表 3-18     同轴圆柱体电场分布     $V_0 = 6.00V$ | | | | | |
| $r$/cm | | | | | |
| $\ln(R_B/r)$ | | | | | |
| $V_r$理/V | | | | | |
| $(|V_r理 - V_r实|/V_r理) \times 100\%$ | | | | | |
| 电极 A 半径 $R_A$/cm | | | 0.75 | | |
| 电极 B 半径 $R_B$/cm | | | 7.50 | | |

$$V_{r理} = \frac{V_0}{\ln \dfrac{R_B}{R_A}} \cdot \ln \frac{R_B}{r} \tag{3-29}$$

## 六、注意事项

① 移动探针时，动作要轻缓，以免划破导电纸。

② 一条等势线上相邻两个点间的距离以不超过 1cm 为宜，曲线急转弯或两条曲线靠近处，记录点应取得密些，否则连线将遇到困难。

③ 电源在使用前必须详细阅读使用说明，并保持两电极间电压 $V_0$ 不变。

④ 实验时上下探针应保持在同一铅垂线上，否则会使图形失真。

⑤ 记录纸应保持平整，测量时不能移动。

## 七、思考题

1. 为什么可用稳恒电流场模拟静电场？模拟的条件是什么？

2. 能否根据所描绘的等势线簇计算其中某点的电场强度？为什么？

3. 若将实验使用的电源电压加倍或减半，实验测得的等电位线和电力线形状是否变化？

# 实验九　电　位　差　计

补偿法是电磁测量的一种基本方法。电位差计就是利用补偿原理将未知电动势与已知电动势相比较来精确测量电动势或电位差的仪器。由于被测的未知电动势回路中无电流，测量的结果仅仅依赖于准确度极高的标准电池、标准电阻以及高灵敏度的检流计，因此，它不仅测量准确度高，而且测量结果稳定可靠。由于它不从被测对象中取用电流，因此测量时不会使被测对象改变原来的数值。电位差计的用途非常广泛，不仅可用来测量电动势、电压、电流、电阻，检验功率计等，而且还可以用来校准各种精密电表，同时它在非电量（如温度、压力、位移等）的电测法中也有重要地位。

## 一、实验目的

① 学习和掌握电位差计的工作原理和使用方法。
② 学习用电位差计测量电池的电动势和内阻。
③ 了解热电偶的原理和方法，用电位差计测热电偶的温差电动势。

## 二、实验仪器

UJ25 型直流电位差计、AZl9 型直流检流计、标准电池、待测电池、已知电阻等。

## 三、实验原理

### 1. 补偿原理

如果用普通的电压表测量电动势，由于电压表的内阻 $R_g$ 不可能为无限大，因此电池内部将有电流 $I$ 通过。这时从电压表上读到的是端电压 $U$ 而不是电池的电动势，显然 $U=E_x-Ir$，$r$ 为电池的内阻。可见只有当电池内部没有电流流过时，端电压 $U$ 才等于电动势 $E_x$。

如图 3-35 所示，将一个电动势为 $E_x$ 的电池与一个电动势为 $E_0$ 的可调电源通过一个检流计正极对正极、负极对负极连接在一起，调节 $E_0$ 的大小，使 $E_0=E_x$，则回路中就没有电流通过（此时检流计指针指零），这时我们称电路处于补偿状态。如果 $E_0$ 的值可以精确知道，则可以利用这种互相补偿电位差的方法确定被测电池的电动势。

### 2. 直流电位差计的工作原理

电位差计是利用补偿原理制成的仪器，其原理电路如图 3-36 所示。其中，$E_N$ 是标准电池，它的电动势是已经准确知道的，$E_x$ 是被测电动势，G 是检流计，$R_N$ 是标准电池的补偿电阻，$R_x$ 是被测电动势的补偿电阻，$R$ 是调节工作电流的变阻器，$E$ 是电源，S1 是转换开关。我们可以通过测量未知电池电动势的两个操作过程来了解电位差计的工作原理。

（1）校准工作电流

首先，将图 3-36 中开关 S1 合向标准电池 $E_N$ 一侧，取 $R_N$ 为一预定值，调节滑线变阻器 $R$ 使得检流计 G 的指针指向零，此时电位差计的工作电流就被"校准"到规定值，用 $I_0$ 表示，则

$$I_0 = \frac{E_N}{R_N} \tag{3-30}$$

这一步骤的目的是使工作电流回路内的 $R_x$ 中流过一个已知的"标准"电流 $I_0$。

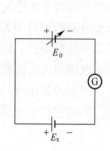

图 3-35　补偿原理电路

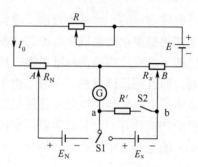

图 3-36　电位差计电路

（2）测量未知电动势

将转换开关 S1 合向未知电动势 $E_x$ 一侧，保持工作电流 $I_0$ 不变，调节 $R_x$ 的阻值，使其两端的电位差与 $E_x$ 值完全补偿而达到平衡，即检流计中的指针指零。此时有

$$E_x = I_0 R_x \tag{3-31}$$

由式（3-30）、式（3-31）可得

$$E_x = \frac{R_x}{R_N} E_N \tag{3-32}$$

这样，未知电动势就可由式（3-32）求得。

为了测量方便，工艺上将 $E_x = I_0 R_x$ 值直接标在 $R_x$ 处，因此，不用计算便可直接读出未知电动势的测量值。

（3）电位差计的特点

① 准确度高。由式（3-32）可知，$E_x$ 的准确度取决于标准电池和电阻的准确度，以及判断电位差计是否达到平衡的检流计的灵敏度。前两者可以做得很精确，只要检流计有足够高的灵敏度，电位差计的准确度就很高。

② 内阻高。用电压表测电位差时，总要从被测回路中分出一小部分电流来，这就改变了被测回路的参数，影响测量结果。电压表的内阻越小，这种影响就越显著。在用电位差计测电位差时，由于采用补偿原理，当电位差计达到平衡时，补偿电路的电流为零；或者说它的"内阻"很高，故不影响被测回路原有状态及电压量值。同时由于检流计中没有电流通过，也使得 $E_x$、$E_N$ 的内阻以及这些回路的导线电阻、接触电阻等都不产生附加压降，因此不影响测量结果。

**3. 测量电池内阻**

合上图 3-36 中开关 K2，此时在待测电池 $E_x$ 两端连上一个已知阻值（由实验室给出）的电阻 $R'$，重复前面测未知电动势的步骤，分别测出打开 K2 和合上 K2 两种情况下 a、b 点间的电位差 $E_x$ 和 $E'$。设电池内阻为 $r$，则由全电路欧姆定律可知

$$E' = E_x - Ir = IR' \tag{3-33}$$

所以

$$r = \frac{E_x}{E'}R' - R' \qquad (3\text{-}34)$$

当 $E_x$、$E'$、$R'$ 都知道后，利用式（3-34）即可算山电池内阻 $r$ 的值。

## 四、实验装置简介

箱式电位差计的类型很多。本实验使用的 UJ25 型直流电位差计其面板如图 3-37 所示。这是一种测量低电动势的电位差计。它的测量上限为 1.911110V，最小分度值为 1μV。当被测电压超过这一上限时，可配用分压箱来扩大测量范围，其测量上限可扩大到 600V。

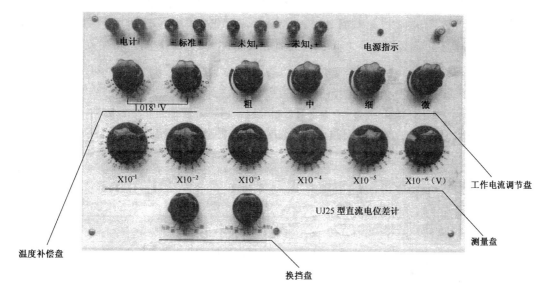

图 3-37　UJ25 型直流电位差计面板示意图

在电位差计的面板上有 8 个接线端钮。"电计"两端钮用来接入检流计（平衡指示仪）之用，"标准"两端钮用来接入标准电池之用，"未知 1"、"未知 2"两端钮用来接入被测电动势之用，最右端钮为泄漏屏蔽及静电屏蔽之用。

面板的左下方标有"粗"、"细""短路"旋钮，是用作将检流计（平衡指示仪）接通或本身短路。按下"粗"按钮，则检流计回路中将串入一个 500kΩ 限流电阻用以限制经过检流计的电流。

在上述旋钮的右侧，有一个标有"N"（标准）、"$X_1$"（未知 1）、"X2"（未知 2）、"断"的旋钮，其功能是转换检流计的工作状态。

图右上方向上依次标有"微"、"细"、"中"、"粗"的四个调节工作电流的旋钮。其左侧是标准电池电动势温度补偿的两个旋钮。

面板中间有六个大旋钮，被侧电动势的数值即由这六个旋钮读数的总和来表示。

使用方法如下所述。

在电位差计使用前，首先将"标准"（N）、"未知"（$X_1$、$X_2$）"断"转换开关放在"断"的位置，将"粗"、"细"、"断"旋钮置于"断"的位置。然后将检流计、被测电动势和标准电池按正、负极性接在相应的端钮上（接检流计时没有极性要求）。

在调节工作电流前，应首先考虑到标准电池电动势受温度的影响，在某一温度下标准电池电动势可按下式计算，计算结果化整的位数到 0.00001V。

$$E_t = E_{20} - 0.0000406 \, (t-20) - 0.00000095 \, (t-20)^2$$

式中，$E_t$ 为 $t$℃时标准电池的电动势；$t$ 为温度（即测量时室内环境温度）。

按上式计算的数值，在标准电池温度补偿十进盘上加以调整，调整后不变动。

将"标准"（N）、"未知"（$X_1$、$X_2$）、转换开关放在"标准"的位置上，按下"粗"按钮，调节"粗"、"中"旋钮使检流计指针指零。然后再按下"细"按钮，调节"细"、"微"旋钮，使检流计指针指零。此时的工作电流即可以认为是 0.0001A。松开全部按钮（注意：在调节过程中，发现检流计受到冲击时，应迅速按下"短路"按钮），将转换开关置于"未知"的位置，依次调节十进测量盘（6 个大旋钮）。首先将"粗"按钮按下，使检流计指针指零，然后再使"细"按钮按下时检流计指针指零，此时，6 个大旋钮的读数总和即是被测电动势值。

在测量过程中应经常注意校对工作电流的准确度，并在测量前预先估计一下被测电动势的大小，并使大旋钮读数与它接近。

## 五、实验内容及步骤

### 1. 准备工作

① 打开标准电动势预热 30min。
② 打开检流计，调到"300μV"挡，调零后再调至"非线性"挡。
③ 查看室温 $t$，计算修正值 $E_t$，根据 $E_t$ 在电位差计上调节温度补偿至 $E_t$ 值。

### 2. 调整工作电流

① 粗调：电位差计的两个换挡盘均调至"断"挡处，打开电位差计，再将两换挡盘分别调至"标准"和"粗"挡处，调节"粗"、"中"旋钮至检流计指零。

② 细调：将检流计调至"300μV"挡，电位差计两换挡盘至"标准"和"细"挡处，调节"细"、"微"至检流计指零，此时工作电流已调整好，将电位差计的两换挡盘调至"断"处。

### 3. 测量待测电动势 $E_x$

① 粗调：根据被测电动势 $E_x$ 的范围，调节测量盘"$10^{-1}$"旋钮至相应位置，调节两换挡盘至"未知 1"和"粗"挡，调节"测量盘"的前几位旋钮至检流计指零。

② 细调：两换挡盘调至"未知 1"和"细"挡处，调节"测量盘"的后几位旋钮至检流计指零，记下此时"测量盘"的读值即 $E_x$，将两换挡盘调至"断"处。

### 4. 测量待测电动势 $E_x$ 的内阻 $r$

① 重新调整工作电流，步骤重复"2"。

② 在连接"未知 1"处，并联一已知电阻 $R'$，根据 $R'$ 的端电压 $E'$ 的大约范围调节"测量盘"，测量步骤同"3"。

③ 测出 $E'$ 后，根据公式（3-34）计算得出内阻 $r$。

## 六、注意事项

① 电位差计在使用前，转换开关应放在"断"的位置，按钮全部松开，并注意电源的极性，不要接错。

② 标准电池不能作电源用，不能用电压表测量其电压，更不可短路；使用时，不能摇晃，不能颠倒；和电位差计连接时，极性不能接错。

③ 在实验中，每次测量都要经过"校准"和"测量"两个步骤，且两个步骤之间间隔不要太长。

# 实验十　惠斯通电桥

桥式电路在电磁测量技术中应用广泛，利用桥式电路制成的电桥是一种用比较法进行测量的仪器，它具有较高的灵敏度和准确度，可用来测量电阻、电容、电感、频率、温度、压力等许多物理量。在现代工业生产的自动控制装置中，桥式电路的应用越来越广泛。

## 一、实验目的

① 了解惠斯通电桥的构造和测量原理。
② 自组惠斯通电桥测量电阻。
③ 掌握惠斯通电桥的调节和使用方法。

## 二、实验仪器

QJ23a 型直流电阻电桥、导线、电阻箱、检流计、直流稳压电源、开关、滑线变阻器、电阻等。

## 三、实验原理

### 1. 惠斯通电桥的原理

电桥随用途不同分为不同种类，并各有特点，但它们的测量原理相同。惠斯通电桥是最基本的一种，它通常用来测量阻值在 $1 \sim 10^6 \Omega$ 范围内的电阻，同时它具有操作简便，测量精度较高，对电源稳定性要求不高，携带方便等优点。

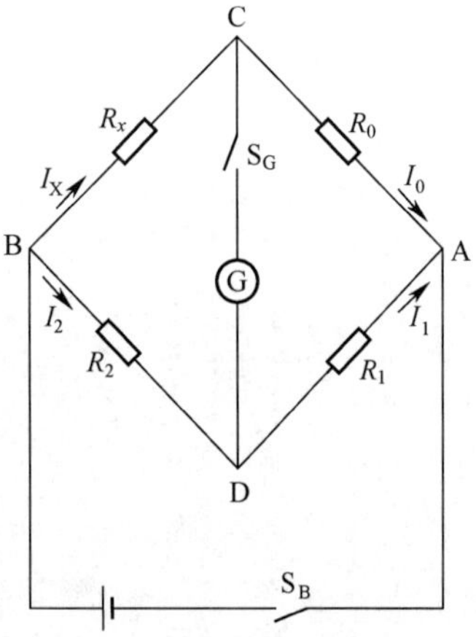

图 3-38 所示是惠斯通电桥电路原理图。四个电阻 $R_0$、$R_1$、$R_2$ 及 $R_x$ 组成一个闭合的四边形回路 ACBDA，每一边的电阻称为电桥的一个臂。对角 C 和 D 之间连接检流计 G 构成桥，用以比较"桥"两端的电位，当 C 和 D 两点的电位相等时，检流计 G 指零，电桥达到了平衡状态。此时有

$$U_{BC} = U_{BD} \qquad 即 \quad I_x R_x = I_2 R_2$$
$$U_{CA} = U_{DA} \qquad 即 \quad I_0 R_0 = I_1 R_1$$

图 3-38　惠斯通电桥电路原理

又因平衡状态时 $I_0 = I_x$，$I_1 = I_2$，所以以上两式相除，得

$$\frac{R_x}{R_0} = \frac{R_2}{R_1} \qquad\qquad (3\text{-}35)$$

式（3-35）表明：当电桥达到平衡时，电桥相邻臂电阻之比值相等。若桥臂电阻 $R_1$、$R_2$ 及 $R_0$ 已知，则待测电阻 $R_x$ 可由下式求出

$$R_x = \frac{R_2}{R_1} \cdot R_0 \qquad\qquad (3\text{-}36)$$

令比值 $\dfrac{R_2}{R_1} = N$，则

$$R_x = N \cdot R_0 \tag{3-37}$$

通常取比值 $N$ 为 10 的整数次方，例如取 $N$ 等于 0.01，0.1，1，10，100 等。这样就可以很方便地计算出 $R_x$。

由式（3-37）可知，$R_x$ 的有效位数由 $N$ 和 $R_0$ 的有效位数来决定。如果 $R_1$ 和 $R_2$ 的精度足够高，使比值 $N$ 具有足够的有效位数，则可视为常数。因此，$R_x$ 的有效位数由 $R_0$ 来决定。

桥臂 $R_0$ 一般采用一个位数有限的电阻箱。例如有×1000，×100，×10，×1 四挡。这样，只有恰当地选取 $N$ 值，才能使桥臂电阻 $R_0$ 的四个挡都工作（即×1000 挡不为 0），以保证 $R_x$ 具有四位有效数字。

### 2. 影响测量准确度的因素

（1）电桥灵敏度引进的误差

公式（3-36）是在电桥平衡的条件下推导出来的，实验中是看检流计指针有无偏转来判断电桥是否平衡，由于检流计的灵敏度及人眼的分辨能力（0.1 格）所限，当检流计偏转角 $\Delta\alpha < 0.1$ 格时，人们误认为 $I_g = 0$，这种由于对电桥平衡判断不准而引起的测量误差，称为电桥灵敏度误差。例如实验中指针式检流计的电流常数 $C_I = 10^{-6}$A/格（即检流计中通过 1μA 的电流指针偏转一个小格）。假设 $N = 1$ 时电桥平衡，则有 $R_x = R_0$，若将 $R_0$ 改变一个量 $\Delta R_0$ 时，电桥失去平衡，即 $I_g \neq 0$，但是如果 $I < 10^{-7}$μA 时，$\Delta a < 0.1$ 格，人眼难以察觉这个变化，仍误认为电桥是平衡的，因而得出 $R_x = R_0 + \Delta R_0$，$\Delta R_0$ 即是灵敏度误差，电桥平衡。由于 $R_0$ 的改变量 $\Delta R_0$ 所引起的检流计指针偏转（$\Delta\alpha$ 格）越大，电桥的桥路灵敏度越高，对电桥平衡的判断就越准，因此，我们引进电桥灵敏度概念，它定义为

$$S = \frac{\Delta\alpha}{\dfrac{\Delta R_x}{R_x}} \tag{3-38}$$

式中：$R_x$ 为被测电阻，$\Delta R_x$ 为电桥平衡后，被测电阻的改变量（由于 $R_x$ 不可变，又因 $R_x = NR_0$，故实验中可以用改变 $R_0$ 的大小来代替改变 $R_x$，即 $\Delta R_x = N\Delta R_0$。$\Delta\alpha$ 是电桥偏离平衡所引起的检流计指针偏转格数，因此实验中可根据式（3-38）测出 $S$ 值。

下面我们讨论电桥灵敏度与电桥各参数的关系，根据定义

$$S = \frac{\Delta\alpha}{\Delta R_x / R_x} = \frac{S_i \Delta I_g}{\Delta R_x / R_x} = S_i R_x \frac{\partial I_g}{\partial R_x} \text{（平衡附近）}$$

根据基尔霍夫定律可以推出电桥的灵敏度

$$S = \frac{S_i E}{R_1 + R_2 + R_0 + R_x + R_g \left[ 2 + \left( \dfrac{R_1}{R_x} + \dfrac{R_0}{R_2} \right) \right]} \tag{3-39}$$

式中，$S_i$ 是检流计灵敏度，$E$ 是电源电压，$R_g$ 是检流计内阻。由式（3-39）可知，提高电源

电压，选择灵敏度高、内阻小的检流计可以提高电桥灵敏度；适当减小桥臂电阻（$R_1+R_2+R_0+R_x$），尽量把桥臂配置成均压状态（即四臂电压相等），即使式中 $\left(\dfrac{R_1}{R_x}+\dfrac{R_0}{R_2}\right)$ 值最小，均可提高电桥灵敏度。

（2）桥臂电阻不准确引进的误差

电桥测量的方法既然是用已知电阻和未知电阻通过桥路进行比较的方法，那么 $R_1$，$R_2$，$R_0$ 电阻本身的不准确要给 $R_x$ 的测量结果带来误差，另外接线电阻与接触电阻（一般为 $10^{-2}\sim 10^{-3}\Omega$）的存在，也要给测量结果带来误差（因为公式（3-36）中并不包括这些电阻），这就使得电桥在结构上所能保证的准确度受到限制。因此不必过分追求电桥的高灵敏度，实验中应适当选择 $S_i$，$E$ 以使电桥灵敏度与电桥结构所能保证的准确度相适应。

### 3. 箱式惠斯通电桥

箱式惠斯通电桥是直流电桥的一种，它把整个仪器都装入箱内，便于使用。箱式惠斯通电桥的原理线路如图 3-39 所示，面板外观如图 3-40 所示。

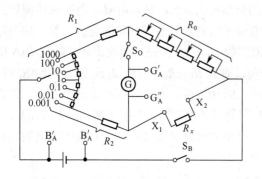

图 3-39　箱式惠斯通电桥原理线路

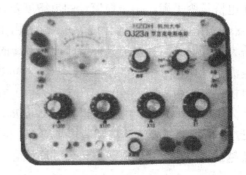

图 3-40　箱式惠斯通电桥面板外观

箱式惠斯通电桥的原理线路与图 3-38 比较，是将 $R_x$ 与 $R_1$ 互换位置。为了便于测量，在箱式惠斯通电桥中将比值称为倍率（即 $R_2/R_1$）为十进制固定值，共有 1000，100，10，1，0.1，0.01，0.001 七个挡位。可通过旋转旋钮来选择 $N$ 值。测量时，根据待测物电阻数值选取 $N$ 值，并保证 $R_0$ 某阻值可读取四位有效数字。桥臂电阻 $R_0$ 称为读数电阻，由四个旋钮控制的电阻箱组成，分别为千位（×1000）、百位（×100）、十位（×10）、个位（×1）。

使用方法：

① 将被测电阻接到 "$R_x$" 的两个接线柱上。

② 将检流计 "G" 转换开关拨向 "内接"，"B" 转换开关拨向 "内接"，按下 "G" 按钮，将检流计指针调至零位，然后放开 "G" 按钮。

③ 估计被测物电阻值，选择适当的量程倍率 $N$，将测量盘的四个旋钮调至被测物阻值的大致范围，并保证读数的四位有效数字。

④ 将 "灵敏度" 旋钮逆时针调至灵敏度最低状态，先按下 "B" 按钮，再按下 "G" 按钮，调节测量盘（读数电阻 $R_0$）的四个旋钮，使检流计指针逐渐接近零位，再顺时针微调 "灵

敏度"旋钮（即放大灵敏度），此时检流计指针又偏离零位，继续调节测量盘的四个旋钮，再次使检流计指针接近零位，如此反复操作，直到灵敏度最大时，检流计指针回到零位，此时电桥达到平衡状态。求出被测电阻（$R_x$=量程倍率 $N$× 测量盘读数）。例如：被测电阻为几十欧，应选取倍率 $N$ 为 0.01，若检流计指针指零时，测量盘上四个旋钮的值为 2312，则被测电阻 $R_x$ = 2312× 0.01 = 23.12（$\Omega$）。若不适当的选取倍率 $N$ 为 1，则所得被测电阻 $R_x$=0023× 1=23（$\Omega$），有效数字不足四位。注意：调节电桥时，"G"按钮只能短暂使用，只在判断检流计是否指零时才按下，然后立即放开。

⑤ 电桥使用完毕后，应放开"B"和"G"按钮，检流计"G"和电源转换开关"B"均拨向"外接"。

⑥ 在测量电感电路的电阻（如电机、变压器）时，为保护检流计，应先按"B"、再按"G"按钮，断开时先放"G"、再放"B"按钮。

## 四、实验步骤

### 1. 自组惠斯通电桥测量电阻

按图 3-41 所示连成桥路。其中 $R_0$ 为电阻箱，$R_1$，$R_2$ 根据实验原理和要求自己选择，$S_G$ 为检流计开关，$S_B$ 为电源开关。

① 将被测电阻接到 $R_x$ 上。

② 根据被测电阻量级，选择合适的比值 $N$，确定两组电阻作为桥臂电阻 $R_1$ 和 $R_2$，并填入表 3-19。

③ 断开开关 $S_B$ 和 $S_G$，将直流稳压电源打开，将输入电压调至 8V。

④ 将滑线变阻器滑动端 C 调至 A 处，以将桥路"灵敏度"降至最低。先接通开关 $S_B$，再接通开关 $S_G$。调节电阻箱上×1、×10、×100 三个旋钮（其他旋钮指零不动），使检流计指针逐渐接近零位。再使 C 向 B 处滑动，当检流计指针偏离零位时，继续调节上述三个旋钮，使检流计指针接近零位。直至

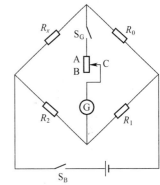

图 3-41 自组惠斯通电桥电路

C 调至 B 处，即"灵敏度"最高时，检流计指针指零，此时电桥达到平衡状态。记下 $R_0$ 阻值，填入表 3-19。

### 2. 用箱式惠斯通电桥测量电阻

① 按照箱式惠斯通电桥使用方法测量被测电阻，并填写入表 3-20。

② 测电桥灵敏度：当电桥平衡后，改变 $R_0$ 值（即 $\Delta R_0$），使检流统计有个微小偏转量 $\Delta \alpha$，根据公式 $S = \dfrac{\Delta \alpha}{\Delta R_0 / R_0}$ 算出 $S$ 值，则电桥灵敏度误差为 $\dfrac{\Delta R_x'}{R_x'} = \dfrac{0.1}{S}$。

③ 测桥臂误差 $\dfrac{\Delta R_x''}{R_x''} = \sqrt{\left(\dfrac{\Delta R_1}{R_1}\right)^2 + \left(\dfrac{\Delta R_2}{R_2}\right)^2 + \left(\dfrac{\Delta R_0}{R_0}\right)^2}$。

④ 计算完成表格内容。

## 五、数据处理

表 3-19

| 被测电阻值 $R_x$ 量级/Ω | $10^2$ | | $10^3$ | | $10^4$ | |
|---|---|---|---|---|---|---|
| 比值 $N$ | | | | | | |
| 桥臂阻值 $R_1$/Ω | | | | | | |
| 桥臂阻值 $R_2$/Ω | | | | | | |
| 桥臂阻值 $R_0$/Ω | | | | | | |
| 平均值 $R_0$/Ω | | | | | | |
| $R_x$/Ω | | | | | | |

表 3-20

| 被测量电阻值 $R_x$ 量级/Ω | $10^2$ | $10^3$ | $10^4$ |
|---|---|---|---|
| 比值 $N$ | | | |
| $R_0$/Ω | | | |
| $R_x$/Ω | | | |
| $\Delta R_0$/Ω | | | |
| $\Delta \alpha$/格 | | | |
| $S$ | | | |
| 电桥灵敏度误差 $\dfrac{\Delta R_x'}{R_x'}$ | | | |
| 桥臂误差 $\dfrac{\Delta R_x''}{R_x''}$ | | | |
| $\Delta R_x = \sqrt{\left(\dfrac{\Delta R_x'}{R_x'}\right)^2 + \left(\dfrac{\Delta R_x''}{R_x''}\right)^2} \cdot R_x$ | | | |
| $R_x \pm \Delta R_x$ | | | |

注：$\dfrac{\Delta R_1}{R_1} = 0.1\%$ $\qquad$ $\dfrac{\Delta R_2}{R_2} = 0.1\%$

## 六、思考题

1. 测电阻时，如发现检流计的指针：（1）总是偏向某一边；（2）总是不偏转。试分别指出其故障出在何处？

2. 测电阻时，若比率选择不好，对测量结果有何影响？

3. 能否用惠斯通电桥测毫安表或电压表内阻？测量时要特别注意什么问题？

# 实验十一 用霍尔效应法测定螺线管轴向磁感应强度分布

## 一、实验目的

① 掌握测试霍尔器件的工作特性。

② 学习用霍尔效应测量磁场的原理和方法。

③ 学习用霍尔器件测绘长直螺线管的轴向磁场分布。

## 二、实验仪器

TH-S 型螺线管磁场测定实验组合仪，坐标纸 10cm×10cm 两张，20cm×10cm 一张（自备）等。

## 三、实验原理

### 1. 霍尔效应法测量磁场原理

把一半导体薄片放在磁场中，并使片面垂直于磁场方向，如在薄片纵向端面间通以电流，那么，在薄片横向端面间就产生一电势差，这种现象称为霍尔效应，所产生的电势差称为霍尔电压，用以产生霍尔效应的半导体片称为霍尔组件。

霍尔效应是由于运动的电荷在磁场中受到洛伦兹力的作用而产生的，如图 3-42 所示，当电子以速率 $v$ 沿 $x$ 轴的反方向从霍尔组件的 N 端面向 M 端面运动时，电子所受到的沿 $z$ 轴方向、强度为 $B$ 的磁场的作用力为

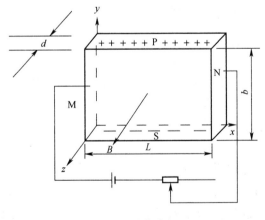

图 3-42 霍尔效应

$$f_B = -evB \tag{3-40}$$

式中，$e$ 为电子电量的绝对值。$f_B$ 为电子受到的洛伦兹力，它使电子发生偏移，从而在霍尔组件的 P 端面聚积起正电荷，在 S 端面积聚起负电荷，于是在 P、S 端面间就形成一个电场

$E_H$，称为霍尔电场。霍尔电场又将产生阻碍电子偏移的电场力 $f_E$，当电子所受到的电场力与磁力达到动态平衡时，有

$$f_E=f_B \quad 或 \quad eE_H=evB \tag{3-41}$$

其中，$v$ 为电子的漂移速度。这时，电子将沿 $x$ 轴的反方向运动，但此时已在 P 端面和 S 端面间形成一个电势差 $V_H$，这就是霍尔电压。

设组件的宽度为 $b$，厚度为 $d$，电子浓度为 $n$，则通过霍尔组件的电流为

$$I=-nevbd \tag{3-42}$$

由式（3-41）和式（3-42）可得

$$V_H=E_H \cdot b=\frac{1}{ne}\frac{IB}{d}=R_H\frac{IB}{d} \tag{3-43}$$

即霍尔电压与 $IB$ 乘积成正比，与组件厚度 $d$ 及电子浓度 $n$ 成反比，故采用半导体材料做霍尔组件，并切割得很薄（约 0.2mm）。其中比例系数 $R_H=-\dfrac{1}{ne}$ 称为霍尔系数，若令 $-\dfrac{1}{ned}=K_H$，则

$$V_H=K_HIB \tag{3-44}$$

式中，$K_H$ 为霍尔组件的灵敏度，其值已标在仪器上，它表示该器件在单位工作电流和单位磁感应强度下输出的霍尔电压，它的单位取 $I$ 为 mA、$B$ 为 KGS、$V_H$ 为 mV，则 $K_H$ 的单位为 mV/(mA·KGS)。由式（3-44）可知，若 $K_H$ 为已知，用仪器分别测出通过霍尔组件的工作电流 $I$ 及霍尔电压 $V_H$，就可以算出磁感应强度 $B$ 的大小，这就是利用霍尔效应测量磁场的原理。（注：IS 单位制中，$B$ 的单位是 T[特斯拉]，此实验 $B$ 采用 GS[高斯]为单位是因仪器标称 $K_H$ 值所致，$1T=10^4GS$）

### 2. 实验中产生的附加电压及消除办法

当对霍尔组件的 P、S 两端的电压进行测量时，实际测得的不只是 $V_H$，还包括其他因素带来的附加电压。下面讨论产生附加电压的原因及在实验中消除这些附加电压的方法。

① 由于霍尔组件材料本身的不均匀性，以及电压输出端 P、S 两极引线不可能是绝对对称地焊接在霍尔组件的两侧，当有电流 $I$ 流过霍尔组件时，P、S 两极将处于不同的等位面上，即使不加磁场，P、S 两极间也存在电势差 $V_0$，称为不等位电势差，$V_0$ 的正、负只与电流 $I$ 的方向有关。

② 从宏观上看，当载流子所受的磁场力 $f_B$ 与霍尔电场力 $f_E$ 达到动态平衡时，载流子将以一定的速度 $v$ 沿 $x$ 轴运动，而从微观来看，载流子的运动速率不会完全相同。对于速率大于 $v$ 的载流子有 $f_B'>f_E$；对于速率小于 $v$ 的载流子有 $f_B''<f_E$，它们将分别聚积在霍尔组件的 P 端面与 S 端面。但由于快速载流子的能量大，使得聚集快速载流子的端面温度高，相反的一面温度低。于是在 P、S 之间将产生温差电压 $V_t$，它不仅随 $I$ 的换向而换向，也随 $B$ 的换向而换向。

③ 由于工作电流引线的焊点 M、N 处的电阻不会绝对相等，所以当电流 $I$ 通过时会在 M、N 处产生不同的焦尔热，并因温差面产生电流，在磁场的作用下，在 P、S 之间将产生类似于霍尔电压 $V_H$ 的电压 $V_P$，显然 $V_P$ 随 $B$ 的换向而换向，而与 $I$ 的换向无关。

④ 由于热扩散电流中的载流子速率不同，又将在 P、S 之间引起附加的温差电压 $V_S$，$V_S$ 随 $B$ 的换向而换向，而与 $I$ 的换向无关。

综上所述，在通过霍尔组件的工作电流及外加磁场均匀为确定的情况下，在 P、S 两端测得的电压 $V$ 除霍尔电压 $V_H$ 外，还包括 $V_0$、$V_t$、$V_P$、及 $V_S$ 等，即

$$V = V_H + V_0 + V_t + V_P + V_S \tag{3-45}$$

因附加电压均与工作电流或磁场方向有关，故可采用改变工作电流方向或磁场方向进行多次测量来消除附加电压。具体做法如下。

第一次测量时 $V_H$、$V_0$、$V_t$、$V_P$ 及 $V_S$ 均取做正值，即 $+I$、$+B$ 时，有

$$V_1 = V_H + V_0 + V_t + V_P + V_S \tag{3-46}$$

第二次测量时 $I$ 不变，$B$ 换向，即 $+I$、$-B$，则

$$V_2 = -V_H + V_0 - V_t - V_P - V_S \tag{3-47}$$

第三次测量时采取 $-I$、$-B$，则

$$V_3 = V_H - V_0 + V_t - V_P - V_S \tag{3-48}$$

第四次测量采取 $-I$、$+B$，则

$$V_4 = -V_H - V_0 - V_t + V_P + V_S \tag{3-49}$$

由以上四式可得

$$V_H = \frac{1}{4}\left(V_1 - V_2 + V_3 - V_4\right) - V_t \tag{3-50}$$

在通常情况下，$V_t \ll V_H$，故将式（3-50）改写成

$$V_H = \frac{1}{4}\left(V_1 - V_2 + V_3 - V_4\right) \tag{3-51}$$

### 3. 载流长直螺线管内的磁感应强度

螺线管是由绕在圆柱面上的导线构成的，对于密绕的螺线管，可以看成是一系列有共同轴线的圆形线圈的并排组合，因此一个载流长直螺线管轴线上某点磁感应强度，可以从对各圆形电流在轴线上该点所产生的磁感应强度进行积分求和得到，对于一有限长的螺线管，在距离两端等远的中心点，磁感应强度为最大，且等于

$$B_0 = \mu_0 N I_M \tag{3-52}$$

其中，$\mu_0$ 为真空磁导率，$N$ 为螺线管单位长度的线圈匝数，$I_M$ 为线圈的励磁电流。

由图 3-43 所示的长直螺线管的磁力线分布可知，其内腔中部磁力线是平行于轴线的直线系，渐近两端口时，这些直线变为从两端口离散的曲线，说明其内部的磁场是均匀的，仅在靠近两端口处，才呈现明显的不均匀性，根据理论计算，长直螺线管一端的磁感应强度为内腔中部磁感应强度的 1/2。

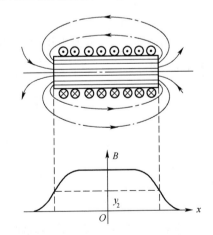

图 3-43 长直螺线管的磁力线分布

## 四、实验装置简介

TH-S 型螺线管磁场测定实验组合仪全套设备由实验仪和测试仪两大部分组成。

### 1. 实验仪

实验仪如图 3-44 所示。

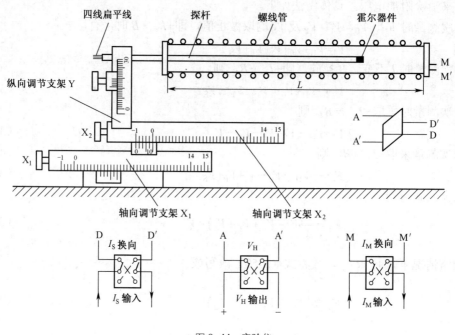

图 3-44　实验仪

（1）长直螺线管

长度 $L=28$cm；单位长度的线圈匝数 $N$（匝/m）标注在实验仪上。

（2）霍尔器件和调节机构

霍尔器件如图 3-45 所示，它有两对电极，A、A′ 电极用来测量霍尔电压 $V_H$，D、D′ 电极为工作电流电极，两对电极用四线扁平线经探杆引出，分别接到实验仪的 $I_S$ 换向开关和 $V_H$ 输出开关处。

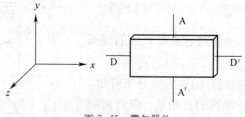

图 3-45　霍尔器件

霍尔器件的灵敏度 $K_H$ 与载流子浓度成反比，因半导体材料的载流子浓度随温度变化而变化，故 $K_H$ 与温度有关，实验仪上给出了该霍尔器件在 15℃时的 $K_H$ 值。

探杆固定在二维（$x$、$y$ 方向）调节支架上，其中 Y 方向调节支架，通过旋钮 Y 调节探杆中心轴线与螺线管内孔轴线位置，应使之重合。X 方向调节支架通过旋钮 X₁、X₂ 调节探杆的轴向位置。二维支架上设有 $X_1$、$X_2$ 及 Y 测距尺，用来指示探杆的轴向及纵向位置。

仪器出厂前探杆中心轴线与螺线管内孔轴线已按要求进行了调整，因此，实验中 Y 旋钮无需调节。

如操作者想使霍尔探头从螺线管的右端移至左端，为调节顺手，应先调节 $X_1$ 旋钮，使调节支架 $X_1$ 的测距尺读数 $X_1$ 从 0.0→14.0cm，再调节 $X_2$ 旋钮，使调节支架 $X_2$ 的测距尺读数 $X_2$ 从 0.0cm→14.0cm，反之，要使探头从螺线管左端移至右端，应先调节 $X_2$，读数从 14.0cm→0.0，再调节 $X_1$，读数从 14.0cm→0.0。

霍尔探头位于螺线管的右端，中心及左端，测距尺指示如下：

| 位　　置 | | 右　端 | 中　心 | 左　端 |
|---|---|---|---|---|
| 测距尺读数/cm | $X_1$ | 0 | 14 | 14 |
| | $X_2$ | 0 | 0 | 14 |

（3）工作电流 $I_S$ 及励磁电流 $I_M$ 换向开关

霍尔电压 $V_H$ 输出开关，三组开关与对应的霍尔器件及螺线管线包间连线，出厂前均已接好。

### 2．测试仪

测试仪面板如图 3-46 所示。

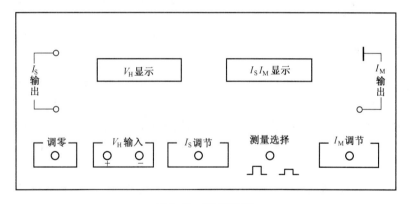

图 3-46　测试仪面板

（1）"$I_S$ 输出"

霍尔器件工作电流源，输出电流 0～10mA，通过 $I_S$ 调节旋钮连续调节。

（2）"$I_M$ 输出"

螺线管励磁电流源，输出电流 0～1A。通过 $I_M$ 调节旋钮连续调节。

上述两组恒流源读数可通过"测量选择"按键共享一只 $3\frac{1}{2}$ 位 LED 数字电流表显示，按键测 $I_M$，放键测 $I_S$。

（3）直流数字电压表

$3\frac{1}{2}$ 位数字直流毫伏表，供测量霍尔电压用。电压表零位通过面板左下方调零电位器旋钮进行校正。

### 3. 使用说明

① 测试仪的供电电源为市电 50Hz/220V。电源进线为单相三线。

② 电源插座和电源开关均安装在机箱背面，熔断器（保险丝）为 0.5A，置于电源插座内。

③ 霍尔器件各电极及线包引线与对应的双刀开关之间连线出厂前均已接好。

④ 测试仪面板上的"$I_S$ 输出"和"$I_M$ 输出"和"$V_H$ 输入"三对接线柱应分别与实验仪上的三对相应的接线柱正确连接。

⑤ 仪器开机前应将 $I_S$、$I_M$ 调节旋钮逆时针方向旋到底，使其输出电流趋于最小状态，然后再开机。

⑥ 调节实验仪上 $X_1$ 及 $X_2$ 旋钮，使测距尺 $X_1$ 及 $X_2$ 读数均为零，此时霍尔探头位于螺线管右端。实验时，若要使探头移至左端应先调节 $X_1$ 旋钮，使其由 0→14cm，再调节 $X_2$ 旋钮，使其由 0→14cm，如要使探头右移，应先调节 $X_2$，再调节 $X_1$。

**注意：** 严禁鲁莽操作，以免损坏设备。

⑦ 仪器接通电源后，预热数分钟即可进行实验。

⑧ "$I_S$ 调节"和"$I_M$ 调节"分别用来控制样品工作电流 $I_S$ 和励磁电流 $I_M$ 的大小。其电流随旋钮顺时针方向转动而增加，细心操作，调节的精度分别可达 10μA 和 1mA。$I_S$ 和 $I_M$ 的读数可通过"测量选择"按键来实现。按键测 $I_M$，放键测 $I_S$。

⑨ 关机前，应将"$I_S$ 调节"和"$I_M$ 调节"旋钮逆时针方向旋到底，使其输出电流趋于最小状态，然后切断电源。

### 4. 仪器检验步骤

① 霍尔片性脆易碎，电极甚细易断，实验中调节探头轴向位置时，要缓慢、细心转动有关旋钮，探头不得调出螺线管外面，严禁用手或其他物件去触探头，以防止损坏霍尔器件。

② 将测试仪的"$I_S$ 调节"和"$I_M$ 调节"旋钮均置零位（即逆时针旋转到底）。

③ 将测试仪的"$I_S$ 输出"接实验仪的"$I_S$ 输入"，"$I_M$ 输出"接"$I_M$ 输入"，并将 $I_S$ 及 $I_M$ 换向开关掷向任意一侧。

**注意：** 决不允许将"$I_M$ 输出"接到"$I_S$ 输出"或"$V_H$ 输出"处，否则一旦通电，霍尔器件样品遭受损坏。

④ 实验仪的"$V_H$ 输出"接测试仪的"$V_H$ 输入"，"$V_H$ 输出"开关应始终保持闭合状态。

⑤ 调节 $X_1$ 及 $X_2$ 旋钮，使霍尔器件离螺线管端口约 10cm 位置处。

⑥ 接通电源，预热数分钟后，电流表显示"·000"（当按下"测量选择"键时）或"0.00"（放开"测量选择"键时）[注]，电压表显示为"0.00"（若不为零可通过面板左下方小孔内的电位器来调整）。

⑦ 置"测量选择"于"$I_S$"挡（放键）。电流表所显示的 $I_S$ 值即随"$I_S$ 调节"旋钮顺时针转动而增大，其变化范围为 0～10mA。此时电压表所示 $V_H$ 读数为"不等势"电压值，它随着 $I_S$ 增大而增大，$I_S$ 换向，$V_H$ 极性改号（此乃负效应所致，可通过"对称测量法"予以消除），说明"$I_S$ 输出"和"$I_S$ 输入"正常。

⑧ 取 $I_S$＝2mA。置"测量选择"于 $I_M$ 挡（按键），顺时针转动"$I_M$ 调节"旋钮，查看 $I_M$ 变化范围应为 0～1A。此时 $V_H$ 值亦随 $I_M$ 增大而增大，当 $I_M$ 换向时，$V_H$ 亦改号（其绝对值随

$I_M$ 流向不同而异，此乃负效应所致，可通过"对称测量法"予以消除），说明"$I_M$ 输出"和"$I_M$ 输入"正常。

⑨ 调节 $X_1$ 及 $X_2$ 旋钮，使霍尔探头从螺线管一端移至另一端，观察电压表所示 $V_H$ 值应随探杆的轴向移动而有所变化，且接近螺线管端口处 $V_H$ 值将急剧下降。至此，说明仪器全部正常。

⑩ 本仪器数码显示稳定可靠，但若电源线不接地则可能出现数字跳动现象，当 $V_H$ 读值跳动范围在 |0.03| 以内时，可以随机记一读值，对实验结果影响十分微小，误差可忽略。"$V_H$ 输入"开路或输入电压＞19.99mV，则电压表出现溢出现象。

注：有时 $I_S$ 调节电位器或 $I_M$ 调节电位器起点不为零，将出现电流表指示末位数不为零，亦属正常。

## 五、实验步骤

### 1. 霍尔器件输出特性测量

① 按图 3-47 所示连接测试仪和实验仪之间相对应的 $I_S$、$V_H$ 和 $I_M$ 各组连线，连接时，应注意每组连线连接在换向开关的中间的一组接线柱上，上方一组接线柱的线路出厂前已连好，切勿随意改动。连好后经教师检查后方可开启测试仪的电源，必须强调指出：决不允许将测试仪的励磁电流"$I_M$ 输出"误接到实验仪的"$I_S$ 输入"或"$V_H$ 输出"处，否则一旦通电，霍尔器件即遭到损坏。

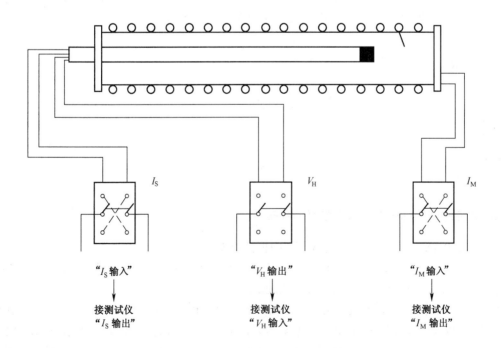

图 3-47 连接测试仪和实验仪

注：图 3-47 中虚线所示的部分线路已由厂家连接好。

② 转动霍尔器件探杆支架的旋钮 $X_1$、$X_2$，慢慢将霍尔器件移到螺线管的中心位置。

③ 测绘 $V_H$-$I_S$ 曲线。取 $I_M$=0.800A，测试过程中保持不变。

依次按表 3-21 所列数据调节 $I_S$，用对称测量法测出相应的 $V_1$、$V_2$、$V_3$ 和 $V_4$ 记入表 3-21，绘制 $V_H$-$I_S$ 曲线。

**表 3-21** $I_M$=0.800A

| $I_S$/mA | $V_1$/mV $+I_S+B$ | $V_2$/mV $+I_S-B$ | $V_3$/mV $-I_S-B$ | $V_4$/mV $-I_s+B$ | $V_H=\left(\dfrac{V_1-V_2+V_3-V_4}{4}\right)$/mV |
|---|---|---|---|---|---|
| 4.00 | | | | | |
| 5.00 | | | | | |
| 6.00 | | | | | |
| 7.00 | | | | | |
| 8.00 | | | | | |
| 9.00 | | | | | |
| 10.00 | | | | | |

④ 测绘 $V_H$-$I_M$。取 $I_S$=8.00mA，测试过程中保持不变。

依次按表 3-22 所列数据调节 $I_M$，用对称测量法将所测得数据记入表 3-22，绘制 $V_H$-$I_M$ 曲线。

**表 3-22** $I_S$=8.00mA

| $I_M$/A | $V_1$/mV $+I_S+B$ | $V_2$/mV $+I_S-B$ | $V_3$/mV $-I_S-B$ | $V_4$/mV $-I_S+B$ | $V_H=\left(\dfrac{V_1-V_2+V_3-V_4}{4}\right)$/mV |
|---|---|---|---|---|---|
| 0.300 | | | | | |
| 0.400 | | | | | |
| 0.500 | | | | | |
| 0.600 | | | | | |
| 0.700 | | | | | |
| 0.800 | | | | | |
| 0.900 | | | | | |
| 1.000 | | | | | |

### 2. 测绘螺线管轴线上磁感应强度的分布

取 $I_S$=8.00mA，$I_M$=0.800A，测试过程中保持不变。

① 以相距螺线管两端口等远的中心位置为坐标原点，探头离中心位置 $X$=14－$X_1$－$X_2$，调节旋钮 $X_1$、$X_2$，使测距尺读数 $X_1$=$X_2$=0.0cm。

先调节 $X_1$ 旋钮，保持 $X_2$=0.0cm，使 $X_1$ 停留在 0.0、0.5、1.0、1.5、2.0、5.0、8.0、11.0、14.0cm 等读数处，再调节 $X_2$ 旋钮，保持 $X_1$=14.0cm，使 $X_2$ 停留在 3.0、6.0、9.0、12.0、12.5、13.0、13.5、14.0cm 等读数处，按对称测量法测出各相应位置的 $V_1$、$V_2$、$V_3$、$V_4$ 值，当标尺 $X_1$+$X_2$ 的值超出 10cm 左右以后，应当用手轻扶标尺下面，缓慢旋出，以免使标尺上、下颤动，损坏仪器。并计算相对应的 $V_H$ 及 $B$ 值，记入表 3-23。

表 3-23             $I_S=8.00\text{mA}$，$I_M=0.800\text{A}$          $K_H=$      $N=$

| $X_1$/cm | $X_2$/cm | X/cm | $V_1$/mV | $V_2$/mV | $V_3$/mV | $V_4$/mV | $V_H$/mV | $B=\dfrac{V_H}{K_H I_S}/KGS$ |
|---|---|---|---|---|---|---|---|---|
| | | | $+I_S+B$ | $+I_S-B$ | $-I_S-B$ | $-I_S+B$ | | |
| 0.0 | 0.0 | | | | | | | |
| 0.5 | 0.0 | | | | | | | |
| 1.0 | 0.0 | | | | | | | |
| 1.5 | 0.0 | | | | | | | |
| 2.0 | 0.0 | | | | | | | |
| 5.0 | 0.0 | | | | | | | |
| 8.0 | 0.0 | | | | | | | |
| 11.0 | 0.0 | | | | | | | |
| 14.0 | 0.0 | | | | | | | |
| 14.0 | 3.0 | | | | | | | |
| 14.0 | 6.0 | | | | | | | |
| 14.0 | 9.0 | | | | | | | |
| 14.0 | 12.0 | | | | | | | |
| 14.0 | 12.5 | | | | | | | |
| 14.0 | 13.0 | | | | | | | |
| 14.0 | 13.5 | | | | | | | |
| 14.0 | 14.0 | | | | | | | |

② 绘制 $B$-$X$ 曲线，验证螺线管端口的磁感应强度为中心位置磁强度的 1/2。（可不考虑温度对 $V_H$ 值的影响）

③ 将螺线管中心的 $B$ 值与理论值进行比较，求出相对误差。（需考虑温度对 $V_H$ 值的影响）

注：①测绘 $B-X$ 曲线时，螺线管两端口附近磁强度变化小，应多测几点。

②霍尔灵敏度 $K_H$ 值和螺线管单位长度线圈匝数 $N$ 均标在实验仪上。

$B_{中}=$                                                  KGS

$B_{中理}=\mu_0 N I_M=4\pi\times10^{-6}\times0.800\times N=$               KGS

$\Delta B=\left|B_{中}-B_{中理}\right|=$                              KGS

$E=\dfrac{\Delta B}{B_{中理}}\times100\%=$                              %

# 实验十二　等厚干涉实验

## 一、实验目的

① 加深对光的等厚干涉原理的理解。

② 掌握用牛顿环测量球面的曲率半径的原理和方法。

③ 掌握用劈尖干涉法测量细丝直径的方法。

④ 学会使用读数显微镜。

## 二、实验仪器

读数显微镜、牛顿环装置、劈尖装置、钠光灯。

钠光灯简介：钠光灯是由特种的抗钠玻璃吹成管胆，管内充有金属钠，外接玻璃外壳组成。点燃后在可见光范围内发出两条较强的谱线，其波长分别为 589.0nm、589.6nm。因两条谱线非常靠近，故常将它作为一个比较好的单色光源使用。在光学实验中，通常取中心波长 589.3nm 作为钠光灯的光波波长。

注意事项：

① 点燃钠光灯，应预热 10min，当钠黄光达到一定强度后方可使用。

② 实验过程中，钠光灯点燃后，应将全部实验做完后再熄灭，否则钠光灯的使用寿命严重缩短。

③ 使用完毕，须待冷却后方可拿动，避免金属钠流动，影响灯的性能。

④ 钠蒸气活泼，使用时须注意，避免其与水、火接触，以免产生爆炸及引起火灾。

## 三、实验原理

### 1. 等厚干涉

当用宽光源照射楔形平板时，设光源中心点 $S_0$ 发出的一束入射光经平板平面反射后分离出的两束光相交于空间某一点 $P$，如图 3-48 所示，两束光在 P 点的干涉效应由两束光的光程差决定。

$$\Delta = n(AB + BC) - n'(AP - CP)$$

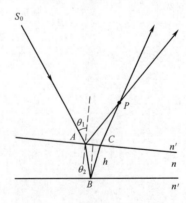

图 3-48　楔形平板在定域面上某点 $P$ 产生的干涉

式中，$n$ 为楔形平板的折射率，$n'$ 为周围介质的折射率。当板的厚度很小，而且楔角不大，光线又接近垂直入射时

$$\Delta = 2nh \qquad (3\text{-}53)$$

式中，$h$ 是楔形平板在 $B$ 点的厚度。考虑到光束在上表面或下表面反射时半波损失所产生的附加光程差，式（3-53）改写为

$$\Delta = 2hn + \frac{\lambda}{2} \qquad (3\text{-}54)$$

如果所研究的楔形平板的折射率是均匀的，则由式（3-54）可知，两束反射光在相遇点的光程差只依赖于反射光反射处平板的厚度 $h$。因此干涉条纹是平板上厚度相同点的轨迹，这种条纹称为等厚条纹，产生的干涉称为等厚干涉。

因此当光程差 $\Delta$ 满足条件

$$\Delta = 2hn + \frac{\lambda}{2} = m\lambda \qquad m=0,1,2,\cdots \qquad (3\text{-}55)$$

时，空间 $P$ 点是强度极大点；而当光程差 $\Delta$ 满足条件

$$\Delta = 2hn + \frac{\lambda}{2} = (2m+1)\frac{\lambda}{2} \qquad m=0,1,2,\cdots \qquad (3\text{-}55')$$

时，空间 $P$ 点是强度极小点。

由式（3-55）、式（3-55'）可知，相邻两亮条纹或两暗条纹对应的光程差为 $\lambda$。所以从一个条纹过渡到另一条纹，平板的厚度改变 $\lambda/2n$，平板上相邻两亮条纹或暗条纹之间的距离（即条纹间距）为

$$l = \frac{\lambda}{2n\alpha} \qquad (3\text{-}56)$$

其中，$\alpha$ 为楔形平板两表面的楔角。式（3-56）表明，在 $n$ 一定时，条纹的间距与楔角 $\alpha$ 成反比，这一结论也适用于其他形状的平板的等厚条纹。

### 2. 利用牛顿环测凸透镜的曲率半径

如图 3-49 所示，牛顿环装置是将一块曲率半径较大的平凸透镜的凸面放在一平玻璃片上而构成的。平凸透镜的凸面和玻璃片之间的空气层厚度从中心接触点到边缘逐渐增加。当一束单色平行光垂直照射到牛顿环装置上时，经空气层上、下两表面反射的两束光将在空气层上表面处产生干涉。

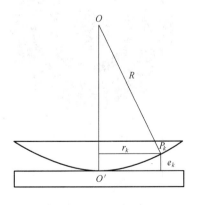

图 3-49 牛顿环装置

若以 $e_k$ 表示干涉点 $P_k$ 处空气层的厚度，以 $r_k$ 表示 $P_k$ 至通过 $O'$ 点的玻璃平面的法线 $OO'$ 的距离，以 $R$ 表示透镜凸面的曲率半径，则有

$$R^2 = (R - e_k)^2 + r_k^2 \tag{3-57}$$

当 $R \gg e_k$ 时，略去高次小量 $e_k^2$，可由上式解得

$$e_k = \frac{r_k^2}{2R} \tag{3-58}$$

由于空气层下表面的反射光有半波损失，故两束相干光的光程差为

$$\Delta_k = 2e_k + \frac{\lambda}{2} = \frac{r_k^2}{R} + \frac{\lambda}{2} \tag{3-59}$$

式中，$\lambda$ 为单色光的波长。当 $\Delta_k$ 为半波长的奇数倍，即

$$\frac{r_k^2}{R} + \frac{\lambda}{2} = (2k+1)\frac{\lambda}{2} \tag{3-60}$$

则 $P_k$ 应为暗点。可由上式解得

$$r_k = \sqrt{kR\lambda} \tag{3-61}$$

式中 $k=0,1,2,\cdots$，称为干涉级次。当干涉点 $P_k'$ 处两干涉光的光程差为波长的整数倍时，$P_k'$ 应为亮点。不难推得 $P_k'$ 至 $OO'$ 的距离为

$$r_k' = \sqrt{(2k-1)R\lambda/2} \qquad k=1,2,3,\cdots \tag{3-61'}$$

由式（3-61）及式（3-61'）可知，所有同级的暗干涉点及亮干涉点到 $OO'$ 的距离分别相等，故干涉图样应是由圆心位于 $OO'$ 上的明暗相间的环状条纹所组成。若已知光波的波长 $\lambda$，测出 $k$ 级暗环或明环的半径 $r_k$ 或 $r_k'$ 便可由式（3-61）或式（3-61'）求得平凸透镜的曲率半径 $R$。反之，若已知 $R$ 便可求得光波的波长。

牛顿环干涉如图 3-50 所示。

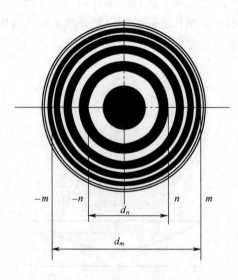

图 3-50　牛顿环干涉

由于透镜与平板玻璃接触点处不干净或玻璃的形变，透镜与平板玻璃不可能是理想的点接触，从而使干涉图样的中心处呈现一个不很规则的暗斑或明斑：这就给干涉环级次的确定造成困难。为避开这一难点，在实验数据处理时常采用逐差法。

由式（3-61）对 $m$ 级暗环有

$$r_m^2 = mR\lambda \tag{3-62}$$

对 $n$ 级暗环有

$$r_n^2 = nR\lambda \tag{3-63}$$

将上两式相减后解得

$$R = \frac{r_m^2 - r_n^2}{(m-n)\lambda} = \frac{d_m^2 - d_n^2}{4(m-n)\lambda} \tag{3-64}$$

式中，$d_m$、$d_n$ 分别为第 $m$ 级暗环和 $n$ 级暗环的直径。对于明环，可由式（3-61）推得同样的结果。

在利用式（3-64）计算透镜的曲率半径时，只要 $d_m$、$d_n$ 分别是所"认定"的第 $m$ 环、第 $n$ 环直径就可以了，至于"认定"得是否准确并无关系。

牛顿环干涉如图 3-50 所示。

### 3. 用劈尖干涉法测量细丝直径

如图 3-51 所示，将两块光学玻璃板叠在一起，在一端插入一根细丝（或薄片等），则在两玻璃板间形成一空气劈尖。当用单色光垂直照射时和牛顿环一样，在空气劈尖的上下两表面反射的两束光将发生干涉。例如在空气劈尖上表面的 $E$ 点，设该点空气膜厚度为 $e$，则两束光的程差为

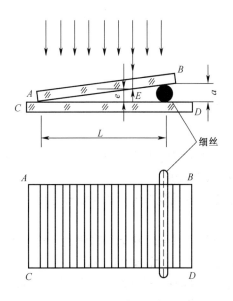

图 3-51 劈尖干涉

$$\Delta = 2e + \frac{\lambda}{2}$$

当 $\Delta = (2k+1)\frac{\lambda}{2}$ 时，（其中 $k=0,1,2,\cdots,$），对应的两束光 $E$ 点相消，出现暗纹，于是可解得

$$e = k\frac{\lambda}{2} \tag{3-65}$$

由式（3-65）可知，$k=0$ 时，$e=0$，即在两玻璃板交接线处为零级暗条纹，$k \neq 0$ 时，由于空气劈尖厚度相等之处，是一系列平行于两玻璃交接线的平行直线，所以其干涉条纹是一族跟交接线平行且间隔相等的平行条纹。如在细丝处呈现 $k=N$ 级暗条纹，则待测细丝的直径 $d$ 为

$$d = N\frac{\lambda}{2} \tag{3-66}$$

由公式（3-66）可知，若直接数出从劈尖端头（交接线）到细丝处的干涉条纹总数 $N$，即可直接求出 $d$，但这一般比较困难，因此，我们通常采用先测量单位长度的干涉条纹数目 $n$，再测出劈尖交接线到细丝处的总长度 $L$，最后计算出 $n$，即

$$N = Ln \tag{3-67}$$

考虑到相邻干涉条纹间隔较小，我们是通过测量 100 条干涉条纹间隔来求 $n$ 的。设 100 干涉条纹间隔为 $l$，则

$$n = \frac{100}{l} \tag{3-68}$$

**注意**：测量 $l$，应选择条纹较直、均匀分布的一部分，以某一条条纹为第 $k$ 条条纹，由读数显微镜读出其位置 $X_k$，再读出第 100 条条纹的位置 $X_{k+100}$，则

$$l = X_{k+100} - X_k$$

此时，

$$d = \frac{100L\lambda}{2(X_{k+100} - X_k)} \tag{3-69}$$

## 四、实验步骤

### 1. 用牛顿环测量透镜的曲率半径

实验装置如图 3-52 所示。

① 实验前应仔细阅读读数显微镜的使用说明。

② 按图 3-52 所示放置好实验装置。

③ 启动钠光灯电源。注意不要反复拨弄开关（钠光灯点燃后如果中途熄灭，需待数分钟后再重新点燃）。

④ 将读数显微镜镜筒移至标尺中部。转动显微镜的目镜视度调节螺旋 G，视分划板叉丝最为清晰；转动目镜筒；使叉丝"一"线与丝杠垂直。

⑤ 调节镜筒下方平板反光玻璃 P 的角度，使从目镜向下看时呈现出一个较亮的均匀视场（注意：反光镜 M 的反射面应向下）。

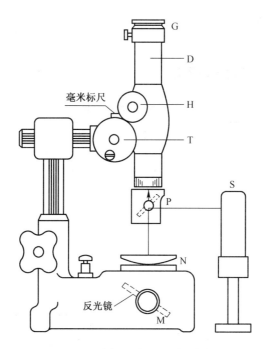

图 3-52　用牛顿环测量透镜的曲率半径

⑥ 用显微镜观察干涉条纹：先将显微镜物镜筒降至最低（不可触及被测物），转动调焦轮 H，缓慢地自下而上调焦，使牛顿环清晰可见且无视差。

⑦ 移动牛顿环装置，使干涉图样中心位于叉丝交点上。

⑧ 转动鼓轮 T，向右（向左）移动镜筒，直至叉丝交点位于第 27 级暗环上。然后再反向转动鼓轮，向左（或右）移动镜筒，依次使叉丝交点与第 22、21、20、…、11 级暗环的外沿线相切，并记录显微镜各相应读值 $X_m$。继续转动鼓轮，依次使叉丝交点与第 20、19、18、…、11 级暗环的外沿线相切，并记录显微镜各相应读值 $X_n$。再继续转动鼓轮，使叉丝交点跨过牛顿环中心，并依次与另一侧第 11、12、13、…、20 级及第 21，22 级暗环内沿线相切，并记录各相应的读值 $X'_n$ 及 $X'_m$。

注意：在测量过程中，为了避免回程误差，只能沿同一方向转动鼓轮，不可进进退退。

### 2. 用劈尖测微小线度

① 从载物台上取下牛顿环装置，放上劈尖装置。

② 转动调焦轮 H，使干涉条纹清晰且无视差。

③ 移动劈尖装置，使干涉条纹与丝杠垂直，并使劈尖装置位于镜筒的移动范围之内。

④ 转动鼓轮，使叉丝位于两板交线端的外侧，再反向转动鼓轮，使叉丝交点位于两板交线处，记下显微镜的读值 $X_0$。按此方向继续转动鼓轮，依次使叉丝交点位于第 10、20、30、…、100 级（以上级次以 $k$ 表示）及第 110、120、130、…、200 级（以上级次以 $k+100$ 表示）暗条纹上，并记下显微镜的各相应读值。应注意：在移动镜筒的过程中如遇到待测物的支点，则应在叉丝交点位于支点处时，记下显微镜的读值 $X_d$；如在第 200 级条纹内不见交点，应继续转动鼓轮，直至测得 $X_d$ 之值。

## 五、数据及计算

### 1. 利用牛顿环测量透镜的曲率半径

表 3-24 　　　　　　　　　钠光波长 $\lambda = 589.3 \, nm$　　　　$\Delta_{仪} = 0.005 \, mm$　　　单位：mm

| 环的级别 | $M$ | 22 | 21 | 20 | 19 | 18 | 17 |
|---|---|---|---|---|---|---|---|
| 环的位置 $X_m$ | 左 | | | | | | |
| | 右 | | | | | | |
| 直径 | $d_m$ | | | | | | |
| 环的级别 | $n$ | 16 | 15 | 14 | 13 | 12 | 11 |
| 环的位置 $X_n$ | 左 | | | | | | |
| | 右 | | | | | | |
| 直径 | $d_n$ | | | | | | |
| $d_m^2 - d_n^2$ | | | | | | | |
| $\overline{d_m^2 - d_n^2}$ | | | | | | | |
| $S_{d_m^2 - d_n^2}$ | | | | | | | |

部分数据处理公式如下：

$$\Delta_{d_{mn}} = \sqrt{\Delta_{仪}^2 + \Delta_{仪}^2} = \sqrt{0.005^2 + 0.005^2} = \qquad\qquad\qquad mm$$

$$\Delta_{B\left(d_m^2 - d_n^2\right)} = \sqrt{\left(2d_{16}\Delta_{d_{mn}}\right)^2 + \left(2d_{22}\Delta_{d_{mn}}\right)^2} = \qquad\qquad mm$$

$$\Delta_{\left(d_m^2 - d_n^2\right)} = \sqrt{S^2 + \Delta_B^2} = \qquad\qquad\qquad mm$$

$$\Delta_R = \Delta_{\left(d_m^2 - d_n^2\right)} / [4(m-n)\lambda] = \qquad\qquad\qquad mm$$

$$\overline{R} = \frac{\overline{d_m^2 - d_n^2}}{4(m-n)\lambda} = \qquad\qquad\qquad mm$$

$$R = \overline{R} \pm \Delta_R = \qquad\qquad\qquad mm$$

$$E_r = \frac{\Delta_R}{\overline{R}} \times 100\% = \qquad\qquad\qquad \%$$

### 2. 用劈尖测微小线度

根据有效数字运算规则计算出细丝的直径。

## 六、思考题

1．你所观察到的牛顿环中心处是暗斑还是亮斑？试解释其形成原因。

2．试解释为什么牛顿环相邻两环的间距随环直径的增大而变小？

3．试说明随劈尖角度的增大，干涉条纹的间距将怎样变化？

4．如图 3-53 所示，在测牛顿环直径时，若 $d_m$ 及 $d_n$ 并非第 $m$ 环及第 $n$ 环的直径，而是同一直线上相相应环的弦长，在用式（3-64）计算透镜凸面的曲率半径时会不会产生误差？

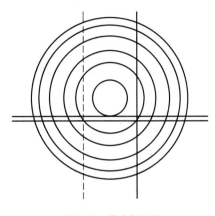

图 3-53　思考题 4 图

# 实验十三　分光计的调整和使用

分光计是一种能精确测定光线偏转角度的仪器，常用来测量棱镜顶角、折射率、光波波长、光栅常数、色散率和观测光谱等。由于仪器比较精密，调整部件较多，所以必须严格按一定规则去调整，方能获得较高精度的测量结果。分光计的调整思想、方法与技巧，在光学仪器中具有代表性，学会对它的调整和使用，有助于掌握更为复杂的光学仪器的操作，如单色仪、分光镜、摄谱仪等。

## 一、实验目的

① 了解分光计的结构和测量原理。
② 正确掌握分光计的调整方法。
③ 学会测量三棱镜的顶角。

## 二、实验仪器

分光计、平面反射镜、玻璃三棱镜。

分光计是用来准确测量角度的光学仪器，它主要由平行光管、望远镜、载物台和读数装置组成，图 3-54 所示为 JJY-I 型分光计的构造，在三脚底座的中心有一竖轴，称为分光计的中心轴，轴上装有可绕其转动的望远镜、载物台、度盘和游标盘。在一个底座的立柱上装有平行光管。现将它们的构造简单介绍如下。

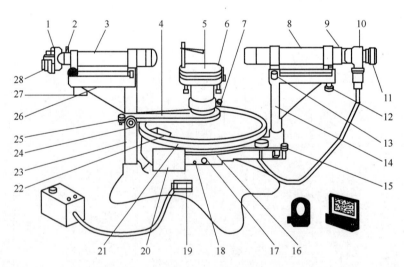

1-狭缝装置；2-狭缝装置锁紧螺钉；3-平行光管；4-游标盘制动架；5-载物台；6-载物台调平螺钉3（只）；
7-载物台锁紧螺钉；8-望远镜；9-目镜筒锁紧螺钉；10-阿贝式自准直目镜；11-目镜视度调节手轮；
12-望远镜光轴仰角调节螺钉；13-望远镜光轴水平方位调节螺钉；14-支撑臂；15-望远镜方位微调螺钉；
16-转座与度盘止动螺钉；17-望远镜止动螺钉；18-望远镜制动架；19-底座；20-转盘平衡块；
21-度盘；22-游标盘；23-立柱；24-游标盘微调螺钉；25-游标盘止动螺钉；
26-平行光管光轴水平方位调节螺钉；27-平行光管光轴仰角调节螺钉；28-狭缝宽度调节手轮

图 3-54　JJY-1 型分光计构造

### 1. 平行光管

平行光管的作用是产生平行光，在镜筒的一端装有消色差透镜组，另一端是装有可调狭缝的套管。当狭缝位于透镜组的焦平面上时，由平行光管出射的是平行光。

### 2. 望远镜

望远镜 8 是用来观察和确定光线行进方向的，它装在支架上，可绕中心轴转动。它主要由复合消色差物镜和目镜 10 组成，分别装在镜筒的两端，叉丝装在目镜筒的一端，可随目镜前后移动，常用的目镜有高斯目镜和阿贝目镜。图 3-54 所示的分光计上的目镜是阿贝目镜。

图 3-55 所示为阿贝目镜的结构示意图，其分划板上有黑色的双十字叉丝，上叉丝交点为 P，下叉丝交点为 O。绿色照明光线自筒侧射入，经小棱镜全反射后照到分划板上棱镜的投影处，该处有一不透光的薄膜，膜上刻有一个透光的小十字窗，称为亮十字（在目镜中看不到），其中心 Q 与 P 点关于目镜轴线（即下叉丝交点 O）对称。当分划板位于物镜焦平面上时，小亮十字发出的光经物镜成为平行光；反之，平行光射入望远镜后，必成像于分划板上。

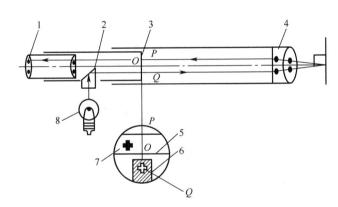

1-目镜；2-小棱镜；3-分划板；4-复合物；5-分划板上的双十字叉丝；
6-棱镜阴影；7-反射的绿十字的像；8-小灯炮

图 3-55　阿贝目镜结构示意图

### 3. 载物台

载物台 5 是放置平面镜、三棱镜、光栅等组件的平台，可绕中心轴旋转和沿中心轴升降，平台下有 3 个调节螺钉 6，用来调节平台的倾斜度。

### 4. 读数装置

它包括度盘 21 和游标盘 22。读数方法与游标卡尺读数方法相同，度盘分为 720 个小格，每小格为半度，小于半度由游标读数，游标上刻有 30 个小格，每一小格为 1'。图 3-56 所示的读值应为 116° 12'，为了避免度盘的偏心差，在游标盘上对称地装有两个游标，测量时两个游标都读数，然后计算出每个游标两次读数之差，取其平均值，即为所测角度值。

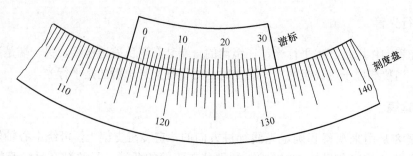

图 3-56 分光计游标盘的读数方法

## 三、实验内容

操作前应注意，平面反射镜及三棱镜为精密光学器件，严禁用手触摸光学面，以免弄脏或损坏。

### 1. 分光计的调节

分光计调节的基本要求是：使平行光管和望远镜的光轴与仪器的旋转轴垂直。调节前先熟悉仪器结构，并目测使平行光管和望远镜的光轴及载物台平面大致垂直于中心轴，然后分别对各部分进行调节。

（1）望远镜的调节

在这一步调节过程中，望远镜和载物台的转动均不会改变已完成的调整，可根据具体需要自由转动。具体调节步骤如下所述。

① 调节目镜焦距。点亮望远镜小灯，旋转目镜视度调节手轮 11，以能清楚地看到分划板上的黑色双十字叉丝为准。

② 正确放置平面镜。将一平面反射镜放在载物台两调平螺钉 $Z_1$、$Z_2$ 的中垂线上，如图 3-57 所示。只要调节 $Z_1$ 或 $Z_2$ 就可以改变平面镜镜面的倾斜角度（而调节 $Z_3$ 则不会改变平面镜镜面的倾斜角度）。

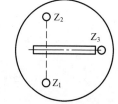

图 3-57 正确放置平面镜

③ 目测使载物台基本水平。先用目测，使载物台最大限度地达到基本水平（当黑色的载物台与其下面的灰色金属平台平面平行且保持一定距离时，我们认为载物台已基本水平）。

④ 找到两侧的绿十字。慢慢转动载物台（注意不要转动平面镜，要转动载物台使平面镜随之转动），当望远镜光轴与平面镜镜面垂直时，根据图 3-55 中的光路图。可从望远镜中看到由平面镜反射回来的绿十字的像。如找不到，主要是望远镜的倾斜角度不合适，需进一步调节望远镜光轴仰角调节螺钉 12。找到绿十字后，转动载物台 180°，用同样的方法在平面镜的另一侧也找到绿十字，而且最终要保证平面镜的两侧都有绿十字即可。

⑤ 望远镜对无穷远聚焦。松开目镜筒锁紧螺钉 9，前后移动目镜筒，直到使望远镜看到的绿十字最清晰为止，然后重新锁紧目镜筒锁紧螺钉。此时无视差，望远镜对无穷远聚焦。

⑥ 使望远镜光轴垂直于仪器旋转轴。从望远镜中观察平面镜的一个面中的绿十字与分划板上十字叉丝交点 $P$ 重合时，说明该镜面与望远镜的光轴垂直。而当另一面中的绿十字也

与 $P$ 点重合时，说明该镜面平行于仪器旋转轴。所以，当平面镜两侧绿十字都与分划板的上十字叉丝交点 $P$ 重合时，望远镜的光轴与仪器的旋转轴垂直。

望远镜对无穷远聚焦后，虽然平面镜两侧都有绿十字的像，但一般两侧都不与分划板的上十字叉丝交点 $P$ 重合，须调节才能使之重合。调节时，一般采用渐进法，即先调节载物台上的调平螺钉 $Z_1$ 或 $Z_2$ 中的一个，使绿十字的像与 $P$ 点间的距离减少为调节前的一半，如图 3-58 中（a）、（b），再调节望远镜光轴仰角调节螺钉 12 使绿十字与 $P$ 点重合，如图 3-58 中（b）、（c）的过程。然后，旋转载物台 180°，用同样的方法调节，使平面反射镜的另一面的绿十字也与 $P$ 点重合。然后，再旋转载物台反复微调，直到平面镜两侧绿十字都与分划板的上十字叉丝交点 $P$ 重合为止。

⑦ $Z_3$ 调平螺钉的调节。通过上面的调节我们可以认为望远镜光轴垂直于仪器旋转轴，但载物台并不一定达到水平。而载物台的水平对后面的实验操作提供便利。我们可以认为如果 $Z_1$、$Z_2$、$Z_3$ 三个调平螺钉升起的高度相等，载物台即达到水平。但通过上面的调节只能保证 $Z_1$ 和 $Z_2$ 升起的高度相等，所以为使载物台水平，还须对 $Z_3$ 螺钉进行调节。方法为：使载物台上的平面反射镜旋转 90°，观察任一镜面的绿十字的像，并调节 $Z_3$ 螺钉使绿十字与 $P$ 点重合（只调节 $Z_3$ 螺钉，不调节其他螺钉）即可。

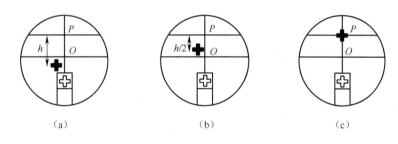

图 3-58 渐进法调节

（2）平行光管的调节

在这一步调节过程中，只调节平行光管装置一侧的调节螺钉，禁止调节已调好的望远镜和载物台上的调节螺钉。

① 调节平行光管使产生平行光。将已聚焦于无穷远的望远镜作为标准，去掉平面反射镜，并用自然光（或汞光源）将狭缝装置 1 照亮，并使望远镜和平行光管基本在一条直线上。松开狭缝装置锁紧螺钉 2，旋转并前后移动狭缝装置，直到在望远镜中看到水平、清晰的狭缝像，重新锁紧狭缝装置锁紧螺钉 2。调节狭缝宽度调节手轮 28，使狭缝像宽约为 1mm。

② 调节平行光管光轴与仪器的旋转轴垂直。调节平行光管光轴仰角调节螺钉 27，使狭缝像与分划板的下叉丝重合。然后，重新松开狭缝装置锁紧螺钉 2，旋转狭缝装置（注意不要前后移动），使狭缝像竖直，再锁紧狭缝装置锁紧螺钉 2 即可。

（3）待测三棱镜的调节

此步调节中要注意，望远镜已调好，不能再调节望远镜光轴仰角调节螺钉 12，否则前功尽弃。

本操作要求三棱镜的主截面垂直于仪器的旋转轴，即三棱镜的两个光学表面的法线与仪器的旋转轴垂直。为此，根据自准直原理，用已调好的望远镜来进行调节。将三棱镜放置在载物台上，为了调节简便，放置时载物台的三个调平螺钉中任意一个位于三棱镜顶角 $\alpha$ 的角平分线上，如图 3-59 所示，图中 $ABC$ 为三棱镜的主截面，转动载物台，使三棱镜的光学面 $AB$（或 $AC$）与望远镜光轴大致垂直，在望远镜中可看到小亮十字的像。调节载物台下的调平螺钉 $Z_1$ 或 $Z_2$，使目镜中绿色小亮十字与分划板的上十字 $P$ 点重合。然后转动载物台使三棱镜的另一光学面与望远镜光轴大致垂直，用同样的办法使绿十字与 $P$ 点重合。如此反复多次直至两光学面反射回的绿十字与 $P$ 点重合。

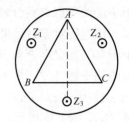

图 3-59　待测三棱镜的调节

这样，三棱镜的两光学面分别与望远镜的光轴垂直，而望远镜的光轴已与仪器的旋转轴垂直，则三棱镜的主截面也与仪器的旋转轴垂直。

### 2．测量三棱镜的顶角

测量三棱镜的顶角的方法有自准直法和反射法，我们采用自准直法，如图 3-60 所示，不是直接测量顶角 $\alpha$，而是用自准直原理测量二光学面法线的夹角 $\beta$，然后计算出顶角 $\alpha$。

图 3-60　自准直法测三棱镜的顶角

按上述要求将待测三棱镜调节好，锁紧游标盘止动螺钉 25（注意不要将游标压在制动架 4 的下面而无法读数，也不要使三棱镜的光学面的法线方向太靠近平行光管）。锁紧载物台锁紧螺钉 7，转动望远镜使正对三棱镜的 $a$ 面，并使反射回来的绿十字的竖线与分划板上的竖线重合，锁紧望远镜止动螺钉 17，计下两个游标的读数 $A_1$、$A_2$。松开望远镜止动螺钉，用同样方法转动望远镜（不得转动载物台）测量 $b$ 面的读数 $B_1$、$B_2$。则顶角 $\alpha$ 为

$$\alpha = 180° - \frac{1}{2}\big[\,|A_1 - B_1| + |A_2 - B_2|\,\big]$$

重复上述测量过程三次，并记录相关数据。

**注意**：如果望远镜从三棱镜的 $A$ 面转到 $B$ 面的过程中，一个游标经过度盘的 0° 时，则上式中的 $|A_j - B_j|$，必须按 $|A_j - B_j| = 360° - |A_j - B_j|$ 计算。

## 四、数据与计算

表 3-25　　　　　　　　　　　　　　　　　　　　　　　　　　　　　　　　$\Delta_{仪}=1'$

| 测次 $i$ | | 1 | | 2 | | 3 | |
|---|---|---|---|---|---|---|---|
| 读数窗编号 $j$ | | 1 | 2 | 1 | 2 | 1 | 2 |
| 望远镜的方位 | A | | | | | | |
| | B | | | | | | |
| $|A_j - B_j|$ | | | | | | | |
| $\alpha_i$ | | | | | | | |
| $\overline{\alpha}$ | | | | | | | |
| $S_\alpha$ | | | | | | | |

$$\Delta_B = \sqrt{\Delta_{仪}^2 + \Delta_{仪}^2} =$$

$$\Delta_\alpha = \sqrt{(2.5 S_\alpha)^2 + \Delta_B^2} =$$

$$\alpha = \overline{\alpha} \pm \Delta_\alpha =$$

$$E = \frac{\Delta_\alpha}{\alpha} \times 100\% = \qquad \%$$

# 附注：消除偏心差的原理

由于刻度盘中心与转盘中心并不一定重合，真正转过的角度同读出角度之间会稍有差别。这个差别叫做"偏心差"。

如图 3-61 所示，$O$ 与 $O'$ 分别为刻度盘与转盘的中心。转盘转过的角度为 $\varphi$，但读出的角度，在两个角游标上分别为 $\varphi_1$ 和 $\varphi_2$，由几何原理可知

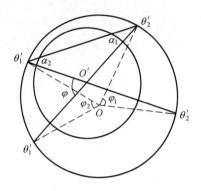

图 3-61　清除偏心差原理示意图

$$\alpha_1 = \frac{1}{2}\varphi_1$$

$$\alpha_2 = \frac{1}{2}\varphi_2$$

又因为

$$\varphi = \alpha_1 + \alpha_2$$

故

$$\varphi = \frac{1}{2}(\varphi_1 + \varphi_2) = \frac{1}{2}\left[\left|\theta_1' - \theta_1\right| + \left|\theta_2' - \theta_2\right|\right]$$

所以实验时，取两个角游标读出的角度数值的平均值。

# 实验十四　三棱镜折射率的测量

## 一、实验目的

① 观察光的色散现象。

② 应用最小偏向角原理测定三棱镜玻璃的折射率。

## 二、实验仪器

分光计、平面反射镜、三棱镜、水银灯。

## 三、实验原理

在图 3-62 中，三角形 $ABC$ 为三棱镜的主截面，$AB$ 和 $AC$ 表示两个光学面（亦称折射面），其夹角 $A$ 称为三棱镜的顶角，$BC$ 为底面（有的做成毛面）。当一束与主截面平行的单色平行光以入射角 $i$ 射入 $AB$ 面，以出射角 $r'$ 从 $AC$ 面射出时，则称入射线与出射线间的夹角 $\Delta$ 为光束的偏向角。由图可知

$$\Delta = (i - r) + (r' - i') = (i + r') - (r + i') = (i + r') - A \tag{3-70}$$

对于给定棱镜来说，$A$ 为一定值，偏向角 $\Delta$ 随 $i$ 及 $r'$ 而变。又因 $r'$、$i'$、$r$、$i$ 依次有函数关系，因此 $r'$ 归根结底是 $i$ 的函数，于是 $\Delta$ 仅随 $i$ 而变化。实验证明，偏向角 $\Delta$ 存在一个最小值 $\delta$，称为最小偏向角。下面就用求极值的方法来寻找具有最小偏向角时所应满足的条件。

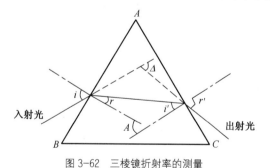

图 3-62　三棱镜折射率的测量

令 $\dfrac{\mathrm{d}\Delta}{\mathrm{d}i} = 0$　则由式（3-70）得

$$\left.\begin{array}{r} \dfrac{\mathrm{d}r'}{\mathrm{d}i} = -1 \\[2mm] \dfrac{\mathrm{d}i'}{\mathrm{d}r} = -1 \end{array}\right\} \tag{3-71}$$

根据光的折射定律有

$$\left.\begin{array}{r} \sin i = n \sin r \\[1mm] \sin r' = n \sin i' \end{array}\right\} \tag{3-72}$$

由式（3-71）及式（3-72）得

$$\frac{dr'}{di} = \frac{dr'}{di'} \cdot \frac{di'}{dr} \cdot \frac{dr}{di}$$

$$= \frac{n\cos i'}{\cos r'} \cdot (-1)\frac{\cos i}{n\cos r}$$

$$= \frac{\cos i'\sqrt{1-n^2\sin^2 r}}{\cos r\sqrt{1-n^2\sin^2 i'}}$$

$$= -\frac{\sqrt{\sec^2 r - n^2\tan^2 r}}{\sqrt{\sec^2 i' - n^2\tan^2 i'}}$$

$$= \frac{\sqrt{1+(1-n^2)\tan^2 r}}{\sqrt{1+(1-n^2)\tan^2 i'}} = -1 \tag{3-73}$$

由式（3-73）可得 $\tan r = \tan i'$。在棱镜折射的条件下，$r$ 和 $i'$ 均小于 $\frac{\pi}{2}$，于是有

$$r = i' \tag{3-74}$$

可见，偏向角 $\Delta$ 具有最小值的条件是：在棱镜内部光束是与底面平行的，或者说入射光束与出射光束是关于棱镜对称的（$i = r'$）。

将 $\Delta$ 具有最小值的条件代入式（3-70）得 $\delta = 2i - A$，又因此时 $A = r + i' = 2r$，于是

$$\left. \begin{array}{c} i = \dfrac{1}{2}(\delta + A) \\[2mm] r = \dfrac{1}{2}A \end{array} \right\} \tag{3-75}$$

由式（3-72）及式（3-75）得

$$\left. \begin{array}{c} \sin\dfrac{\delta + A}{2} = n\sin\dfrac{A}{2} \\[2mm] n = \sin\dfrac{\delta + A}{2} \Big/ \sin\dfrac{A}{2} \end{array} \right\} \tag{3-76}$$

可见，只要测得所给棱镜的顶角 $A$ 及对某种颜色光的最小偏向角 $\delta$，便可求得棱镜玻璃对该颜色光的折射率 $n$ 了。通常所说的某物质的折射率 $n$，是对钠黄光（$\lambda = 589.3\,\text{nm}$）而言的。

## 四、实验步骤

操作前应注意：平面反射镜及三棱镜为精密光学器件，严禁用手触摸光学面，以免弄脏或损坏。另外汞灯光源开启后需预热 10min 方可正常使用，使用过程中不得频繁开关汞灯光源。

参照实验十三调整好分光计，并测定三棱镜的顶角。

分别测量三棱镜对紫、绿、黄光的最小偏向角，如下所述。

① 按图 3-63 所示方位将三棱镜置于载物台上，关掉阿贝目镜的小灯，对准狭缝打开汞灯，判断折射光线的出射方向。先用眼睛沿光线可能的出射方向观察，微微转动载物台，当观察到出射的彩色谱线时，再使望远镜对向谱线，从望远镜中观察。认定一种单色谱线，如紫色谱线，再继续转动载物台，注意谱线偏向角 $\Delta$ 的变化情况，沿着使偏向角 $\Delta$ 减少的方向缓慢转动载物台，当看到紫色谱线移至某一位置后又反向移动，说明谱线在逆转处具有最小偏向角 $\delta$，当发现偏向角最小值出现后，应反复微转载物台仔细确定出最小偏向角的方位，锁定载物台，转动望远镜使分划板竖线与紫色谱线重合，记下望远镜的方位 $T_{紫}$ （$\theta_1$，$\theta_2$）。

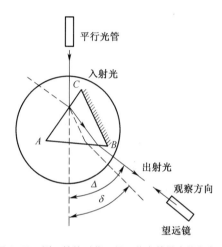

图 3-63 测三棱镜对紫、绿、黄光的最小偏向角

② 参照步骤①分别测定绿色及黄色光出现最小偏向角时望远镜的相应方位 $T_{绿}$（$\theta_1$，$\theta_2$）及 $T_{黄}$（$\theta_1$，$\theta_2$）。

③ 从载物台上去掉三棱镜，使望远镜对准平行光管，测望远镜对准入射光时的方位 $T_0$ （$\theta_{10}$，$\theta_{20}$）。

# 五、数据及计算

## 1. 测三棱镜的顶角 $A$

表 3-26

| 测次 $i$ | | 1 | | 2 | | 3 | |
|---|---|---|---|---|---|---|---|
| 读数编号 $j$ | | 1 | 2 | 1 | 2 | 1 | 2 |
| 望远镜的方位 | $T$ | | | | | | |
| | $T'$ | | | | | | |
| $\lvert T - T' \rvert$ | | | | | | | |
| $A_i$ | | | | | | | |

$$A_i = \frac{1}{2}\left\{\left[180° - \left|T_1 - T_1'\right|\right] + \left[180° - \left|T_2 - T_2'\right|\right]\right\}$$

$$A = \frac{1}{3}(A_1 + A_2 + A_3) =$$

**2. 测紫、绿、黄光的最小偏向角，并计算棱镜对紫、绿、黄光的折射率**

表 3-27　　　　　　　　入射光方向 $\theta_{10} =$ 　　　　　，$\theta_{20} =$

| 光的颜色 | 望远镜方位 | | $\delta_1 = \left|\theta_1 - \theta_{10}\right|$ | $\delta_2 = \left|\theta_2 - \theta_{20}\right|$ | $\delta = \frac{1}{2}(\delta_1 + \delta_2)$ | $n = \dfrac{\sin\dfrac{A+\delta}{2}}{\sin\dfrac{A}{2}}$ |
|---|---|---|---|---|---|---|
| | $\theta_1$ | $\theta_2$ | | | | |
| 紫 | | | | | | |
| 绿 | | | | | | |
| 黄 | | | | | | |

# 六、思考题

1. 试解释水银灯光射入棱镜后，出射光为什么被分成不同颜色的谱线？
2. 用同一种材料制成顶角不同的棱镜，对某一颜色光的最小偏向角是否相同？

# 实验十五　光栅特性研究

## 一、实验目的

① 观察光的衍射现象。
② 借助于已知波长的光测定光栅常数。
③ 学会用光栅测量光波波长的方法。

## 二、实验仪器

分光计、平面反射镜、光栅、水银灯。

## 三、实验原理

光栅是摄谱仪、单色仪等光学仪器中的重要分光组件。它是利用多缝衍射使光波发生色散的原理，在一块透光的平板上刻上若干条等宽度、等间距的不透光的直线刻痕制成。通常在 1 cm 的线度内刻有上千条刻痕。若以 $a$ 表示光栅刻痕的宽度，以 $b$ 表示刻痕之间的宽度（即透光狭缝的宽度），则 $d=a+b$ 称为光栅常数。如图 3-64 所示，当一束波长为 $\lambda$ 的平行光束垂直照射到光栅面上时，则透过各狭缝的光线因衍射将向各个方向传播，经透镜汇聚后相互干涉。根据光波的叠加原理：光程差等于 0 或波长的整数倍时形成亮条纹。由图 3-64 可知，所有狭缝具有相同出射角 $\varphi$ 的衍射光线均汇聚于一条与狭缝平行的直线上，相邻两狭缝衍射光的程差为 $(a+b)\sin\varphi$，于是形成亮条纹的条件是

$$(a+b)\sin\varphi=k\lambda \tag{3-77}$$

即

$$d\sin\varphi=k\lambda \tag{3-78}$$

通常称式（3-78）为光栅方程。式中，$k=0,1,2,3,\cdots$ 称为干涉条纹（谱线）的级次，$\varphi$ 是第 $k$ 级光谱线的衍射角。如果已知 $d$，并测出 $k$ 和 $\varphi$，就可根据式（3-87）计算出波长 $\lambda$。同理，若已知波长，测出 $k$ 和 $\varphi$，就可计算出 $d$ 的值。

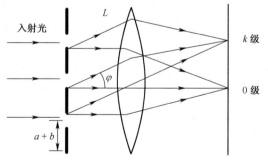

图 3-64　光栅原理

当投向光栅的平行光束为复色光时，由光栅方程可知，同级次的衍射谱线其衍射角将随光的波长而异，波长大的，衍射角也大。因此，同级衍射谱线将按波长大小顺次排列，形成

彩色线光谱，并对称地分布在 0 级谱线的两侧，如图 3-65 所示。

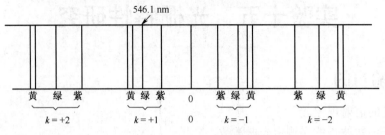

图 3-65　彩色线光谱

## 四、实验步骤

### 1. 调整好分光计

按实验十三中介绍的分光计调节调整好分光计。

### 2. 光栅调整

① 放置光栅，将光栅按图 3-66 所示位置放在载物台上，使光栅平面垂直平分 $Z_1$、$Z_2$ 连线。调节平台螺钉 $Z_1$ 或 $Z_2$ 直到光栅平面与望远镜光轴垂直（此时望远镜光轴已调好，切勿再调），此时平行光管出射的平行光垂直入射光栅表面。

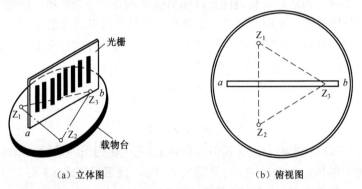

（a）立体图　　　　　　　　　（b）俯视图

图 3-66　放置光栅

② 在平行光管前放置汞灯并点亮，转动望远镜可看到汞灯的衍射光谱线，如图 3-67 所示。若发现谱线倾斜，不等高，应调节平台螺钉 $Z_3$ 使各谱线等高。调好后光栅狭缝与平行光管狭缝平行。

③ 使望远镜中分划板的竖线与中央明条纹（0 级亮条纹）重合。锁定游标盘（即锁定望远镜），微转载物台使光栅面反射回来的绿十字像竖线与望远镜分划板竖线重合，此时绿十字，0 级亮条纹和十字叉丝三者竖线应该重合（这时在中央明纹两侧相同级次的同颜色光的衍射角大小应该相等），锁定载物台。

### 3. 测光栅常数和各谱线的波长

① 旋松望远镜锁定螺钉，转动望远镜观察 0 级亮条纹左、右两侧的 1、2、3 级紫、绿、黄三色谱线。如都能看清楚，则可进行测量。

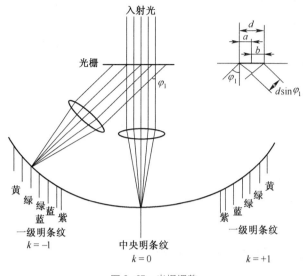

图 3-67 光栅调整

② 依次使望远镜对准 0 级亮条纹右侧的 1、2、3 级绿谱线，并记录下望远镜各相应位置 $T$；再依次使望运镜对准 0 级亮条纹左侧的 1、2、3 级绿谱线，并记下望远镜各相应位置 $T'$。

③ 参照步骤②，对紫色谱线进行测量。

④ 参照步骤②，对黄色谱线进行测量。

## 五、数据及计算

### 1. 测定绿色谱线的衍射角，并计算光栅常数

表 3-28　　　　　水银灯绿光波长 $\lambda_l = 546.1\text{nm}$　　　$\Delta_{仪} = 0.0003\text{rad}$

| 级次 $k$ | | 1 | | 2 | | 3 | |
|---|---|---|---|---|---|---|---|
| 读数窗编号 $j$ | | 1 | 2 | 1 | 2 | 1 | 2 |
| 望远镜的位置 | $T$ | | | | | | |
| | $T'$ | | | | | | |
| $\varphi_k = \dfrac{1}{2}(T + T')$ | | | | | | | |
| $\varphi_{k_j} = \dfrac{1}{2}(\varphi_{k_1} + \varphi_{k_2})$ | | | | | | | |
| $\dfrac{k}{\sin\varphi_k}$ | | | | | | | |

$\left( \overline{\dfrac{k}{\sin\varphi_k}} \right) =$　　　　　　　　$S_{\frac{k}{\sin\varphi_k}} =$

（1）$\Delta_{\varphi_k} = \sqrt{\Delta_{\text{仪}}^2 + \Delta_{\text{仪}}^2}$ =

（2）$\Delta_{B\frac{k}{\sin\varphi_k}} = \dfrac{1 \cdot \cos\varphi_1 \Delta\varphi_k}{\sin^2\varphi_1}$ =

（3）$\Delta_{\frac{k}{\sin\varphi_k}} = \sqrt{\left(2.5S_{\frac{k}{\sin\varphi_k}}\right)^2 + \Delta_{\text{B}}^2}$ =

（4）$\Delta_d = \lambda_l \cdot \Delta_{\frac{k}{\sin\varphi_k}}$ =

（5）$\overline{d} = \lambda_l \cdot \left(\overline{\dfrac{k}{\sin\varphi_k}}\right)$ =

（6）$d = \overline{d} \pm \Delta_d$ =

## 2．测定紫色谱线的衍射角，并计算其波长

表 3-29

| 级　　次 $k$ | | 1 | | 2 | | 3 | |
|---|---|---|---|---|---|---|---|
| 读数窗编号 $j$ | | 1 | 2 | 1 | 2 | 1 | 2 |
| 望远镜的位置 | $T$ | | | | | | |
| | $T'$ | | | | | | |
| $\varphi_{kj} = \dfrac{1}{2}\lvert T - T'\rvert$ | | | | | | | |
| $\varphi_k = \dfrac{1}{2}\left(\varphi_{k_1} + \varphi_{k_2}\right)$ | | | | | | | |
| $\dfrac{\sin\varphi_k}{k}$ | | | | | | | |

$\left(\overline{\dfrac{\sin\varphi_k}{k}}\right) =$ $\qquad$ $S_{\frac{\sin\varphi_k}{k}} =$

（1）$\Delta_{\varphi_k} = \sqrt{\Delta_{\text{仪}}^2 + \Delta_{\text{仪}}^2}$ =

（2）$\Delta_{B\frac{\sin\varphi_k}{k}} = \cos\varphi_1 \cdot \Delta\varphi_k$ =

（3）$\Delta_{\frac{\sin\varphi_k}{k}} = \sqrt{\left(2.5S_{\frac{\sin\varphi k}{k}}\right)^2 + \Delta_{\text{B}}^2}$ =

（4）$\overline{\lambda_Z} = \overline{d} \cdot \overline{\left(\dfrac{\sin\varphi_k}{k}\right)}$ =

（5）$E_r = \dfrac{\Delta_{\lambda_Z}}{\lambda_Z} = \sqrt{\left(\dfrac{\Delta_d}{d}\right)^2 + \left[\dfrac{\Delta_{\sin\varphi_k/k}}{\sin\varphi_k/k}\right]^2}$ =

（6）$\Delta_{\lambda_z} = E_r \times \overline{\lambda_z} =$

（7）$\lambda_z = \overline{\lambda_z} \pm \Delta_{\lambda_z} =$

### 3．测定黄色谱线的衍射角，并计算其波长

表 3-30

| 级　　　次 $k$ | | 1 | | 2 | | 3 | |
|---|---|---|---|---|---|---|---|
| 读数窗编号 $j$ | | 1 | 2 | 1 | 2 | 1 | 2 |
| 望远镜的<br>位置 | $T$ | | | | | | |
| | $T'$ | | | | | | |
| $\varphi_{kj} = \dfrac{1}{2}\|T - T'\|$ | | | | | | | |
| $\varphi_k = \dfrac{1}{2}\left(\varphi_{k_1} + \varphi_{k_2}\right)$ | | | | | | | |
| $\dfrac{\sin\varphi_k}{k}$ | | | | | | | |

$$\overline{\left(\frac{\sin\varphi_k}{k}\right)} = \qquad\qquad S_{\frac{\sin\varphi_k}{k}} =$$

（1）$\Delta_{\varphi k} = \sqrt{\Delta_{仪}^2 + \Delta_{仪}^2} =$

（2）$\Delta_{B\frac{\sin\varphi_k}{k}} = \cos\varphi_1 \cdot \Delta\varphi_k =$

（3）$\Delta_{\frac{\sin\varphi_k}{k}} = \sqrt{\left(2.5 S_{\frac{\sin\varphi_k}{k}}\right)^2 + \Delta_B^2} =$

（4）$\overline{\lambda_z} = \overline{d} \cdot \overline{\left(\dfrac{\sin\varphi_k}{k}\right)} =$

（5）$E_r = \dfrac{\Delta_{\lambda_z}}{\lambda_z} = \sqrt{\left(\dfrac{\Delta_d}{d}\right)^2 + \left[\dfrac{\Delta_{\sin\varphi_k/k}}{\sin\varphi_k/k}\right]^2} =$

（6）$\Delta_{\lambda_z} = E_r \times \overline{\lambda_z} =$

（7）$\lambda_z = \overline{\lambda_z} \pm \Delta_{\lambda_z} =$

## 六、思考题

1．对于光栅，常说它每毫米有多少条(刻痕)，你在实验中所用的光栅每毫米有多少条？

2．在衍射光谱中，同级的紫色谱线与绿色谱线哪个衍射角大？

# 实验十六　用光电效应仪测普朗克常数

## 一、实验目的

① 了解光电效应及其规律，理解爱因斯坦光电方程的物理意义。

② 用减速电位法测量光电子初动能，求普朗克常数。

## 二、实验仪器

光源（高压汞灯），光电效应仪，微电流测量放大器，坐标纸 15cm × 15cm 一张，10cm × 10cm 一张（自备）。

本实验采用 GD-IV 型光电效应实验仪，其原理框如图 3-68 所示。包括下述四部分。

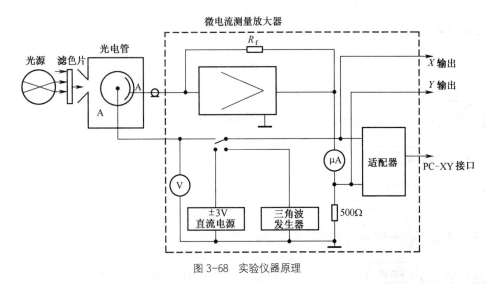

图 3-68　实验仪器原理

### 1. 光源

用高压汞灯，灯泡选用 GGQ-50WHg 型，光谱范围在 302.3～872.0nm。

### 2. 光电管

光电管阳极为镍圈，阴极为银-氧-钾（Ag-O-K），光谱范围为 340～700nm。它装在带有入射窗口的暗盒内，高度可调，入射窗口配有 $\phi$5mm 孔径光阑。光电管暗盒面板如图 3-69 所示。

### 3. 滤色片

用 NG 型滤色片获得单色光，它是一组（5 块）宽带型有色玻璃组合滤色片，有选用 365.0、

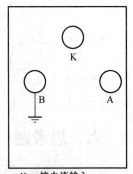

K—接电流输入；
A—接电压输出正极；
B—接电压输出负极；

图 3-69　光电管暗盒面板

405.7、435.8、546.1、577.0nm 谱线的能力。

### 4. 微电流测量放大器

电流测量范围 $10^{-6}$～$10^{-13}$A，分 7 挡，十进变换，微电流指示用 3 位半数字电流表，读数精度分 0.1μA（用于调零和校准）和 1μA（用于测量）两挡。机内附有光电管工作电源。分直流和扫描两挡，直流用于手动调节电压，扫描用于记录仪或微机自动测量时，自动改变电压。直流电压输出 0～±3V，连续可调。扫描电压为三角波，幅度 0～±3V，周期 50s。微电流测量放大器面板如图 3-70 所示。

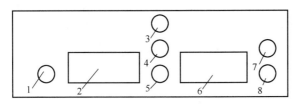

1-电流调节开关；2-微电流指示；3-调零；4-校准；5-调零校准与测量转换开关；
6-电压指示；7-电压调节；8-直流或扫描电压选择开关
图 3-70 微电流测量放大器面板示意图

## 三、实验原理

观察光电效应的实验装置如图 3-71 所示。用单色光照射光电管光电阴极 K，于是光电子在电场的加速作用下向阳极 A 迁移，在回路中形成光电流。通过实验可以确定光电流与入射波长、光强的关系如下所述。

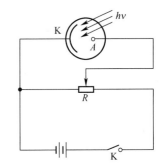

① 当入射光的波长不变时，光电流的大小与入射光的强度成正比。

② 光电子的最大动能与入射光的强度无关，仅于入射光的频率有关，频率越高，光电子的动能就越大。

③ 对于任何光阴极的金属材料都有一个相应的截止频率 $\upsilon_0$（亦称红限），当入射光的频率小于 $\upsilon_0$ 时，不论光强多么大，照射时间多么久，也不能产生光电流。

图 3-71 观察光电效应的实验装置

显然，上述实验现象无法用电磁理论来解释，而爱因斯坦认为光是由光子组成的粒子流，每个光子的能量为 $\varepsilon = h\upsilon$（$h$ 为普朗克常数，$\upsilon$ 是光子的频率）。光子的多少取决于光的强弱。当光照射金属表面时，金属中的电子只有吸收了光子能量后，才能溢出表面而成为光电子。因此，光子能量的一部分转化为使电子从金属表面溢出时必须作的功 $W$——溢出功；另一部分能量便转换成光电子的最大初动能。于是有

$$h\upsilon = \frac{1}{2}m\upsilon_{\mathrm{m}}^2 + W \tag{3-79}$$

式中，$m$ 为电子质量，$\upsilon_m$ 为光电子的最大速度。式（3-79）称为爱因斯坦光电效应方程，它

说明光电子的动能只取决于光的频率，且只有当

$$\upsilon \geqslant W/h = \upsilon_0 \tag{3-80}$$

时，才能使光电子逸出金属表面。故截止频率取决于金属材料的逸出功。一般碱金属的逸出功较低，故常用于光电效应实验。近代用锑铯、铯氧银、双碱、多碱和Ⅲ-Ⅴ族化合物等作光电器件的光阴极，其截止频率都在可见光区。

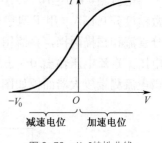

图 3-72　V-I特性曲线

本实验采用"减速电位法"测量光电子的最大动能。由实验考察光电流与加速电压的关系时，可以得到如图 3-72 所示的 V-I 特性曲线。从图中可以看出，当施加减速电位（即 K 为正电位，A 为负电位）时，光电子被减速，光电流逐渐减小，直到减速电位等于截止电位 $-V_0$ 时，光电流为零。这一现象说明此时从阴极溢出的具有最大动能的光电子将不能穿过反向电场而抵达阳极，即

$$eV_0 = \frac{1}{2}m\upsilon_{\mathrm{m}}^2 \tag{3-81}$$

其中，$V_0$ 为绝对值。合并式（3-79）、式（3-80）和式（3-81）得

$$V_0 = \frac{h}{e}(\upsilon - \upsilon_0) \tag{3-82}$$

式（3-82）说明若用频率不同的单色光照射同一光阴极时，则所测得的截止电位值与入射光的频率成线性关系，图 3-73 所示，直线的斜率等于 $\frac{h}{e}$，截距即为光阴极的截止频率。这正是密立根在 1915 年所设计的实验思想。实际上的 V-I 特性曲线比图 3-72 所示曲线复杂，这是因为：①电子的热运动及光电管管壳漏电等原因使光阴极未受光照时也能产生电子流（称暗电流），此外各种杂散光也会造成光电流（称本底电流），它们还随 K 和 A 之间电压的大小而变；② 在制作光电阴极时，阳极上也会被溅射到光阴极材料，故光射到阳极上亦会发射光电子，形成阳极光电流。因而，实际光电管的 V-I 曲线如图 3-74 实线所示，它在横轴的截距

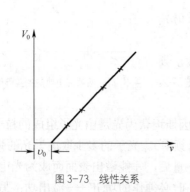

图 3-73　线性关系

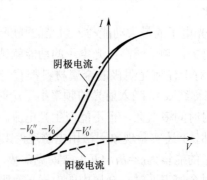

图 3-74　实际光电管 V-I曲线

为 $-V_0'$，当 $V > -V_0'$ 时，则阴极电流（包括暗电流、本底电流与光电子流）正好等于从阳极溢出的电子流（反向电流），故光电管总输出电流为零。当 $V = -V_0$ 时，随着外加电压增加，阴极电流迅速上升，它在总电流中占绝对优势，故 V-I 曲线逐步接近光电管的理想 V-I 曲线（图中用点画线表示）。当 $V < -V_0'$ 时，阳极电流（图中用虚线表示）逐渐占优势并趋向于饱和。显然阳极电流越小，

而阴极电流上升得越快，则$-V_0'$越接近于$-V_0$。此外，某些光电管的阳极光电流较为缓慢地达到饱和，当减速电位已达到$-V_0$时，阳极光电流仍未饱和，故反向电流开始饱和时的拐点电位$-V_0''$也不等于$-V_0$，阳极电流越是容易饱和，则$-V_0''$越接近$-V_0$。实验时应根据光电管$V$-$I$曲线的特点来选择$-V_0'$或$-V_0''$近似作为$-V_0$，选择$-V_0'$作为$-V_0$称为交点法，选择$-V_0''$作为$-V_0$称为拐点法。不论采用什么方法，均在不同程度上引进系统误差。本实验采用GD-IV（B）型光电效应实验仪。其阴极电流上升很快，反向电流较小，故采用交点法确定截止电位的值。

## 四、实验内容

测量光电管的$V$-$I$特性曲线。

① 将光源、光电管暗盒、微电流放大器等安放在适当位置，光源与光电管的距离取30～50cm，注意两者光路共轴。暂不接线。接通微电流测量放大器电源，预热10～20min，进行微电流测量放大器的调零和校准。方法是："校准、调零、测量"开关置于"调零校准"挡，置"电流调节"开关于短路挡，调节"调零"旋钮使电流表指零，然后"电流调节"拨向"校准"，调"校准"旋钮使电流表指100，调零和校准可反复调整，使之都能满足要求。

② 用电缆将光电管阴极K与微电流放大器后面板上的"电流输入"相连，用双芯导线将光电管阳极与地连接到后面板的"电压输出"插座上。点亮汞灯。

③ 测量光电管的暗电流。用遮光罩盖住光电管暗盒窗口，将"调零、校准、测量"开关置于"测量"，测量放大器的电压选择置于"直流"，电流调节置$10^{-13}$A挡，旋动"电压调节"旋钮，要求从$-2$V到$0$V，每隔$0.2$V测出相应的电压值和电流值，作出暗电流特性曲线。

④ 测不同波长的单色光照射时，光电管的$V$-$I$特性曲线。取下遮光罩，换上滤色片，从$-3$V开始逐步改变光电管阳极电压，记录相应的光电流。逐次换上5个滤色片，测出不同波长下的$V$-$I$曲线，在电流变化明显的地方多测几点，以便准确定出$V_0$（$V_0$为绝对值）。

以上测量，其数据表格要求同学自行设计。

## 五、数据记录与数据处理

（1）数据记录表格

**表 3-31**　　　　　　　　　　　$\lambda = 365\text{nm}$

| $V/\text{V}$ | | | | | | | | | |
|---|---|---|---|---|---|---|---|---|---|
| $I/10^{-7}\mu\text{A}$ | | | | | | | | | |

**表 3-32**　　　　　　　　　　　$\lambda = 405\text{nm}$

| $V/\text{V}$ | | | | | | | | | |
|---|---|---|---|---|---|---|---|---|---|
| $I/10^{-7}\mu\text{A}$ | | | | | | | | | |

**表 3-33**　　　　　　　　　　　$\lambda = 436\text{nm}$

| $V/\text{V}$ | | | | | | | | | |
|---|---|---|---|---|---|---|---|---|---|
| $I/10^{-7}\mu\text{A}$ | | | | | | | | | |

**表 3-34** $\lambda = 546\text{nm}$

| $V$/V | | | | | | | | | | |
|---|---|---|---|---|---|---|---|---|---|---|
| $I/10^{-7}\mu\text{A}$ | | | | | | | | | | |

**表 3-35** $\lambda = 577\text{nm}$

| $V$/V | | | | | | | | | | |
|---|---|---|---|---|---|---|---|---|---|---|
| $I/10^{-7}\mu\text{A}$ | | | | | | | | | | |

**表 3-36**

| $\lambda$/nm | | | | | | |
|---|---|---|---|---|---|---|
| $\upsilon/10^{14}\text{Hz}$ | | | | | | |
| 截止电压 $V_0$/V | | | | | | |

（2）数据处理

① 在同一张坐标纸上，作不同波长的单色光照射时的 $V\text{-}I$ 特性曲线，确定 $\upsilon_i$ 对应的 $V_0$。

② 作 $V_0\text{-}\upsilon$ 图线，若为直线，则爱因斯坦方程得到验证。

③ 由 $V_0\text{-}\upsilon$ 图线的斜率求出普朗克常数 $h$。并与 $h$ 的公认值比较，估计 $h$ 的测量误差。

$$E = \frac{\left| h_{实} - h_{理} \right|}{h_{理}} \times 100\%$$

## 六、注意事项

① 汞灯点亮后须预热 10 min，汞灯一旦开启，不要随意关闭，汞灯熄掉后要等几分钟才能再点燃。

② 仪器不用时，要用遮光罩盖住光电管暗盒窗口，使光不能入射到光电管，以免光电管加速老化。

## 七、思考题

1. 试述爱因斯坦光电方程的物理意义。

2. 何谓电子的溢出功?从 $V_0\text{-}\upsilon$ 图线上能决定该金属的溢出功吗?

3. 滤色片应置于光源窗口还是光电管窗口?

## 八、实验问答题

1. 为什么在光电管暗盒窗口上装小孔光阑?

2. 如何从本实验中求出溢出功以及确定截止频率?

3. 实验误差产生的主要原因是什么?如何减少实验误差?

# 实验十七　迈克尔逊干涉仪的调整及应用

迈克尔逊干涉仪是一种利用分割光波振幅的方法实现干涉的光学仪器，是美国物理学家迈克尔逊和莫雷合作，为研究"以太"漂移实验而设计制造出来的。实验结果否定了以太的存在，促进了相对论的建立，为物理学的发展作出了重大贡献。目前，根据迈克尔逊干涉仪的基本原理制成的各种精密仪器已广泛应用于生产和科研领域。

## 一、实验目的

① 了解迈克尔逊干涉仪的构造原理和调节方法。
② 用迈克尔逊干涉仪测定光波波长。
③ 观察等倾干涉、等厚干涉条纹的特点及形成条件。

## 二、实验仪器

迈克尔逊干涉仪、He-Ne 激光器、扩束镜、毛玻璃板。

## 三、仪器及原理

### 1. 迈克尔逊干涉仪的构造

迈克尔逊干涉仪的原理光路如图 3-75 所示。其结构如图 3-76 所示。从光源 S 发出的光束，被分光板 $G_1$ 后表面的半反半透膜分成两束光强近似相等的光束：反射光（1）和透射光（2）。由于 $G_1$ 与平面镜些 $M_1$、$M_2$ 均成 45°角，所以反射光（1）在近于垂直地入射到平面镜 $M_1$ 后，经反射又沿原路返回，透过 $G_1$ 到达 $O$ 处。透射光束（2）在透过补偿板 $G_2$ 后，近于垂直地入射到平面镜 $M_2$ 上，经反射又沿原路返回，在分光板后表面反射，在 $O$ 处与光束（1）相遇而产生干涉。

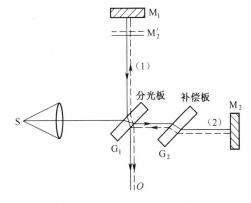

图 3-75　迈克尔逊干涉仪原理光路图

补偿板 $G_2$ 是一块材料、厚度均与分光板相同，并且与 $G_1$ 平行放置的光学平板玻璃。它的作用在于使光束（2）在玻璃中的光程与光束（1）相同。

平面镜 $M_1$ 和 $M_2$ 镜面的左右及俯仰角度，可以通过它们背面的调节螺钉 5、8 来调节（见图 3-76）。更精细的调节由它们下端的一对方向互相垂直的拉簧螺钉 11、15 来实现。$M_2$ 的位置是固定的，而 $M_1$ 可在精密导轨 2 上移动以改变两束光之间的光程差。它的位置及移动的距离可以从安装在仪器一侧的毫米标尺、读数窗口 12 及微调鼓轮 14 读出。粗调手轮 13 每旋转一周，动镜 $M_1$ 移动 1 mm，具体数值可由读数窗 12 读出。它共分 100 个小格，每小格 1/100 mm，微调鼓轮 14 每旋转一周，$M_1$ 镜移动 1/100 mm，它又分为 100 个小格，因此仪器的最小分度

值为 $10^{-4}$ m/格。

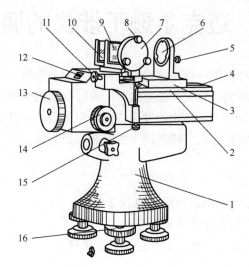

1-底座；2-导轨；3-拖板；4-精密丝杠；5-调节螺钉；6-可移动反射镜 $M_1$；7-固定反射镜 $M_2$；
8-调节螺钉；9-补偿板 $G_2$；10-分光板 $G_1$；11-水平拉簧螺钉；12-读数窗口；
13-粗调手轮；14-微调鼓轮；15-垂直拉簧螺钉；16-水平调节螺钉

图 3-76　迈克尔逊干涉仪结构

图 3-75 中 $M_2'$ 是平面镜 $M_2$ 由 $G_1$ 半反射膜形成的虚像。观察者从 $O$ 处来看，光束（2）好像从平面 $M_2'$ 射来的。因此干涉仪所产生的干涉条纹，和由平面 $M_1$ 与 $M_2'$ 之间的空气层薄膜所产生的干涉条纹是完全一样的。下面讨论的各种干涉条纹的形成都是这样考虑的。

### 2. He-Ne 激光波长的测量

本实验是应用光的等倾干涉原理测量 He-Ne 激光波长的。调节 $M_1$ 与 $M_2$ 相垂直，即 $M_1$ 与 $M_2'$ 相平行，二者距离为 $d$，如图 3-77 所示。这时以倾角 $i$ 入射的平行光经 $M_1$、$M_2'$ 反射后形成（1）、（2）两束平行光。它们的光程差 $\Delta$ 计算如下：作光线（2）的垂线 $CD$，则

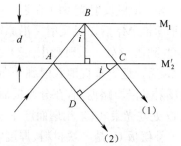

$$\Delta = AB + BC - AD$$

$$= \frac{2d}{\cos i} - 2d \tan i \cdot \sin i$$

$$= 2d\left(\frac{1}{\cos i} - \frac{\sin^2 i}{\cos i}\right) = 2d \cos i \quad (3\text{-}83)$$

图 3-77　He-Ne 激光波长的测量

可见，在 $d$ 一定时，程差只取决于入射角 $i$。若用透镜将两束平行的反射光会聚于透镜的焦平面上，它们将在会聚点发生干涉。具有相同入射角的入射光相干形成一圆环，干涉图样将是一组明暗相间的同心圆环。

当 $\Delta$ 为波长的整数倍时，即

$$2d \cos i_k = k\lambda \quad (3\text{-}84)$$

则干涉环为亮环。式中，$k = 0, 1, 2, \cdots$ 为干涉环的级次；$i_k$ 为形成第 $k$ 级干涉环的入射角。

显然，对第 $k$ 级暗环有

$$2d\cos i_k = (2k+1)\frac{\lambda}{2} \tag{3-85}$$

由式（3-84）及式（3-85）可知，当 $d$ 为定值时，随干涉级次 $k$ 的增大，$\cos i_k$ 的值也增大，即 $i_k$ 变小。$i=0$ 时，$\cos i_k$ 具有最大值，所以，干涉环的级次将以圆心处为最高。这一分布正好和牛顿环相反。

当干涉环的级次 $k$ 为定值时，随 $d$ 的增大 $i_k$ 也增大，即环的半径增大。当逐渐增大 $d$ 时，向干涉图样看去就好像环一个个地从中心向外"冒"出来一样。反之，当逐渐减小 $d$ 时，环就像一个个地向中心处"缩"进去一样。

对于实际观察到的干涉图样，特别是中心部分，所对应的入射光线的倾角是很小的，故可将式（3-84）及式（3-85）近似地写成

$$2d = k\lambda \tag{3-86}$$

$$2d = (2k+1)\frac{\lambda}{2} \tag{3-87}$$

由上两式可知，每当 $d$ 增大 $\lambda/2$ 时，则干涉条纹的级次便增加 1 级，干涉环就向外"冒"出一环；每当 $d$ 减小 $\lambda/2$，干涉环就向中心"缩"进一环。在 $d$ 增大（或缩小）$\Delta d$ 的过程中，若"冒"出或"缩"进环的数目为 $\Delta k$，则有

$$\lambda = \frac{2\Delta d}{\Delta k} \tag{3-88}$$

此即利用光的等倾干涉原理测量光波波长的计算公式。

### 3. 等厚干涉条纹的形成

当 $M_1$、$M'_2$ 有一很小的交角，形成楔形空气薄层时，就会出现等厚干涉条纹。由式

$$\Delta = 2d\cos i$$
$$= 2d\left(1 - 2\sin^2\frac{i}{2}\right)$$
$$= 2d\left(1 - \frac{1}{2}i^2\right)$$
$$= 2d - di^2$$

可知，在 $M_1$、$M'_2$ 的交线上，$d=0$，所以 $\Delta=0$，因此在交线处产生直线条纹，为中央条纹，而在中央条纹附近，由于视角 $i$ 很小，$di^2$ 可以忽略，所以干涉条纹大体上平行中央条纹，并且是等距分布的，离中央条纹较远处，视角 $i$ 增大，$di^2$ 的作用不可忽略，因而条纹发生弯曲，弯曲的方向凸向中央，这就是等厚条纹的特点。

我们应当清楚，当 $M_1$ 和 $M'_2$ 十分精确地平行时，就会看到圆形的等倾干涉条纹，如果 $M_1$ 和 $M'_2$ 有微小的夹角，就会看到楔形空气层的等厚条纹。

## 四、迈克尔逊干涉仪的调整方法

### 1. 调节 $M_1$ 与 $M_2$ 垂直

插上观察屏，使一细光束与导轨所在平面平行，并与导轨垂直地投向分光板的中部，便可在观察屏上看到两个光点。反复调节 $M_2$ 的三个调节螺钉 5、8 及 $M_2$ 的水平、垂直拉簧螺钉 11、15，

使屏上的两光点重合。如果调整 $M_2$ 的方向难以使屏上两光点重合，可微调一下 $M_1$ 的方向。

### 2. 读数装置的调整

由于旋松啮合螺钉后微动鼓轮与鼓轮是相分离的，因此，每当旋紧啮合螺钉之前都应做适当地调整，使二者的读值相吻合，以免造成读数困难。调整的方法是：转动鼓轮，使一分度线与其读数的基准线对齐；再转动微动鼓轮，使 0 分度线与其读数的基准线对齐，然后轻轻地旋紧啮合螺钉。鼓轮与标尺的对应关系一般事先都已调好，不需再动。应当注意，旋紧啮合螺钉后，不应再直接转动鼓轮，否则会损坏仪器。

## 五、实验步骤

观察等倾干涉现象，并测量 He-Ne 激光的波长。

① 熟悉迈克尔逊干涉仪的结构和调节部位。

② 利用不扩束的激光束调节 $M_1$ 与 $M_2$ 垂直（即 $M_1$ 与 $M'_2$ 平行）。

③ 在激光器与干涉仪之间置入扩束镜，使分光板被均匀照亮。再微调 $M_2$ 的调节螺钉或 $M_2$ 的两个拉簧螺钉，使屏上的干涉圆环图样清晰、匀称。

④ 调整好干涉仪的读数装置。转动微动鼓轮，观察"冒"环及"缩"环现象。

⑤ 记下 $M_1$ 的初始位置。观察干涉图样并缓慢转动微动鼓轮，每"冒"出（或"缩"进）50 环记下 $M_1$ 的相应位置，直至"冒"出（或"缩"进）的总环数为 450 环为止。

**注意**：如使用 SMG-2 型仪器需在读数后乘以 0.05。

## 六、数据记录与处理

**表 3-37** He-Ne 激光器的波长实验数据记录表

| 干涉环变化数 $k_1$ | 0 | 50 | 100 | 150 | 200 |
|---|---|---|---|---|---|
| 位置读数 $d_1$（mm） | | | | | |
| 干涉环变化数 $k_2$ | 250 | 300 | 350 | 400 | 450 |
| 位置读数 $d_2$（mm） | | | | | |
| 环数差 $\Delta k = k_2 - k_1$ | | | | | |
| $\Delta d_i = d_2 - d_1$（mm） | | | | | |
| $\lambda_i = \dfrac{2\Delta d_i}{\Delta k}$（nm） | | | | | |
| $\overline{\lambda}$　　　（nm） | | | | | |

$\lambda_{理} = 632.8\,\text{nm}$

$\lambda$ 的相对误差 $E = \dfrac{\left|\overline{\lambda} - \lambda_{理}\right|}{\lambda_{理}} \times 100\% \quad =$

## 七、思考题

1. $M_1$，$M'_2$ 如果间隔太大会怎样？为什么？

2. $M_1$，$M'_2$ 完全重合，视场出现什么情况？为什么？

3. 等厚条纹中为什么有些弯曲？

# 实验十八 测定液体表面张力系数

## 一、实验目的

① 掌握用硅压阻力敏传感器测量的原理和方法。
② 了解液体表面的性质，测定液体的表面张力系数。

## 二、实验仪器

FD-NST-I 型液体表面张力系数测定仪、游标卡尺。

## 三、实验原理

液体内部每一个分子四周都被液体其他分子包围，它所受到的周围分子作用力的合力为零。液面上方是分子数密度比液体少得多的气相层，因此气相层下方液体表面层（厚度约为分子力作用半径）内分子所处的环境跟液体内部的分子不同，表面层内每一个分子所受的向上的引力比向下的引力小而使合力不为零，如图 3-78 所示，这个合力垂直于液面并指向液体内部，使表面分子有从液面挤入液体内部的倾向。从宏观上来看，这就使液体表面有收缩的趋势，即液体表面好像是一张被拉紧的橡皮薄膜。我们把这种沿着液体表面，使液面收缩的力称为表面张力。表面张力的存在使液面产生许多特有现象，如润湿现象、毛细现象、水面波的传播等。这些现象在工业、农业和日常生活中有很多应用。

测定液体表面张力的方法很多，本实验介绍的是力敏传感器测量法。

在液体中浸入一只洁净的金属薄圆环，使圆环的底面保持水平，然后将圆环轻轻地提起，对润湿液体而言，靠近圆环的液面将呈现如图 3-79 所示的形状。圆环与液面的接触线上由于液面收缩而产生的表面张力沿液面的切线方向，其与圆环侧面的夹角 $\varphi$ 称为接触角（或润湿角），当外力 $F$ 缓缓向上拉钢圆环时，接触角逐渐减小而趋于零，这时被圆环所拉起的液膜也成圆环形状。设液膜的表面张力为 $f$，在液膜破裂前

$$F=mg+f \qquad (3-89)$$

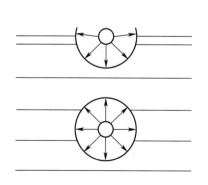

图 3-78 表面张力示意图

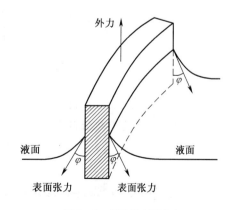

图 3-79 测液体表面张力

其中，$m$ 为钢圆环和在圆环上所粘附的液体的总质量，$g$ 为重力加速度。表面张力 $f$ 与环状液膜表面周界长（即接触线长）成正比，设钢圆的内、外直径 $D_1$，$D_2$，接触线总长度为 $\pi(D_1+D_2)$，因此

$$f=a\pi(D_1+D_2) \tag{3-90}$$

其中，比例系数 $a$ 称为液体表面张力系数，其数值等于作用在液体表面单位长度上的力，表面张力系数与液体种类、纯度、温度及液体上方气体的成分有关。实验证明，液体的温度越高，液体内所含杂质越多，$a$ 的数值越小，由式（3-90）得

$$a=\frac{f}{\pi(D_1+D_2)} \tag{3-91}$$

硅压阻力敏传感器由弱性梁和贴在梁上的传感器芯片组成，其中芯片由四个硅扩散电阻集成一个非平衡电桥，当外界压力作用在金属梁时，在压力作用下，电桥失去平衡，此时将有电压信号输出，输出电压 $U$ 的大小与所加外力 $F$ 成正比

$$U=KF \tag{3-92}$$

其中，$K$ 叫力敏传感器灵敏度，单位 V/N。

由于环形液膜即将拉断前一瞬间数字电压表读数数值 $U_1=K(mg+f)$，液膜拉断后一瞬间数字电压表读数数值 $U_2=Kmg$，则两电压的差值

$$\Delta U=U_1-U_2=Kf \tag{3-93}$$

与表面张力成正比。

将式（3-93）代入式（3-91），得液体的表面张力系数

$$a=\frac{f}{\pi(D_1+D_2)}=\frac{\Delta U}{\pi K(D_1+D_2)} \tag{3-94}$$

其中，$a$ 的单位为 $N \cdot m^{-1}$

## 四、装置介绍

图3-80为实验装置图。液体的表面张力测定仪由硅压阻力敏传感器3把受力的大小转换为电信号输出，这是利用测量电桥失去平衡时的输出电压，此电压由数字电压表10显示。其他装置包括铁架台9、升降台大旋钮7、可微调升降台6、水平调节的螺钉8、装有力敏传感器的固定架1、自制的金属吊勾2、盛液体的玻璃皿5和圆形吊环4。

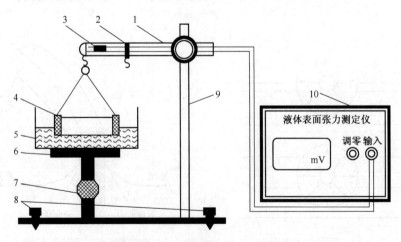

图3-80 液体的表面张力测定装置

## 五、实验内容

### 1. 力敏传感器的定标

（1）开机预热 15min 后，将砝码盘轻轻挂在硅压阻力敏传感器后，将数字电压表调零，切记不能用力，因为力敏传感器受力不能大于 0.098N。

（2）依次将质量 $m_0 = 0.500g$ 的 7 个砝码放入砝码盘，记录对应电压值。将以上数据填入表 3-30，用逐差法求出 $\overline{K}$ 及 $\Delta K$。

### 2. 环的测量与清洁

① 用游标卡尺测量金属圆环的内径 $D_1$ 和外径 $D_2$，记入表 3-31，求出结果。

② 环的表面状况与测量结果有很大关系，实验前应将金属环在 NaOH 溶液中浸泡 20～30s，然后用蒸馏水冲洗，如无 NaOH 溶液，可用酒精棉球擦拭。

### 3. 测量液体表面张力系数

① 吊环的水平调节直接影响测量误差，但在进行吊环水平调节前，应先利用水准仪调整升降台使其平行。注意不要将吊环挂在力敏传感器上进行水平调节。应将吊环挂在自制的金属勾上，调节升降台，观察吊环下沿与升降台面是否平行。如不平行，调节吊环的细丝，使吊环与升降台平行。

② 使升降台下降，从金属勾上取下吊环，调整力敏传感器固定架的位置，将吊环轻挂在力敏传感器上，同时将装有待测液体的玻璃皿放在升降台上，渐渐升起升降台，将吊环的下沿全部浸没于待测液体中。

③ 反向旋转升降台大旋钮，使液面逐渐下降。这时，金属吊环的液面间形成一环形液膜。注意液膜在即将拉断时，一定要缓慢，不要使液面波动太大。继续下降液面，测出环形液膜即将拉断前瞬间数字电压表的示值 $U_1$ 和液膜拉断后瞬间数字电压表的示值 $U_2$。

④ 重复步骤③ 6 次，将数据填入表 3-32，求出结果。

⑤ 实验结束将吊环用洁净纸擦干，放入盒内；并将玻璃皿内蒸馏水倒入收集缸内，用纸擦干净。

## 六、数据表格

表 3-38

| 砝码质量 $m$/g | 输出电压 $V$ /$10^{-3}$V | $\Delta U$ /$10^{-3}$V | $K_i = \dfrac{\Delta U}{4m_0g}$ /V/N | $S_K$ |
|---|---|---|---|---|
| 0 | $U_0$=0.00 | $U_4-U_0$= | $K_1$= | |
| 0.500 | $U_1$= | | | |
| 1.000 | $U_2$= | $U_5-U_1$= | $K_2$= | |
| 1.500 | $U_3$= | | | |
| 2.000 | $U_4$= | $U_6-U_2$= | $K_3$= | |
| 2.500 | $U_5$= | | | |
| 3.000 | $U_6$= | $U_7-U_3$= | $K_4$= | |
| 3.500 | $U_7$= | | | |
| | | | $\overline{K}$ = | |

$$\Delta_{仪}=0.003\text{V/N}, \quad m_0 = 0.500\text{g}$$

$$\Delta_K = \sqrt{(1.59 S_K)^2 + \Delta_{仪}^2} = \qquad \text{V/N}$$

$$K = \overline{K} \pm \Delta_K = \qquad \text{V/N}$$

表 3-39                                                            $\Delta_{仪}=0.02\text{mm}$   单位：$10^{-3}\text{m}$

| 次数 | $D_1$ | | $D_2$ | |
|---|---|---|---|---|
| 1 | | | | |
| 2 | | $\Delta_{D1} = \sqrt{S_{D1}^2 + \Delta_{仪}^2} =$ | | $\Delta_{D2} = \sqrt{S_{D2}^2 + \Delta_{仪}^2} =$ |
| 3 | | | | |
| 4 | | | | |
| 5 | | | | |
| 6 | | | | |
| 平均 | $\overline{D}_1 =$ | $D_1 = \overline{D}_1 \pm \Delta_{D1} =$ | $\overline{D}_2 =$ | $D_2 = \overline{D}_2 \pm \Delta_{D2} =$ |
| S | $S_{D_1} =$ | | $S_{D_2} =$ | |

表 3-40                                                                                     单位：$10^{-3}\text{V}$

| 次数 | $U_1$ | $U_2$ | $\Delta U = U_1 - U_2$ | |
|---|---|---|---|---|
| 1 | | | | |
| 2 | | | | $S_{\Delta U} =$ |
| 3 | | | | $\Delta_{仪} = 0.05$ |
| 4 | | | | $\Delta_{\Delta U} = \sqrt{S_{\Delta U}^2 + \Delta_{仪}^2} =$ |
| 5 | | | | $\Delta U = \overline{\Delta U} \pm \Delta_{\Delta U} =$ |
| 6 | | | | |
| 平均 | | | | |

$$\overline{\alpha} = \frac{\overline{\Delta U}}{\pi \overline{K}(\overline{D_1} + \overline{D_2})} = \qquad \text{V/N}$$

$$E = \frac{\Delta_\alpha}{\overline{\alpha}} = \sqrt{\left(\frac{\Delta_{\Delta U}}{\overline{\Delta U}}\right)^2 + \left(\frac{\Delta_K}{\overline{K}}\right)^2 + \left(\frac{\Delta_{D1}}{\overline{D_1} + \overline{D_2}}\right)^2 + \left(\frac{\Delta_{D2}}{\overline{D_1} + \overline{D_2}}\right)^2} = \qquad \%$$

$$\Delta_\alpha = E \cdot \overline{\alpha} = \qquad \text{V/N}$$

$$\alpha = \overline{\alpha} \pm \Delta_\alpha = \qquad \text{V/N}$$

# 七、注意事项

① 硅压阻力敏传感器受力（≤0.098N），实验时一定要轻持轻取，严禁手上施力。

② 吊环尽可能调整水平，当偏差 1° 时，测量结果引入误差为 0.5%；当偏差 2° 时，则误差 1.6%。

③ 液膜被拉断前的操作特别仔细、缓慢，此时不能使液膜受到振动或受气流的干扰，防止液膜过早破裂。

④ 被测液体中如果混入杂质，表面张力系数将显著减小，且环的表面清洁状况与测量结果也有关。因此实验前应用 NaOH 溶液或酒精棉球对吊环进行清洁处理，实验中不能用手触及圆环和被测液体，保持清洁。

## 八、思考题

实验中怎样操作才能在水膜拉破瞬间得到比较准确的测量数值？

# 实验十九  胡 克 定 律

## 一、实验目的

① 胡克定律的验证与弹簧劲度系数的测量。

② 测量弹簧的简谐振动周期，求得弹簧的劲度系数。

③ 测量两个不同弹簧的劲度系数，加深对弹簧的劲度系数与它的线径、外径关系的了解。

④ 了解并掌握集成霍尔开关传感器的基本工作原理和应用方法。

## 二、实验仪器

新型焦利秤实验仪、弹簧、砝码、小磁钢。

新型焦利秤实验仪由三部分组成，如图 3-81 所示。

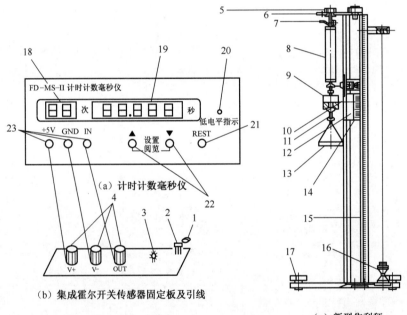

（a）计时计数毫秒仪

（b）集成霍尔开关传感器固定板及引线

（c）新型焦利秤

1-小磁钢；2-集成霍尔开关传感器；3-白色发光二极管；4-霍尔传感器管脚接线柱；
5-调节旋钮（调节弹簧与主尺之间的距离）；6-横臂；7-吊钩；8-弹簧；
9-初始砝码；10-小指针；11-挂钩；12-小镜子；13-砝码托盘；
14-游标尺；15-主尺；16-重锤（调节立柱铅直）；
17-水平调节螺钉；18-计数显示；19-计时显示；
20-低电平指示；21-复位键；
22-设置/阅览功能按键；
23-电源，信号接线柱.

图 3-81  新型焦利秤实验仪

计时计数毫秒仪：利用单片机芯片，同时具有计时和计数功能。为了适应实验要求，当单片机中断口前两次接收到下降沿信号或正在设定计数值时，不对其计数，只有当第三次接收到信号或设定完成时才开始计数，同时开始计时，每接收到一个下降沿信号就计数一次，直至使用者预设的值，则停止计数和计时。这时可从计时显示中读出发生触发信号所用的时间。

集成霍尔开关传感器固定板及引线。

新型焦利秤：本仪器对原焦利秤拉线杆升降装置易断及易打滑等弊病进行了改进，采用指针加反射镜与游标尺相结合的弹簧位置读数装置，提高了测量的准确度。在计时方法上采用了集成开关型霍尔传感器测量弹簧振动周期。此项改进，既保留了经典的测量手段和操作技能，同时又引入了用霍尔传感器来测量周期的新方法。

新型焦利秤在使用过程中要注意保养与维护，需要注意的如下事项。

① 弹簧拉伸不能超过弹性限度，弹簧拉伸过长将发生形变使其损坏。

② 做完实验后，为防止弹簧长期处于拉伸状态，须将弹簧取下，使弹簧恢复自然状态。

③ 砝码取下后应放入砝码盒中。

④ 切勿将小指针弯折，以防止其变形。

## 三、实验原理

弹簧在外力作用下将产生形变（伸长或缩短）。在弹性限度内由胡克定律知：外力 $F$ 和它的形变量 $y_m$ 成正比，即

$$F = k \cdot y_m \tag{3-95}$$

式（3-95）中，$k$ 为弹簧的劲度系数，它取决于弹簧的形状、材料的性质。通过测量 $F$ 和 $y_m$ 的对应关系，就可由式（3-95）推算出弹簧的劲度系数。

将质量为 $M$ 的物体垂直悬挂于固定支架上的弹簧的下端，构成一个弹簧振子，若物体在外力作用下（如用手下拉，或向上托）离开平衡位置少许，然后释放，则物体就在平衡点附近做简谐振动，其周期为

$$T = \pi \sqrt{\frac{M + PM_0}{k}} \tag{3-96}$$

式中，$P$ 是待定系数，它的值近似为 $1/3$，可由实验测得，$M_0$ 是弹簧本身的质量，而 $PM_0$ 被称为弹簧的有效质量。通过测量弹簧振子的振动周期 $T$，就可由式（3-96）计算出弹簧的劲度系数 $k$。

如图 3-82 所示，集成霍尔传感器是一种磁敏开关。"+""−"间加 5 V 直流电压，"+"接电源正极、"−"接电源负极。当垂直于该传感器的磁感应强度大于某值 $B_{op}$ 时，该传感器处于"导通"状态，这时处于"0"脚和"−"脚之间输出电压极小，近似为零，当磁感强度小于某值 $B_{rp}$（$B_{rp} < B_{op}$）时，输出电压等于"+"、"−"端所加的电源电压，利用集成霍尔开关这个特性，可以将传感器输出信号输入周期测定仪，测量物体转动的周期或物体移动所经时间。

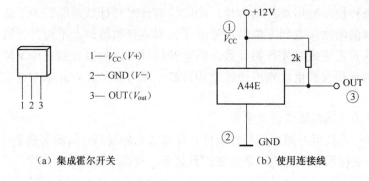

1— $V_{CC}(V+)$
2— GND $(V-)$
3— OUT $(V_{out})$

（a）集成霍尔开关　　　　　（b）使用连接线

图 3-82　霍尔开关

## 四、实验步骤

### 1．用新型焦利秤测定弹簧劲度系数 $k$。

① 调节底板的三个水平调节螺钉，使焦利秤立柱竖直。

② 在主尺顶部挂入吊钩再安装弹簧和配重圆柱体（两个小圆柱体），使小指针被夹在两个配重圆柱体中间，配重圆柱体下端通过吊钩和金属丝连接砝码托盘，这时弹簧已被拉伸一段距离。

③ 调整小游标的高度使小游标左侧的基准刻线大致对准指针，锁紧固定小游标的锁紧螺钉，然后调整视差，先让指针与镜子中的虚像重合，再调节小游标上的调节螺钉，使得小游标上的基准刻线在观察者的视差已被调整好的情况下被指针挡住，通过主尺和游标尺读出读数（读数原理和方法与游标卡尺相同）。

④ 先在砝码托盘中放入 1g 砝码，然后再重复实验步骤③，读出此时指针所在的位置值。先后放入 10 个 1g 砝码：通过主尺和游标尺依次读出每个砝码被放入后小指针的位置；再依次把这 10 个砝码取出托盘，记下对应的位置值。（读数时须注意消除视差）

⑤ 根据每次放入或取出砝码时对应的砝码质量 $M_i$ 和对应的拉伸值 $Y_i$，用逐差法求得弹簧的劲度系数 $k$。

### 2．用秒表测量弹簧简谐振动周期，计算弹簧劲度系数

① 取下弹簧下的砝码托盘、吊钩和校准砝码、指针，挂入 20g 铁砝码，铁砝码下吸有磁钢片。

② 向下拉动砝码使其拉伸一定距离，然后松开手，让砝码来回振动，从振动的第三个周期开始用手控秒表记时，记录砝码振动 30 个周期所用时间。

③ 重复步骤② 6 次，记录每次所用的时间，注意每次向下拉动砝码的距离大致相等。

④ 计算砝码的振动周期，代入式（3-96），计算弹簧的劲度系数。

### 3．用霍尔开关传感器测量弹簧简谐振动周期，计算弹簧劲度系数

① 把传感器附板夹入固定架中，固定架的另一端由一个锁紧螺钉把传感器附板固定在游标尺的侧面。

② 注意磁极需正确摆放，使霍尔开关感应面对准 S 极，否则不能使霍尔开关传感器导通。

③ 分别把霍尔传感器通过同轴电缆与计数计时器的输入端连接，拨通计时器的电源开

关，使计时器预热 10min。设置计数计时器记录砝码振动 30 个周期所用时间。

④ 调整霍尔传感器固定板的方位与横臂的方位，使磁铁与霍尔传感器正面对准，并调整小游标的高度，以便小磁钢在振动过程中比较好地触发霍尔传感器。霍尔开关与磁钢的距离应调整到计时器的触发指示发光二极管刚被点亮为止。

⑤ 向下拉动砝码使其拉伸一定距离，使小磁钢面贴近霍尔传感器的正面，这时可看到触发指示的发光二极管是亮的，然后松开手，让砝码上下振动，此时发光二极管在闪烁。

⑥ 计数器停止计数后，记录计时器显示的数值。重复记录 6 次砝码上下振动 30 个周期所用的时间，并计算平均值，代入公式，计算弹簧的劲度系数，分析用秒表计时引入的误差大小。

## 五、数据处理

### 1. 伸长法

表 3-41 焦利秤 $\Delta_仪＝0.02$mm 单位：mm

| 次数 | 标尺读数 $y$ | | | 逐差值 $y_{mi}$ | $\overline{y}_{mi}$ | $S_{ym}$ |
|---|---|---|---|---|---|---|
| | 增加砝码 | 减小砝码 | 平均 | | | |
| 1 | | | | $y_{m1}=\left|\overline{y}_6-\overline{y}_1\right|$ | | |
| 2 | | | | | | |
| 3 | | | | $y_{m2}=\left|\overline{y}_7-\overline{y}_2\right|$ | | |
| 4 | | | | | | |
| 5 | | | | $y_{m3}=\left|\overline{y}_8-\overline{y}_3\right|$ | | |
| 6 | | | | | | |
| 7 | | | | $y_{m4}=\left|\overline{y}_9-\overline{y}_4\right|$ | | |
| 8 | | | | | | |
| 9 | | | | $y_{m5}=\left|\overline{y}_{10}-\overline{y}_5\right|$ | | |
| 10 | | | | | | |

由式（3-95）得

$\Delta_B=\sqrt{\Delta_仪^2+\Delta_仪^2}=$ mm

$\Delta y_m=\sqrt{(1.24 S_{ym})^2+\Delta_B^2}=$ mm

$y_m=\overline{y}_m \pm \Delta y_m=$ mm

$\overline{k}=\dfrac{F}{\overline{y}_m}=$ N/m

$\Delta_k=\dfrac{\Delta y_m}{\overline{y}_m}\overline{k}=$ N/m

$k=\overline{k} \pm \Delta_k=$ N/m

### 2. 振动法

表 3-42                                                                                       2 计数计时器$\Delta_仪=0.001$（s）

| | 30$T$/s |
|---|---|
| 1 | |
| 2 | |
| 3 | |
| 4 | |
| 5 | |
| 6 | |
| 平均 | |
| $S_{30T}$ | |
| $T$ | |

取 $p \approx 1/3$，用天平秤得 $M_0 = 13.80$ g，$M = 21.40$ g（包括小磁钢质量），$\Delta_M = 0.05$g，

由式（3-96）得

$$\bar{k} = \frac{M + pM_0}{(T/2\pi)^2} = \qquad \text{N/m}$$

$$\Delta_T = \sqrt{\Delta_仪^2 + S_T^2} = \sqrt{\Delta_仪^2 + \left(\frac{1}{30}S_{30T}\right)^2} = \qquad \text{s}$$

$$E = \frac{\Delta_k}{k} = \sqrt{\left(\frac{\Delta_M}{M + pM_0}\right)^2 + \left(\frac{p\Delta_M}{M + pM_0}\right)^2 + \left(\frac{2\Delta_T}{T}\right)^2} =$$

$$\Delta_k = \bar{k} \cdot E = \qquad \text{N/m}$$

$$k = \bar{k} \pm \Delta_k = \qquad \text{N/m}$$

## 六、思考题

1. 为什么在振动法中测量的是 30$T$ 所用时间而不是一个周期所用时间？

2. 为什么在伸长法中逐差值用 $\bar{y}_6 - \bar{y}_1, \bar{y}_7 - \bar{y}_2, \cdots$ 而不用 $\bar{y}_2 - \bar{y}_1, \bar{y}_3 - \bar{y}_2, \cdots$？

3. 在弹性限度内，简谐振动的周期与振幅和振子质量有怎样的关系？

4. 在简谐振动过程中，振动系统的动能和势能有何特点？系统的机械能是否守恒？

# 实验二十 测定空气比热容比

## 一、实验目的

① 用绝热膨胀法测定空气的比热容比。

② 观测热力学过程中状态变化及基本物理规律。

③ 学习气体压力传感器和电流型集成温度传感器的原理及使用方法。

## 二、实验原理

对理想气体的定压比热容 $C_p$ 和定容比热容 $C_V$ 之关系由下式表示

$$C_p - C_V = R \tag{3-97}$$

式中，$R$ 为气体普适常数，气体的比热容比 $\gamma$ 值

$$\gamma = C_p / C_V \tag{3-98}$$

气体的比热容比值称为气体的绝热系数，它是一个重要的物理量，$\gamma$ 值经常出现在热力学方程中。

如图 8-34 所示，我们以储气瓶内空气作为研究的热学系统，试进行如下实验过程。

① 首先打开放气阀 $C_2$，储气瓶与大气相通，再关闭 $C_2$，瓶内充满与周围空气同温同压的气体。

② 打开充气阀 $C_1$，用充气球向瓶内打气，充入一定量的气体，然后关闭充气阀 $C_1$。

此时瓶内空气被压缩，压强增大，温度升高。等待内部气体温度稳定，即达到与周围温度平衡，此时的气体处于状态 I（$p_1$，$V_1$，$T_0$）。

③ 迅速打开放气阀 $C_2$，使瓶内气体与大气相通，当瓶内压强降至 $p_0$ 时，立刻关闭放气阀 $C_2$，将体积为 $V$ 的气体喷泻出储气瓶。由于放气过程较快，瓶内保留的气体来不及与外界进行热交换，可以认为是一个绝热膨胀的过程。在此过程后瓶中保留的气体由状态 I（$p_1$，$V_2$，$T_0$）转变为状态 II（$p_0$，$V_2$，$T_0$）。$V_2$ 为储气瓶体积，$V_1$ 为保留在瓶中这部分气体在状态 I（$p_1$，$T_0$）时的体积。

④ 由于瓶内气体温度 $T_1$ 低于室温 $T_0$，所以瓶内气体慢慢从外界吸热，直至达到室温 $T_0$ 为止，此时瓶内气体压强也随之增大为 $p_2$。则稳定后的气体状态 III（$p_2$，$V_2$，$T_0$）。从状态 II →状态 III 的过程可以看作是一个等容吸热的过程。总之，由状态 I → II → III 的过程如图 3-84（a）、（b）所示。

I → II 是绝热过程，由绝热过程方程得

$$p_1 V_1^{\gamma} = p_0 V_2^{\gamma} \tag{3-99}$$

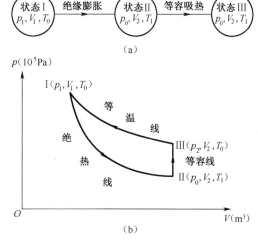

图 3-83 状态 I → II → III 过程

状态 I 和状态 III 的温度均为 $T_0$，由于气体状态方程得

$$p_1V_1 = p_2V_2 \qquad (3\text{-}100)$$

合并式（3-99）、式（3-100），消去 $V_1$、$V_2$ 得

$$\gamma = \frac{\ln p_1 - \ln p_0}{\ln p_1 - \ln p_2} = \frac{\ln(p_1/p_0)}{\ln(p_1/p_2)} \qquad (3\text{-}101)$$

由式（3-101）可以看出，只要测得 $p_0$、$p_1$、$p_2$ 就要可求得空气的 $\gamma$。

## 三、实验装置

图 3-84 所示实验装置中 1 为充气阀 $C_1$；2 为放气阀 $C_2$；3 为电流型集成温度传感器 AD590，它是新型半导体温度传感器，温度测量灵敏度高，线性好，测温范围为 $-50 \sim 150\,℃$。AD950 接 6V 直流电源后组成一个稳流源，如图 3-85 所示，它的测温灵敏度为 $1\mu A/℃$，若串接 $5k\Omega$ 电阻后，可产生 $5mV/℃$ 的信号电压，接 $0 \sim 1.999V$ 量程四位半数字电压表，可检测到最小 $0.02\,℃$ 温度变化；4 为气体压力传感器探头，由同轴电缆线输出信号，与仪器内的放大器及三位半数字电压表相接。当待测气体压强为 $p_0+10.00kPa$ 时，数字电压表显示为 200mV，仪器测量气体压强灵敏度为 20mV/kPa，测量精度为 5Pa。

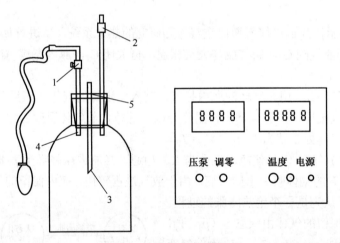

1-充气阀 $C_1$；2-放气阀 $C_2$；3-AD590；4-气体压力传感器探头；5-704 胶粘剂（由用户自备）

图 3-84　实验装置

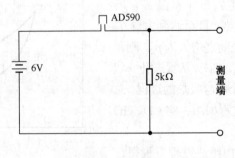

图 3-85　稳流源

## 四、实验内容

① 用 Forton 式气压计测定大气压强 $p_0$。开启电源，将电子仪器部分预热 20min，然后用调零电位器调节零点，把三位半数字电压表示值调到 0。

② 准备工作：关闭放气阀，开充气阀，用打气球向瓶内打气，然后关闭充气阀。观察气压值，如果一直下降而稳定不下来，说明系统有漏气的地方，应检查瓶塞和上面的接口，哪里可能漏气，以密封胶封堵之。

③ 把 $C_2$ 关闭，$C_1$ 打开，记录下瓶内的温度 $T_1$（即室温），用打气球把空气稳定地打入储气瓶内，用压力传感器和 AD590 温度传感器测量空气的压强和温度，待瓶内压强均匀稳定时，记录压强 $\Delta p_1$ 值和 $T_1'$。则 $p_1 = p_0 + \Delta p_1/2000$。

④ 打开放气阀 $C_2$，当储气瓶的空气压强降低至环境大气压强 $p_0$ 时（这时放气声消失），迅速关闭 $C_2$。

⑤ 当储气瓶内空气的压强再次稳定时记下储气瓶内气体的压强 $\Delta p_2$ 和 $T_2'$。则 $p_2 = p_0 + \Delta p_2/2000$。

⑥ 用式（3-101）进行计算，求得空气比热容比值。

数据记录与处理

$$p_1 = p_0 + \Delta p_1/2000$$
$$p_2 = p_0 + \Delta p_2/2000$$
$$\gamma = \ln(p_1/p_0)/\ln(p_1/p_1)$$

（压力传感器 200mV 读数相当于 $1.000 \times 10^4 Pa$）

理论值 $\gamma_理 = 1.402$

表 3-43

| $p_0/10^5 Pa$ | $\Delta p_1/mV$ | $T_1'/mv$ | $p_1/10^5 Pa$ | $\Delta p_2/mV$ | $T_2'/mv$ | $p_2/10^5 Pa$ | $\gamma_实$ |
|---|---|---|---|---|---|---|---|
| | | | | | | | |
| | | | | | | | |
| | | | | | | | |
| | | | | | | | |

$\overline{\gamma_实} = $        $E = \left| \dfrac{\overline{\gamma_实} - \gamma_理}{\gamma_理} \right| \times 100\% = $

注意事项：

① 实验在打开放气阀 $C_2$ 放气时，当听到放气声结束应迅速关闭阀门，提早或推迟关闭 $C_2$，都将影响实验要求，引入误差。由于数字电压表尚有滞后显示，如用计算机实时测量，发现此放气时间约零点几秒，并与放气声产生消失很一致，所以关闭放气阀 $C_2$ 用听声更可靠些。

② 实验要求环境温度基本不变，如发生环境温度不断下降情况，可在运离实验仪适当加温，以保证实验正常进行。

# 实验二十一　测量不良导体的导热系数

导热系数是表征物质热传导性质的物理量。材料结构的变化与所含杂质的不同对材料导热系数数值都有明显的影响，因此材料的导热系数常常需要由实验去具体测定。

测量导热系数的实验方法一般分为稳态法和动态法两类。在稳态法中，先利用热源对样品加热，样品内部的温差使热量从高温向低温处传导，样品内部各点的温度将随加热快慢和传热快慢的影响而变动；当适当控制实验条件和实验参数使加热和传热的过程达到平衡状态，则待测样品内部可能形成稳定的温度分布，根据这一温度分布就可以计算出导热系数。而在动态法中，最终在样品内部所形成的温度分布是随时间变化的，如呈周期性的变化，变化的周期和幅度亦受实验条件和加热快慢的影响，与导热系数的大小有关。

本实验应用稳态法测量不良导体（橡皮样品）的导热系数，学习用物体散热速率求热传导速率的实验方法。

## 一、实验目的

① 测量不良导体的导热系数，本仪器附有橡皮样品供教学测试用。
② 学习用物体散热速率求热传导速率的实验方法。
③ 了解温度传感器的应用方法。

## 二、实验仪器

FD-TC-B 导热系数测定仪、圆形橡皮垫、秒表，坐标纸 20cm × 10cm 一张（自备）。

## 三、实验原理

1898 年 C．H．Lees 首先使用平板法测量不良导体的导热系数，这是一种稳态法，实验中，样品制成平板状，其上端面与一个稳定的均匀发热体充分接触，下端面与一均匀散热体相接触。由于平板样品的侧面积比平板平面小很多，可以认为热量只沿着上下方向垂直传递，横向由侧面散去的热量可以忽略不计，即可以认为，样品内只有在垂直样品平面的方向上有温度梯度，在同一平面内，各处的温度相同。

设稳态时，样品的上、下平面温度分别为 $\theta_1$、$\theta_2$，根据傅里叶传导方程，在 $\Delta t$ 时间内通过样品的热量 $\Delta Q$ 满足下式

$$\frac{\Delta Q}{\Delta t} = \lambda \frac{\theta_1 - \theta_2}{h_{\mathrm{B}}} S \tag{3-102}$$

式中，$\lambda$ 为样品的导热系数，$h_{\mathrm{B}}$ 为样品的厚度，$S$ 为样品的平面面积，实验中样品为圆盘状，设圆盘样品的直径为 $d_{\mathrm{B}}$，则由式（3-102）得

$$\frac{\Delta Q}{\Delta t} = \lambda \frac{\theta_1 - \theta_2}{4h_{\mathrm{B}}} \pi d_{\mathrm{B}}^{\ 2} \tag{3-103}$$

实验装置如图 3-86 所示，固定于底座的三个支架上，支撑着一个铜散热盘 P，散热盘 P可以借助底座内的风扇，达到稳定有效的散热。散热盘上安放面积相同的圆盘样品 B，样品

B 上放置一个圆盘状加热盘 C，其面积也与样品 B 的面积相同，加热盘 C 是由单片机控制的自适应电加热，可以设定加热盘的温度。

当传热达到稳定状态时，样品上、下表面的温度 $\theta_1$ 和 $\theta_2$ 不变，这时可以认为加热盘 C 通过样品传递的热流量与散热盘 P 向周围环境散热量相等。因此可以通过散热盘 P 在稳定温度 $\theta_2$ 时的散热速率来求出热流量。

实验时，当测得稳态时的样品上、下表面温度 $\theta_1$ 和 $\theta_2$ 后，将样品 B 抽去，让加热盘 C 与散热盘 P 接触，当散热盘的温度上升到高于稳态时的 $\theta_2$ 值 20℃或者 20℃以上后，移开加热盘，让散热盘在电扇作用下冷却，记录散热盘温度 $\theta$ 随时间 $t$ 的下降情况，求出散热盘在 $\theta_2$ 时的冷却速率 $\dfrac{\Delta\theta}{\Delta t}\Big|_{\theta=\theta_2}$，则散热盘 P 在 $\theta_2$ 时的散热速率为

$$\frac{\Delta\theta}{\Delta t}=mc\frac{\Delta\theta}{\Delta t}\Big|_{\theta=\theta_2} \tag{3-104}$$

其中，$m$ 为散热盘 P 的质量，$c$ 为其比热容。

在达到稳态的过程中，P 盘的上表面并未暴露在空气中，而物体的冷却速率与它的散热表面积成正比，为此，稳态时铜盘 P 的散热速率的表达式应作面积修正

$$\frac{\Delta\theta}{\Delta t}=mc\frac{\Delta\theta}{\Delta t}\Big|_{\theta=\theta_2}\frac{(\pi R_{\mathrm{P}}^2+2\pi R_{\mathrm{P}}h_{\mathrm{P}})}{(2\pi R_{\mathrm{P}}^2+2\pi R_{\mathrm{P}}h_{\mathrm{P}})} \tag{3-105}$$

其中，$R_{\mathrm{P}}$ 为散热盘 P 的半径，$h_{\mathrm{P}}$ 为其厚度。

由式（3-103）和式（3-105）可得

$$\lambda\frac{\theta_1-\theta_2}{4h_{\mathrm{B}}}\pi d_{\mathrm{B}}^2=mc\frac{\Delta\theta}{\Delta t}\Big|_{\theta=\theta_2}\frac{(\pi R_{\mathrm{P}}^2+2\pi R_{\mathrm{P}}h_{\mathrm{P}})}{(2\pi R_{\mathrm{P}}^2+2\pi R_{\mathrm{P}}h_{\mathrm{P}})} \tag{3-106}$$

所以样品的导热系数 $\lambda$ 为

$$\lambda=mc\frac{\Delta\theta}{\Delta t}\Big|_{\theta=\theta_2}\frac{(R_{\mathrm{P}}+2h_{\mathrm{P}})}{(2R_{\mathrm{P}}+2h_{\mathrm{P}})}\frac{4h_{\mathrm{B}}}{\theta_1-\theta_2}\frac{1}{d_{\mathrm{B}}^2} \tag{3-107}$$

## 四、实验仪器

FD-TC-B 型导热系数测定仪装置如图 3-86 所示，它由电加热器、铜加热盘 C，橡皮样品圆盘 B，铜散热盘 P、支架及调节螺钉、温度传感器以及控温与测温器组成。

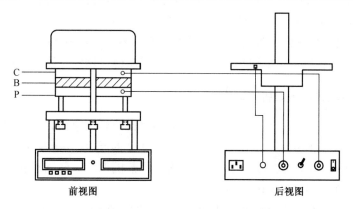

图 3-86　FD-TC-B 导热系数测定仪装置图

## 五、实验内容

① 取下固定螺钉，将橡皮样品放在加热盘与散热盘中间，橡皮样品要求与加热盘、散热盘完全对准，上、下绝热薄板对准加热盘和散热盘。调节底部的三个微调螺钉，使样品与加热盘、散热盘接触良好，但注意不宜过紧或过松。

② 按照图 3-87 所示，插好加热盘的电源插头；再将 2 根连接线的一端与机壳相连，另一有传感器端插在加热盘和散热盘小孔中，要求传感器完全插入小孔中，并在传感器上抹一些硅油或者导热硅脂，以确保传感器与加热盘加散热盘接触良好。在安放加热盘和散热盘时，还应注意使放置传感器的小孔上下对齐。（注意：加热盘和散热盘两个传感器要一一对应，不可互换）。

③ 接上导热系数测定仪的电源，开启电源后，左边表头首先显示从 FDHC，然后显示当时温度，当转换至 b== •=，用户可以设定控制温度。设置完成按确定键，加热盘即开始加热。右边显示散热盘的当时温度。

④ 加热盘的温度上升到设定温度值时，开始记录散热盘的温度，可每隔 2min 记录一次，待在 30min 或更长的时间内加热盘和散热盘的温度值基本不变，可以认为已经达到稳定状态了。

⑤ 按复位键停止加热，取走样品，调节三个螺钉使加热盘和散热盘接触良好，再设定温度到 70℃，加快散热盘的温度上升，使散热盘温度上升到高于稳态时的 $\theta_2$ 值 20℃ 左右即可。

⑥ 移去加热盘，让散热盘在风扇作用下冷却，每隔 30s 记录一次散热盘的温度示值，由临近 $\theta_2$ 值的温度数据中计算冷却速率 $\left.\dfrac{\Delta\theta}{\Delta t}\right|_{\theta=\theta_2}$。也可以根据记录数据作冷却曲线，根据斜率计算冷却速率。

⑦ 根据测量得到的稳态时的温度值 $\theta_1$ 和 $\theta_2$ 以及在温度 $\theta_2$ 时的冷却速率，由公式

$$\lambda = mc\left.\frac{\Delta\theta}{\Delta t}\right|_{\theta=\theta_2}\frac{(R_{\mathrm{P}}+2h_{\mathrm{P}})}{(2R_{\mathrm{P}}+2h_{\mathrm{P}})}\frac{4h_{\mathrm{B}}}{(\theta_1-\theta_2)}\frac{1}{d_{\mathrm{B}}^{2}}$$

计算不良导体样品的导热系数。

## 六、注意事项

① 为了准确测定加热盘和散热盘的温度，实验中应该在两个传感器上涂些导热硅脂或者硅油，以使传感器和加热盘、散热盘充分接触；另外，加热橡皮样品的时候，为达到稳定的传热，调节底部的三个调节螺钉，使样品与加热盘、散热盘紧密接触，注意不要中间有空气隙；也不要将螺钉旋太紧，以影响样品的厚度。

② 导热系数测定仪铜盘下方的风扇做强迫对流换热用，减小样品侧面与底面的放热比，增加样品内部的温度梯度，从而减小实验误差，所以实验过程中，风扇一定要打开。

## 七、实验数据及数据处理

样品：橡皮；　　　　　　　　　　散热盘比热容（紫铜）：c=385J/(kg·K)；
散热盘质量：m=891.42g；　　　　散热盘 P 的厚度：$h_{\mathrm{P}}$=7.66mm；
散热盘 P 的半径：$R_{\mathrm{P}}$= 65.00mm；　散热盘 P 的厚度：$h_{\mathrm{B}}$=8.06mm；
橡皮样品的直径：$d_{\mathrm{B}}$= 129.02mm；

每隔 1min 记录一次加热盘温度值 $\theta_1$ 和散热盘温度值 $\theta_2$ 填至表 3-37。

表 3-44

| 测　次 | 1 | 2 | 3 | 4 | 5 | 6 | ⋯ |
|---|---|---|---|---|---|---|---|
| $\theta_1$/℃ | | | | | | | ⋯ |
| $\theta_2$/℃ | | | | | | | ⋯ |

稳态时，样品上表面的温度示值 $\theta_1=$ 　　℃，样品下表面温度示值 $\theta_2=$ 　　℃；
把每隔 30s 记录一次散热盘冷却进的温度示值填至表 3-37。

表 3-45

| 测　　次 | 1 | 2 | 3 | 4 | 5 | 6 | ⋯ |
|---|---|---|---|---|---|---|---|
| $\theta_2$/℃ | | | | | | | |

（注：实验所提供的表格数可能不够，实验本人可自行添加表格数量）
根据数据作图法求解冷却曲线对应 $\theta=\theta_2$ 的斜率，此点斜率即为冷却速率。

所示冷却速率 $\left.\dfrac{\Delta\theta}{\Delta t}\right|_{\theta=\theta_2}=$ 　　℃/s

将以上数据代入公式（3-107）计算得到

$$\lambda=mc\left.\frac{\Delta\theta}{\Delta t}\right|_{\theta=\theta_2}\frac{(R_P+2h_P)}{(2R_P+2h_P)}\frac{4h_B}{(\theta_1-\theta_2)}\frac{1}{d_B^2}= \qquad \text{W/(m·k)}$$

查阅相关资料知，橡皮在 20℃ 的条件下测定导热系数为 0.13～0.23W/(m·k)。

# 实验二十二　落球法测量液体粘滞系数

各种实际液体具有不同程度的粘滞性，当液体流动时，平行于流动方向的各层流体速度都不相同，即存在着相对滑动。于是在各层之间就有摩擦力产生，这一摩擦力称为粘滞力，它的方向平行于接触面，其大小与速度梯度及接触面积成正比，比例系数 $n$ 称为黏度，它是表征液体粘滞性强弱的重要参数。

液体的粘滞性的测量是非常重要的，例如，现代医学发现，许多心血管疾病都与血液黏度的变化有关，血液黏度的增大会使流入人体器官和组织的血流量减少，血液流速减缓，使人体处于供血和供氧不足的状态，这可能引起多种心脑血管疾病和其他许多身体不适症状。因此，测量血黏度的大小是检查人体血液健康的重要标志之一。又如，石油在封闭管道中长距离输送时，其输运特性与粘滞性密切相关，因而在设计管道前，必须测量被输石油的黏度。

测量液体黏度有多种方法，本实验所采用的落球法是一种绝对法测量液体的黏度。如果一小球在粘滞液体中铅直下落，由于附着于球面的液层与周围其他液层之间存在着相对运动，因此小球受到粘滞阻力，它的大小与小球下落的速度有关。当小球作匀速运动时，测出小球下落的速度，就可以计算出液体的黏度。

## 一、实验目的

熟悉斯托克斯定律，掌握用落球法测量液体的粘滞系数的原理和方法。

## 二、实验仪器

落球法粘滞系数测定仪、小钢球、蓖麻油、游标卡尺、激光光电计时仪、温度计、米尺、千分尺等。

### 1. 落球法液体粘滞系数测定仪结构图

落球法液体粘滞系数测定仪结构图如图 3-87 所示。

### 2. 激光光电计时仪介绍

激光光电计时仪由激光光源、光电三极管、直流电源及计时器组成。本计时器内设单片机芯片，并进行适当编程，具有计时和计数功能，可用于单摆、所垫导轨、测量马达转速、产品计数、产品厚度测量、车辆运动速度测量及体育比赛计时等与计时相关的实验。它的优点是：抗干扰能力强；光源与接收器可远距离测量；对半透明物质也能透光测量。

### 3. 落球法液体粘滞系数测定仪使用方法

① 调速底盘水平、立柱竖直。

在实验架的铝质横梁中心部位放置重锤部件，放线，使重锤尖端靠近底盘，并留一小间隙。调节底盘旋钮，使重锤对准底盘中心圆点。

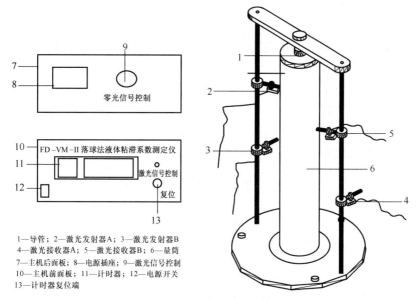

1—导管；2—激光发射器A；3—激光发射器B
4—激光接收器A；5—激光接收器B；6—量筒
7—主机后面板；8—电源插座；9—激光信号控制
10—主机前面板；11—计时器；12—电源开关
13—计时器复位端

图 3-87  FD-VM-Ⅱ落球法液体粘滞系数测定仪结构图

② 接通实验架上的两个激光发射器的电源，可看见它们发出红光，调节激光发射器的位置，使红色激光束平行地对准垂线。

③ 收回重锤部件，将盛有被测液体的量筒放置到实验架底盘中央，使量筒底部外围与底座面上环行刻线对准，并在实验中保持位置不变。

④ 调整激光接收器（光电三极管）接收孔的位置，使其对准激光束。

⑤ 用厚纸挡光，试验激光光电门挡光效果，观察是否能按时启动和结束计时。

⑥ 将小球放入铜质小球导管，观测小球下落时，能否阻挡激光光线，若不能，可适当调整激光器或接收器的位置。

⑦ 测二平行激光束的间距，可以从固定激光器的立柱标尺上读出。

⑧ 主机的使用方法。打开电源开关，按仪器面板上的复位键，使显示器显示初始状态："Fd————"。仪器从激光接收器的第一次触发（有指示灯和显示器显示）开始计时（显示器从 0 开始），到激光接收器第二次触发停止计时，此时间就为小球下降 $L$ 距离所花费的时间。

## 三、实验原理

当金属小球在黏性液体中下落时，它受到三个竖直方向的力：小球的重力 $mg$（$m$ 为小球质量）、液体作用于小球的浮力 $\rho gV$（$V$ 是小球体积，$\rho$ 是液体密度）和粘滞阻力 $F$（其方向与小球运动方向相反）。如果液体无限深广，在小球下落速度 $v$ 较小情况下，有

$$F = 6\pi \eta rv \qquad (3\text{-}108)$$

式（3-108）称为斯托克斯公式，其中，$r$ 是小球的半径；$\eta$ 称为液体的黏度，其单位是 pa·s。

斯托克斯定律成立的条件有以下 5 个方面。

① 媒质的不均一性与球体的大小相比是很小的。

② 球体仿佛是在无限深广的媒质中下降。

③ 球体是光滑且刚性的。

④ 媒质不会在球面上滑过。

⑤ 球体运动很慢，故运动时所遇的阻力由媒质的粘滞性所致，而不是因球体运动所推向前行的媒质的惯性所产生。

小球开始下落时，由于速度尚小，所以阻力也不大；但随着下落速度的增大，阻力也随之增大。最后，三个力达到平衡，即

$$mg = \rho g V + 6\pi \eta r v$$

于是，小球作匀速直线运动，由上式可得

$$\eta = \frac{(m - V\rho)g}{6\pi r v}$$

令小球的直径为 $d$，并用 $m = \frac{\pi}{6} d^3 \rho'$，$v = L/t$，$r = d/2$ 代入上式得

$$\eta = \frac{(\rho' - \rho)gd^2t}{18L} \tag{3-109}$$

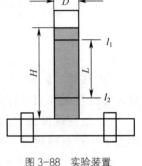

图 3-88　实验装置

其中，$\rho'$ 小球材料的密度，$L$ 为球匀速下落的距离，$t$ 为小球下落 $L$ 距离所用的时间。

实验时，待测液体必须盛于容器中，如图 3-88 所示，故不能满足无限深广的条件，实验证明，若小球沿筒的中心轴线下降，式（3-109）须做如下改动方能符合实际情况

$$\eta = \frac{(\rho' - \rho)gd^2t}{18L} \cdot \frac{1}{(1 + 2.4d/D)(1 + 1.6d/H)} \tag{3-110}$$

其中，$D$ 为容器内径，$H$ 为液柱高度。

## 四、实验内容

① 调整粘滞系数测定仪及实验准备如下。

调整底盘水平，在仪器横梁中间部位放重锤部件，调节底盘旋钮，使重锤对准底盘的中心圆点。

将实验架上的上、下两个激光器接通电源，可看见其发出红光。调节上、下两个激光器，使其红色激光束平行地对准锤线。

收回重锤部件，将盛有被测液体的量筒放置到实验架底盘中央，并在实验中保持位置不变。

在实验架上放上钢球导管。小球用乙醚、酒精混合液清洗干净，并用滤纸吸干残液，备用。

将小球放入铜质球导管，看其是否能阻挡光线，若不能，则适当调整激光器位置。

② 用温度计测量油温，在全部小球下落完后再测量一次油温，取平均值作为实际油温。

③ 用游标卡尺测量筒的内径，用钢尺测量油柱深度。

④ 测量上、下两个激光束之间的距离。

⑤ 将小球放入导管，当小球落下，阻挡上面的红色激光束时，光线受阻，此时开始计时，到小球下落到阻挡下面的红色激光束时，计时停止，读出下落时间。

⑥ 最后计算油的黏度。

# 五、数据处理

小球密度$\rho' = 7.90 \times 10^3 \text{kg/m}^3$，油的密度$\rho = 0.960 \times 10^3$（$\text{kg/m}^3$），$T = $ _____ ℃

$D = $ _____ $\times 10^{-3}\text{m}$　　$H = $ _____ $\times 10^{-2}\text{m}$　　$L = $ _____ $\times 10^{-2}\text{m}$　　$\Delta_L = 0.5 \times 10^{-3}\text{m}$

**表 3-46**

| 次数 | 1 | 2 | 3 | 4 | 5 | 6 | 7 | 8 | 9 | 10 | |
|---|---|---|---|---|---|---|---|---|---|---|---|
| $d_i$/mm | | | | | | | | | | | $\bar{d} = $ |
| $\Delta d = \left\| \bar{d} - d_i \right\|$ | | | | | | | | | | | |
| $\Delta d^2$ | | | | | | | | | | | $\Sigma \Delta d^2 = $ |
| $t_i$/s | | | | | | | | | | | $\bar{t} = $ |
| $\Delta t = \left\| \bar{t} - t_i \right\|$ | | | | | | | | | | | |
| $\Delta t^2$ | | | | | | | | | | | $\Sigma \Delta t^2 = $ |

$$\bar{\eta} = \frac{(\rho' - \rho)g\bar{d}^2\bar{t}}{18L} \frac{1}{(1 + 2.4\bar{d}/D)(1 + 1.6\bar{d}/H)} = \qquad \text{Pa·s}$$

$$\Delta_{\bar{d}} = \sqrt{\frac{\sum(\Delta d)^2}{n(n-1)}} = \qquad \times 10^3 \text{m}$$

$$\Delta_{\bar{t}} = \sqrt{\frac{\sum(\Delta t)^2}{n(n-1)}} = \qquad \text{s}$$

$$E = \frac{\Delta \eta}{\bar{\eta}} = \sqrt{\left(\frac{2\Delta_{\bar{d}}}{\bar{d}}\right)^2 + \left(\frac{\Delta_L}{L}\right)^2 + \left(\frac{\Delta_{\bar{t}}}{t}\right)^2} = \qquad \%$$

$$\Delta \eta = E \cdot \bar{\eta} = \qquad \text{Pa·s}$$

$$\eta = \bar{\eta} \pm \Delta \eta = \qquad \text{Pa·s}$$

# 六、使用注意事项

① 筒内油须长时间静止放置，以排除气泡，使液体处于静止状态。实验过程中不可捞取小球，不可搅动。

② 测量液体温度时，须用精确度较高的温度计，若使用水银温度计，则必须定时校准。

③ 液体粘滞系数随温度的变化而变化，因此测量中不要用手摸量筒。

④ 激光束不能直射人的眼睛，以免损伤眼睛。

# 七、观察与思考

1. 如何判断小球在作匀速运动？
2. 用激光光电计时仪测量小球下落时间的方法测量液体粘滞系数有何优点？

# 实验二十三　薄透镜焦距的测量

## 一、实验目的

① 掌握光具座上各元件的共轴、等高调节。

② 掌握用自准直法、二次成像法（位移法）测定凸透镜焦距的原理和方法，掌握用物距像距法测定凹透镜的焦距的方法。

③ 掌握用标准不确定度评定测量结果的方法。

## 二、实验原理

### 1．薄透镜成像公式

透镜的厚度比其焦距小得多的透镜称为薄透镜。当成像光线为近轴光线（通过透镜中心部分并与主光轴夹角很小的光线，又称傍轴光线）时，薄透镜的成像公式为

$$1/p+1/p'= 1/f \tag{3-111}$$

或

$$f= pp'/(p+p') \tag{3-112}$$

式中，$p$ 表示物距，$p'$ 为像距，$f$ 为焦距。对于实物 $p$ 为正，虚物 $p$ 为负；实像 $p'$ 为正，虚像 $p'$ 为负；凸透镜 $f$ 为正，凹透镜 $f$ 为负。

### 2．凸透镜焦距的测量原理

（1）自准直法

如图 3-89 所示，将发光物 AB 安放在凸透镜的焦平面上时，$p=f$，它发生的光线通过透镜变成平行光线，经与主光轴垂直的平面反射镜反射后，再次经过透镜，将在透镜焦平面上得到清晰的发光物的像 A′B′，A′B′ 与 AB 大小相同，上下与左右相反。这种使物和像处于同一平面内的调整方法称为自准直法。如果发光物是一个在焦点上的光点，像就与发光点重合，这时分别读出物与透镜位置 $Xp$ 及 $X$，即得焦距

$$f= |Xp-X| \tag{3-113}$$

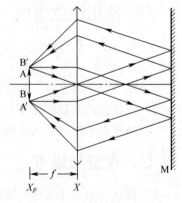

图 3-89　自准直法原理图

（2）二次成像法（位移法）

如图 3-90 所示，使物与像之间的距离 $L$ 大于 $4f$，且保持 $L$ 不变，移动凸透镜，当物距为 $p_1'$、像距为 $p_1'$ 时，像屏上得到一个放大的像 A′B′；当物距为 $p_2$、像距为 $p_2'$ 时，像屏上得到一个缩小的像 A″B″。如果透镜在两次成像之间移动的距离是 $l$，根据式（3-111）得

$$p_1= p_2' , \quad p_2= p_1'$$

从图 3-90 看出，$L-l = p_1+p_1' = 2p_1$

因此，$p_1 = (L-l)/2$

又由 $p_1' = L-p_1 = L-\dfrac{L-l}{2} = \dfrac{L+l}{2}$，得到

$$f = \frac{p_1 p_1'}{p_1 + p_1'} = \frac{\dfrac{L-l}{2}\dfrac{L+l}{2}}{L} = \frac{L^2-l^2}{4L} \tag{3-114}$$

只要测出物与像之间的距离 $L$、凸透镜的位移 $l$ 可算出 $f$，这就避免了由于估计透镜光心位置不准确而带来的误差，这是二次成像法的优点。

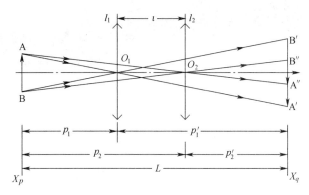

图 3-90 位移法原理图

### 3．凹透镜焦距的测量

如图 3-91 所示用物距像距法测凹透镜的焦距。物 AB 经凸透镜 $L_1$ 成像于 AB，若在凸透镜 $L_1$ 与像 AB 之间插入一焦距为 $f$ 的凹透镜 $L_2$，此时 AB 为 $L_2$ 的虚物，经凹透镜 $L_2$ 后可成像于 A″B″。根据式（3-112）测出 $p$、$p'$ 就可算出凹透镜的焦距 $f$。此时虚物的 $p$ 为负，实像的 $p'$ 为正，而且 $p>|p'|$，因此 $f$ 的值为负。

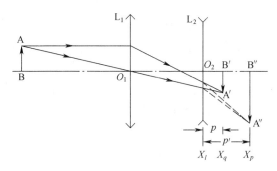

图 3-91 物距像距法

## 三、装置介绍

如图 3-92 所示，光具座是一种常用的光学仪器，通常是在平直度高、质量大并附有标尺

的导轨 3 上，装有若干个可沿导轨平移的滑座，滑座支杆上用各种夹具以固定各种光源、物屏、凸透镜、平面镜、棱镜等光学仪器和光学元件。滑座有两种：一种是固定滑座，光学仪器和元件在滑座上能调节其高低与主光轴的方位；另一种是可移滑座，它可以进行三维调节，即还可以在与导轨相垂直的水平方向上进行调节。

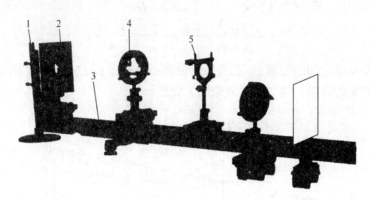

图 3-92　光具座

实验前应先进行使有关光学元件的光学面（即实验中光线所要通过的表面）相平行的调节，然后进行使每个光学元件的主光轴相重合（共轴等高）的调节。这样不仅能够保证近轴光线这个条成立，也能保证光学元件在光具座标尺上的位置与其在主光轴上的位置相对应。调节共轴的方法一般是先粗调，然后细调。

**1. 粗调**

用目测调节各光学元件的高低、左右和方位，使光源、发光物、透镜和像屏的中心大致都在同一条和导轨相平行的直线上，而且各光学元件的光学面相平行，并与导轨垂直。

**2. 细调**

利用透镜成像规律进一步调至共轴等高。例如：用二次成像法进行调节，光路如图 3-90 所示在物屏与像屏之间距离 $L>4f$ 的条件下，移动透镜，当物距小于像距时，生成放大的实像 A′B′；物距大于像距时，生成缩小的实像 A″B″。观察大、小像的中心在像屏上是否重合，若不重合，适当调节透镜或发光物的高低、左右，直至两个像的中心完全重合，这时系统就达到了共轴等高的要求。

如果系统中有两个以上透镜，可先调包含一个凸透镜在内的子系统共轴等高，然后再加入第二个透镜，调节该透镜与原系统共轴等高。

## 四、实验内容

**1. 测凸透镜的焦距**

（1）自准直法

① 如图 3-92 所示，将中间开孔的物屏的支杆插入光具座的可移动滑座上，用钠光灯照亮孔，这时孔就是发光物，将凸透镜、平面镜依次置于对应的滑座上，并进行共轴、等高调

节：即先粗调，使物屏、凸透镜、平面镜的中心大致都在一条与光具座导轨平行的直线上，而且其光学面都与此直线垂直；然后再细调，即仔细调节物屏、凸透镜、平面镜的高低及方位，使物与倒实像的中心基本重合。

② 调节凸透镜的位置，直到在物屏的位置上重合出现一个等大、倒立、左右相反的最清晰的实像，记录此时物屏的位置 $X_p$、凸透镜位置 $X$，凸透镜焦距为 $X_p-X$ 的绝对值。

③ 由于实际透镜有一定的厚度，其光心位置不好确定，而且光心位置与滑座的读数准线位置在光具座导轨的标尺上也不一定重合，为了消除这种系统误差，在记录凸透镜某一位置 $X'$，后，将透镜连同透镜夹以支杆为轴旋转 180°，再调节凸透镜的位置，得到最清晰的实像，记录凸透镜此时位置 $X''$，取 $X'$ 与 $X''$ 的平均值 $X=(X'+X'')/2$ 为凸透镜的位置。

④ 重复步骤③五次，将结果填入表 3-39 中，计算其平均值 $\overline{f}$ 及 $\Delta f$。

（2）二次成像法（位移法）

① 按图 3-90 所示，从光具座上取下平面镜（连镜夹），换上白色像屏，取物屏与像屏之间距离 $L>4f$ 记录物屏的位置 $X_p$、像屏位置 $X_q$，则 $L=|X_p-X_q|$。

② 从左向右移动凸透镜，记录当像屏上分别出现清晰的放大和缩小的实像时凸透镜的位置 $l_1$ 和 $l_2$。然后，再从右向左移动凸透镜，记录当像屏上分别出现缩小和放大的实像时凸透镜的位置 $l_2$ 和 $l_1$ 共测 6 次，将结果填入表 3-40 中并计算。

**2. 物距像距法测凹透镜的焦距**

① 将物屏、凸透镜、像屏按图 3-91 的顺序安放在光具座上。移动发光物位置，相应移动像屏，使物 AB 经凸透镜 $L_1$ 后在屏上出现清晰的缩小的实像 $A'B'$，记录 $A'B'$ 的位置 $X_q$。

② 保持物 AB 和凸透镜 $L_1$ 的位置不变，在 $L_1$ 与 $A'B'$ 之间放上待测的凹透镜 $L_2$，移动 $L_2$ 并同时移动像屏，直至虚物 $A'B'$（对 $L_2$ 而言）在像屏上清晰地生成放大的实像 $A'B'$，记录此时凹透镜的位置 $X_1'$ 和 $A'B'$ 的位置 $X_p$。

③ 在保持物 AB、凸透镜 $L_1$ 和实像 $A''B''$ 的位置不变的条件下，将凹透镜连同透镜夹旋转 180°，移动凹透镜，当屏上 $A''B''$ 清晰时记录凹透镜的位置 $X_1''$，则凹透镜光心的位置 $X=(X_1'+X_1'')/2$。这时，对凹透镜来讲虚物的物距 $P=-|X_q-X_1|$，实像的像距 $P'=|X_p-X_1|$。

④ 在保持物、凸透镜和像屏位置不变的条件下，移动凹透镜，重复以上步骤，完成表 3-41 的测量和计算。

# 五、注意事项

① 光学元件应轻拿轻放，要避免震动和磕碰，以防破损。

② 为了区别凸透镜和凹透镜，可以持镜看书，将字放大者为凸透镜，缩小者为凹透镜。决不允许用手触摸光学元件的光学面（如透镜的镜面），只能接触非光学面（如毛玻璃面），也不允许对着光学元件说话、咳嗽、打喷嚏，以防污损。

③ 光学表面附有灰尘、污物时，不要自行处理（不能用手或布甚至用纸去擦），应向教师说明，在教师的指导下进行处理。

## 六、数据表格

表 3-47　　　　　自准直法测凸透镜的焦距　　　（单位：cm）　$\Delta_{仪} = 0.05\text{cm}$　$X_p =$ _____ cm

| 次数 $i$ | 1 | 2 | 3 | 4 | 5 | 6 | $\overline{X}$ | $S$ |
|---|---|---|---|---|---|---|---|---|
| 凸透镜某一位置 $X_i'$ | | | | | | | | |
| 旋转 180° 后位置 $X_i''$ | | | | | | | | |
| $X_i = (X_1' + X_1'')/2$ | | | | | | | | |

$$\overline{f} = |\overline{X} - X_p| =$$

$$\Delta f = \sqrt{\Delta X^2 + \Delta X_p{}^2} =$$

$$\Delta X = \sqrt{S^2 + \Delta_B{}^2} =$$

$$\Delta B = \sqrt{\Delta_{仪}{}^2 + \Delta_{仪}{}^2} =$$

$$\Delta X_p = \Delta_{仪} =$$

$$f = \overline{f} \pm \Delta f =$$

表 3-48　　　　　　　　二次成像法测凸透镜的焦距　　　　　　　　（单位：cm）

$X_p =$ _____ cm　$X_q =$ _____ cm　$L = |X_p - X_q| =$ _____ cm　$\Delta_{仪} = 0.05\text{cm}$

| 次数 $i$ | 1 | 2 | 3 | 4 | 5 | 6 | $\overline{l}$ | $\Delta l$ |
|---|---|---|---|---|---|---|---|---|
| $l_{1i}$ | | | | | | | | |
| $l_{2i}$ | | | | | | | | |
| $l_i = l_{2i} - l_{1i}$ | | | | | | | | |

$$\overline{f} = \frac{L^2 - \overline{l}^{\,2}}{4L} =$$

$$\Delta f = \sqrt{\left(\frac{2L}{L^2 - l^2} - \frac{1}{l}\right)^2 \Delta L^2 + \left(\frac{2L}{L^2 - l^2}\right)\Delta l^2} =$$

$$\Delta L = \sqrt{\Delta_{仪}{}^2 + \Delta_{仪}{}^2} =$$

$$\Delta l = \sqrt{S^2 + \Delta_B{}^2} =$$

$$\Delta_B = \sqrt{\Delta_{仪}{}^2 + \Delta_{仪}{}^2} =$$

$$f = \overline{f} \pm \Delta f =$$

表 3-49　　　　　　　用物距像距法测定凹透镜的焦距　　　　　　　（单位：cm）

$X_p =$ _____ cm　$X_q =$ _____ cm　$\Delta_{仪} = 0.05\text{cm}$

| 次数 $i$ | 1 | 2 | 3 | 4 | 5 | 6 | $\overline{X}$ | $S$ |
|---|---|---|---|---|---|---|---|---|
| 凸透镜某一位置 $X_{1i}'$ | | | | | | | | |
| 旋转 180° 后位置 $X_{1i}''$ | | | | | | | | |
| $X_i = (X_{1i}' + X_{1i}'')/2$ | | | | | | | | |

$$\overline{p} = -|X_q - X_1| =$$

$$\overline{p}' = |X_p - X_1| =$$

$$\overline{f} = \frac{\overline{p}\,\overline{p}'}{\overline{p} + \overline{p}} =$$

$$\Delta f = \sqrt{\left(\frac{1}{p} - \frac{1}{p+p'}\right)^2 \Delta p^2 + \left(\frac{1}{p} - \frac{1}{p+p'}\right)^2 \Delta p'^2} =$$

$$\Delta p = \sqrt{\Delta_{仪}^2 + \Delta_{X1}^2} =$$

$$\Delta p' = \sqrt{\Delta_{仪}^2 + \Delta_{X1}^2} =$$

$$\Delta_{X_1} = \sqrt{S^2 + \Delta_{B}^2} =$$

$$\Delta_{B} = \sqrt{\Delta_{仪}^2 + \Delta_{仪}^2} =$$

$$f = \overline{f} \pm \Delta f =$$

## 七、思考题

1．共轴调节的目的是要实现哪些要求？怎样对光具座上的光学系统进行共轴调节？

2．比较用自准直法和二次成像法测同一块凸透镜焦距的结果，说明它们的优缺点。

3．试证明：用物距像距法测凹透镜焦距时，要使虚物能经凹透镜折射后形成实像必须 $|p| < |f|$。

# 实验二十四　全息照相

全息照相的物理思想是英国科学家伽伯（D. Gabor）于 1948 年首先建立的。由于他的这一发现及后来全息摄影方法的发展，伽伯于 1971 年荣获诺贝尔物理学奖金。

全息照相的基本原理是以波的干涉和衍射为基础的。因此它适用于微波、X 射线、电子波、光波和声波等一切波动过程，致使全息技术发展成为科学技术上一个崭新的领域，并在精密计量、无损检测、光学信息存储和处理、遥感技术等方面获得了广泛的应用。近年来由于全息显示和全息图复制技术的发展，使全息照相已经走出实验室，进入了大众化、商品化的发展阶段。

## 一、实验目的

① 学习静态全息照片的拍摄技术及其再现像观察的方法。
② 了解全息照相技术的主要特点。

## 二、实验原理

物体上各点发出的光（或反射的光）是一种电磁波。借助于它们的频率、振幅和位相信息的不同，人们可以区别物体的颜色、明暗、形状和远近。普通照相用透镜将物体成像在感光底片平面上，曝光后，它记录了物体表面光强（光振动振幅的平方）的分布，却无法记录光振动的位相。因此，它得到的只能是物体的一个平面像。所谓全息照相，它能够把光波的全部信息——振幅和位相，全部记录下来，并能完全再现被摄物光波的全部信息，从而再现物体的立体像。

### 1. 全息照相的记录原理

全息照相是利用光的干涉原理记录物光波的全部信息。图 3-93 所示是拍摄全息照片的原理光路图。氦-氖激光器 HN 射出的激光束通过分光板 S 分成两束。一束经反射镜 $M_2$ 反射，再由扩束透镜 $L_2$ 使光束扩大后照射到被摄物体 D 上，经物体表面反射（或透射）后照射到感光底片（全息干板）H 上。这部分光被称为物光（O 光）。另一束光经 $M_1$ 反射，$L_1$ 扩束后，直接投射到感光底片 H 上，这部分光被称为参考光（R 光），两束光到达底片上的每一点都有确定的位相关系。由于激光的高度相干性，两束光在底片上叠加，形成稳定的干涉花样并被记录下来。

为了简单起见，我们分析物体上某一物点 $O$ 的情况。参考光假设为垂直底片表面的平面波。如果感光片对物点所张的立体角充分小，从物点发出的球面波在感光片上任一小区域，比如说图 3-94（a）中所示的小区域 $aa'$，可以简化为平面波来处理。如图 3-94（b）所示，在这个小区域内，物光和参考光的干涉可简化为两束平行光的干涉。可以证明，它们形成的干涉条纹的间距为

$$d_i = \frac{\lambda}{\sin \theta_i} \tag{3-115}$$

式中，$\lambda$ 为相干光的波长；$\theta_i$ 为物光与参考光之间的夹角。

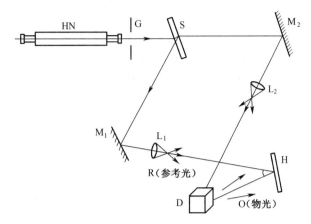

HN—氦—氖激光器；G-遮光板；S-分光板；$M_1$，$M_2$-反光镜；$L_1$，$L_2$-反光镜；D-被摄物体；H-全息干板

图 3-93 拍摄全息照片的原理光路图

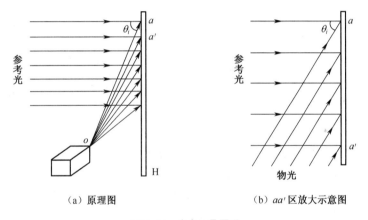

（a）原理图　　　　　　　　　（b）$aa'$ 区放大示意图

图 3-94 全息记录原理

干涉图像中亮条纹和暗条纹之间亮暗程度的差异，取决于两束光波的强度（振幅的平方）等多种因素。

同一物点发出的物光在感光板上不同的区域与参考光的夹角 $\theta_i$ 不相同，相应的干涉条纹的间距 $d_i$ 和走向也不相同。不同物点发出的物光在感光板上同一区域的光强以及与参考光的夹角也不相同，因此其干涉条纹的浓黑程度、疏密和走向也各不相同。

总的物光波可以看成由无数物点发出光波的总和。因此在全息感光板平面上形成的，是无数组浓黑程度、疏密、走向情况条不相同的干涉条纹的组合。曝光以后，经过显影和定影等底片处理过程，这张包含了物光波全部信息的干涉图样就被记录下来了。

### 2. 全息照相的再现原理

全息照相在感光板上记录的不是被摄物体的直观形象，而是无数组干涉条纹复杂的组合。其中每一组干涉条纹有如一组复杂的光栅，因此当我们观察全息照相记录的物像时，必须采用一定的再现手段，即必须应用与原来参考光 R 完全相同的光束 R′ 去照射，这一光束 R′ 被称为再现光束。再现观察时所用光路如图 3-95 所示。在再现光照射下，全息照片相当于一块透光率不均匀的障碍物。再现光经过它时就会发生衍射，如同经过一幅极为复杂的光栅衍射一样。以全息照片上某一小区域 ab 为例，为简单起见，把再现光看作是一束平行光，且垂直投射于全息照片上，再现光将发生衍射，其+1 级衍射光是发散光，在各原物点处成一虚像。-1 级衍射光是会聚光，各会聚点在与各原物点对称的位置上，如图 3-96 所示。按光栅衍射原理，这时衍射角满足

$$\sin\varphi_i = \frac{\lambda}{d_i} \tag{3-116}$$

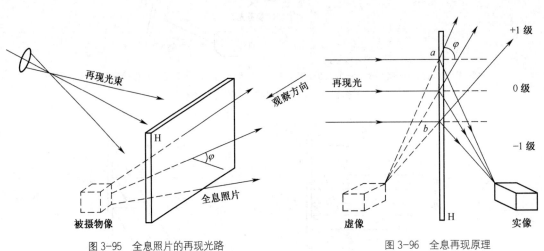

图 3-95　全息照片的再现光路　　　　　　图 3-96　全息再现原理

这样，一幅复杂而又极不规则的光栅的集合体就产生了衍射图像。其中+1 级衍射光形成一个虚像，与原物完全对应，称为真像；-1 级衍射光形成一个实像，称为赝像；0 级光仍按再现光原方向传播。迎着+1 级衍射光去观察，在原先拍摄时放置物体的位置上，就能看到与原物形象完全一样的立体像。

### 3. 全息照相的特点

① 全息照片所再现出的被摄物体形象具有完全逼真的三维立体感。当人们移动眼睛从不同角度观察时，就好像面对原物一样，可看到它的不同侧面。在某个角度被物遮住的另一物体，也可以在另一角度看到它。图 3-97 就是从不同角度观察一张全息照片再现像时的视差特性示意图。

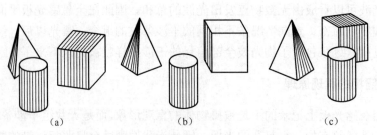

（a）　　　　　　　　　（b）　　　　　　　　　（c）

图 3-97　全息再现像视差特性示意

② 由于全息底片上任一小区域都以不同的物光倾角记录了来自整个物体各点的光信息，因此一块打碎的全息照片，我们只需取出任一小碎片，就能再现出完整的被摄物体立体像。

③ 同一张全息感光板可进行多次重复曝光记录。在某次全息拍摄曝光后，只要稍微改变感光板的方位（如转动一个小角度），或改变参考光束的入射方向，就可在同一感光板上重叠记录，并能互不干扰地再现各自的图像。如果全息记录过程光路各部件都严格保持不动，只使被摄物体在外力作用下发生微小的位移或形变，并在变形前后重复使感光板曝光，则再现时物体变形前、后两次记录的物光波同时再现，并形成反映物体形态变化特征的干涉条纹。这就是全息干涉计量的基础。

④ 若用不同波长的激光束照射全息照片，再现像可以得到放大或缩小。再现光的波长大于原参考光时，像被放大；反之缩小。

⑤ 全息照相再现出的物光波是再现光束的一部分。因此，再现光束越强，再现出的物像就越亮。实验指出，亮暗的调节可达 $10^3$ 倍。

## 三、实验装置

为了实现物光波的全息记录，静态全息照相必须具备下列三个基本实验条件。

### 1. 相干性好的光源

氦—氖激光器具有较好的相干性，它输出激光束的波长为 $\lambda = 632.8$nm。若谱线宽度 $\Delta\lambda = 0.002$nm，则相干长度 $L_m = \dfrac{\lambda^2}{\Delta\lambda} = 20$cm。

有了相干性较好的光源，实验中还必须注意以下两点。

① 尽量减少物光和参考光的光程差。实验中要妥善安排光路，使它们的光程差控制在数厘米之内。

② 参考光和物光的光强度比一般选取在 2:1～10:1 之间。为此需要挑选分光比合适的分光板 $S$ 和衰减片。参考光和物光的光强比可用光电池配以灵敏电流计进行比较测量。

### 2. 高分辨率的记录介质

感光板记录的干涉条纹一般都是非常密集的。由式(3-98)可知，如果 $\theta = 30°$，$\lambda = 632.8$nm，则形成的干涉条纹间距 $d = \dfrac{\lambda}{\sin\theta} = 1.3 \times 10^{-3}$mm。

亦即每毫米将记录近千条条纹。随着夹角 $\theta$ 的增大，条纹间距进一步减小。而普通照相感光板的分辨率仅为每毫米 100 条左右。因此全息照相需要采用高分辨率的介质——全息感光板。这种感光板分辨率可大于每毫米 1000 条以上，但感光灵敏度不高，所需曝光时间一般较普通照相感光板要长。用于氦—氖激光的全息干板对红光最敏感，全息照相的全部操作都可在暗绿灯光下进行。

### 3. 良好的减振装置

密集的干涉条纹，使得曝光记录时必须有一个非常稳定的条件。轻微的振动或其他扰动只要使光程差发生波长数量级的变化，条纹即会模糊不清。因此全息实验室一般都选在远离振源的地方。全息照相光路各组件全都布置在全息防振工作台上，被摄物体、各光学组件和全息感光板全都严格固定。同时，拍摄时还须防止实验室内有过大的气流流动。

## 四、实验内容

### 1. 拍摄静物的全息照片

（1）布置光路的要求

按图 3-93 所示在全息台上布置光路，使之符合下列要求。

① 物光路和参考光路大致等光程（计算物光光程，应从何处算起）。为方便起见，扩束透镜 $L_1$ 及 $L_2$ 可暂勿放入光路。感光板可先以其他玻璃板代替。

② 放入扩束透镜 $L_1$ 和 $L_2$（应尽量充分利用激光光能，在物光路尤其如此)，使被摄物和感光板位置分别受到物光束及参考光束均匀的照明。严格防止扩束后的物光束直接照射感光板位置。

③ 使参考光与物光的光强比在合适的范围内。

（2）曝光

① 由光强情况选定曝光时间（由实验室给出各种光强情况下的参考时间进行选定）。

② 挡住激光束，装感光干板。感光干板乳胶面应向着激光束。

③ 静置数分钟，然后曝光。曝光过程应严格防止振动，各光学组件应严格固定。除暗绿灯光外，无其他杂散光干扰。

（3）感光板的显影、定影

显影采用 D-19 显影液；定影采用 F-5 定影液（配方见实验附注）。处理过程与普通感光板相同，但仍可在暗绿灯光下进行。

（4）观察

经冲洗、甩干后，即可准备观察再现像。

### 2. 观察全息照相的再现物像

① 取与原参考光方向尽量一致的再现光照明全息照片（感光板乳胶面仍向着激光束）。观察再现虚像，体会再现像的立体性（从哪些现象可以说明你所观察到的再现像是立体像）。比较再现虚像的大小、位置与原物的情况。

② 通过小孔观察再现虚像，并改变小扎覆盖在全息照片上的位置进行观察。写出观察结果。

③ 用图 3-98 所示的光路，观察再现实像。未扩束的激光直射到全息照片的玻璃基面（乳胶面的背面）上，选取适当的夹角 $\alpha$，再用毛玻璃观察屏 S 来接收再现实像。改变激光束的入射点，观察实像的视差特性。改变屏 S 的位置，观察实像大小及清晰程度的变化。只有像质最佳的位置才是实像位置。

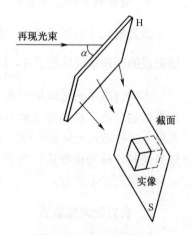

图 3-98　再现实像的观察

④ 将再现光换成钠光灯或汞灯，观察并记录再现物像的变化。

⑤ 观察实验室准备的二次曝光全息干涉再现像或其他全息照片。

## 五、思考题

1．试比较静态全息照相与普通照相有什么区别？

2．要想拍摄全息照片成功，试问必须具备哪些实验条件？在实验操作中应注意哪些问题？

3．通过实验观察，请总结全息照相有哪些特点？

# 附注：显影液、定影液配方

## 1．D-19 高反差强力显影液配方

| | |
|---|---|
| 蒸馏水（约 50℃） | 500ml |
| 米吐尔 | 2g |
| 无水亚硫酸钠 | 90g |
| 对苯二酚 | 8g |
| 无水碳酸钠 | 48g |
| 溴化钾 | 5g |

溶解后加水至 1000ml。显影温度 20℃，显影时间 3～5min。

## 2．F-5 酸性坚膜定影液配方

| | |
|---|---|
| 蒸馏水（约 50℃） | 600ml |
| 硫代硫酸钠 | 240g |
| 无水亚硫酸钠 | 15g |
| 冰醋酸 | 13.5g |
| （铝）钾矾 | 15g |

溶解后加蒸馏水到 1000ml。定影温度 20℃，定影时间 5min。清水冲洗 5min。

# 实验二十五　声速的测量

## 一、实验目的

① 了解声波在空气中的传播速度与气体状态参数之间的关系。

② 了解压电换能器的功能，加深对驻波及振动合成理论的理解。

③ 熟悉示波器的使用方法。

④ 学会一种测量空气中声速的方法。

## 二、实验仪器

本实验需用的仪器有：SW-1 型声速测量仪、DF-1641D 型信号发生器及 COS5020B 型通用示波器。现将其分别介绍如下：

声速测量仪可配合示波器和信号发生器完成测量声速的任务，其示意图如图 3-99 所示。本声速测量仪是利用压电体的逆压电效应而产生超声波，利用正压电效应接收超声波。本仪器是采用锆钛酸铅制成的压电陶瓷换能器，将它粘接在铝合金制成的变幅杆上构成复合式超声波换能器。如图 3-100 所示，将其与信号发生器连接，压电陶瓷处于一交变电场作用时会发生周期性的伸长缩短，当交变电场频率与换能器的固有频率相同时振幅最大。于是变幅杆的端面在空气中发出声波，在图 3-99 中与之相对应的部件为 8、9、10 等。在图 3-100 中与之相对应的由 1、2、3、4 组成的接收器的结构与此相同。接收器的功能恰与之相反，利用压电效应把接收到的声波振动转化成电信号送到示波器中，从而可以观察到接收器在不同位置时该点的机械震动情况。本仪器中换能器的震荡频率在 40kHz 左右，所发出和接收的声波频率也与之相同。接收器位置由主尺刻度及手轮的示值读出。主尺位于底座上，最小分度为 1mm。手轮和丝杆相连，手轮上分为 100 格，每转一周接收器平移 1 mm，故手轮每一小格为 0.01mm，可估读到 0.001mm。

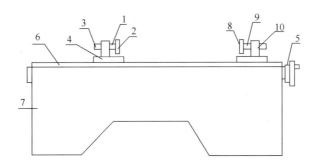

1，9-压电换能器；2-增强片；3，10-变幅杆

4-可移动底座；5-刻度手轮；6-标尺；7-底座

图 3-99　超声波声速测量仪示意图

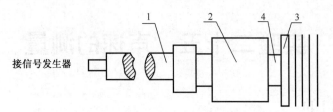

1-压电陶瓷管；2-变幅杆；3-增强片；4-缆线

图 3-100　超声波发生器结构图

### 2. DF-1641D 信号发生器

详见第 73 页介绍

### 3. COS5020B 型通用示波器

详见第 72 页介绍

## 三、实验原理

声波是一种在弹性媒质中传播的纵波。波长、强度、传播速度等是声波的重要参数。测量声速最简单的方法之一是利用声速与振动频率 $f$ 和波长 $\lambda$ 之间的关系（即 $v = f\lambda$）求出。本实验就是根据这个关系式来测量超声波在空气中传播速度的。超声波是频率大于 20kHz 的机械波。它具有波长短、能定向传播等优点，所以在测距定位、测液体流速、测材料弹性模量、测气体温度瞬间变化、医疗保健、无损探伤等方面有重要用途。

### 1. 声波在空气中的传播速度

在理想气体中声波的传播速度为 $v_0 = 331.5\text{m/s}$ ，而在实际的气体中其传播的速度为

$$v = v_0\sqrt{1 + \frac{t}{T_0}} f(c_p, c_v, \mu, P_S, P) \tag{3-117}$$

式中，$t$ 为空气的温度（摄氏度）；$T_0$ 为绝对温度；$c_p$ 为空气的定压比热；$c_v$ 为空气的定容比热；$\mu$ 为空气的摩尔质量；$P_S$ 为空气的饱和蒸汽压；$P$ 为大气压。而在实验室条件下可以忽略函数 $f(c_p, c_v, \mu, P_S, P)$ 对声速的影响，则式（3-117）可以写成如下形式

$$v = v_0\sqrt{1 + \frac{t}{T_0}} \tag{3-118}$$

式（3-118）就是实验室中测量声速的理论计算公式。

### 2. 空气中声速的测量原理

（1）测声速的基本原理
由声速与频率、波长间的关系

$$v = f\lambda \tag{3-119}$$

可知，若能测出声波的频率 $f$ 与波长 $\lambda$，即可由（6-3）式算出声速 $v$。在本实验中，为保证测量精度，声波的频率 $f$ 已由教师事先测得并记录于超声声速测定仪的左支架上。我们要做的

是用共振干涉法测量声波的波长$\lambda$。

（2）用共振干涉法测量声波的波长

设有一从发射源发出的一定频率的平面声波，经过空气传播到达接收器。如果接收面与发射面严格平行，入射波将在接收面上垂直反射，入射波与反射波相干涉形成驻波。反射面处为位移的波节，声压的波腹。改变接收器与发射源之间的距离$l$，在一系列特定的位置上，媒质中将会出现稳定的驻波共振现象。此时，驻波的幅度达到极大；同时，在接收面上的声压波腹也相应达到极大值。不难看出，在移动接收器的过程中，相邻两次达到共振时，接收器所处位置的距离即为半个波长。因此若保持$f$不变，通过测量相邻两次接收信号达到极大值时接收器的位置，算出它的距离既为半个波长（$\lambda/2$），从而求得声波的波长$\lambda$。

用共振干涉法测量声波波长的实验装置如图3-101所示。

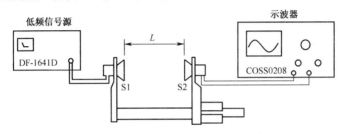

图3-101　用共振干涉法测量声波的波长的装置

图3-101中$S_1$和$S_2$为压电超声换能器。信号发生器输出的正弦交流信号加到$S_1$上，由$S_1$完成电声转换，作为声源，发出波前近似为平面的声波；$S_2$作为超声波接收换能器，将接收到的声信号转换成电信号，然后接入示波器观察。$S_2$在接收声波的同时，其表面还反射一部分声波。当$S_1$与$S_2$的表面互相平行时，往返于$S_1$与$S_2$之间的声波发生干涉而形成驻波。

依波动理论，设沿X轴方向射出的出射波方程为

$$y_1 = A\cos\left(\omega t - \frac{2\pi}{\lambda}x\right) \tag{3-120}$$

反射波方程为

$$y_2 = A\cos\left(\omega t + \frac{2\pi}{\lambda}x\right) \tag{3-121}$$

式中，$A$为声源振幅；$\omega$为角频率；$\frac{2\pi}{\lambda}x$为由于波动传播到坐标$x$处（$t$时刻）引起的位相变化。在任意时刻$t$，空气中某一位置处的合振动方程为

$$y = y_1 + y_2 = \left(2A\cos\frac{2\pi}{\lambda}x\right)\cos\omega t \tag{3-122}$$

上式即为驻波方程。

当$\left|\cos\frac{2\pi}{\lambda}x\right|=1$，即$\frac{2\pi}{\lambda}x = k\pi$时，在$x = k\frac{\lambda}{2}$,$(k=0,1,2\ldots)$处，合成振动振幅最大，称为波腹或声振幅的极大值。

当$\left|\cos\frac{2\pi}{\lambda}x\right|=0$，即$\frac{2\pi}{\lambda}x = (2k+1)\frac{\pi}{2}$时，在$x = (2k+1)\cdot\frac{\lambda}{4}$，（$k$=0, 1, 2…）处，合成振动振幅最小，称为波节或声振幅的极小值。

由波腹（或波节）条件可知，相邻两个波腹（或波节）间的距离为 $\dfrac{\lambda}{2}$，当 $S_1$ 和 $S_2$ 间的距离 $l$ 恰好等于半波长的整数倍，即

$$l = n \cdot \lambda/2, (n = 0, 1, 2, 3, \ldots) \tag{3-123}$$

时，声振幅为极大值。此时接收换能器 $S_2$ 接收到的声压也是极大值，在示波器上观察的、经 $S_2$ 转换成的电信号也是极大值。由于衍射及其他损耗，自左向右各极大值的幅值随 $S_2$ 至 $S_1$ 间的距离增大而逐渐减小。为测量声波的波长，我们可连续地改变 $S_2$ 到 $S_1$ 的距离 $l$，此时可观察到示波器上显示的信号幅度由一个极大变化到极小再到极大…这样周期性的变化，同时极大值的幅度在逐渐变小（因能量衰减）。随着信号幅度的每一次周期性的变化，$S_1$ 与 $S_2$ 间的距离 $l$ 也随之改变了 $\dfrac{\lambda}{2}\left(\Delta l = l_{n+1} - l_n = (n+1)\dfrac{\lambda}{2} - n\dfrac{\lambda}{2} = \dfrac{\lambda}{2}\right)$，该距离改变值可由标尺和手轮上读出。从而算出波长 $\lambda$，进而由公式（3-118）与已测得的频率 $f$ 算出声速 $v$。

由于声振幅随 $l$ 的变化在极大值附近较尖锐，而在极小值附近较平坦，故测定声振幅极大值的位置比较精确。另外，由于压电换能器本身有一固有频率，当外加强迫振动的频率等于其固有频率时，压电换能器将产生共振。此情形下振动幅度最大，发出的声波的振幅也最大。所以实验时应仔细调节信号发生器的工作频率，使接收到的信号振幅为最大。

## 四、实验内容和步骤

### 1．熟悉仪器

按图 3-101 接好线路，将换能器 $S_1$ 的另一端接入信号发生器的电压接口 5（$S_1$ 为发射端，$S_2$ 为接收端），对照仪器仔细阅读 73 页的内容。

### 2．仪器的调整（本节文字中数字指相应示意图中对应的键（钮）序号）

（1）将接收换能器 $S_2$ 向发射换能器 $S_1$ 靠拢，并注意使二者端面留有约 1cm 左右的间隙（以防止损坏换能器）。调整两换能器使两个平面端面严格平行并与标尺滑动方向垂直。

（2）将信号发生器的波形选择按钮"3""FUNCTION"下选择～（正弦）波形；调节"4"，使得输出电压幅度最小；按下电源开关"1"；首先按下频率选择开关"11"，选择 200k 按钮；然后调节 FREQ 旋钮"2"，使"频率数码显示屏"所显示的频率数与声速测量仪左侧支架上记载的频率相符；最后调节 PULL TO INV AMPLITUDE 旋钮"4"选择一个合适的电压大约在 10～15V。

（3）将接收换能器 $S_2$ 的输出端信号线接入示波器的 $CH_1$（垂直）信号输入插座"11"；。将示波器的垂直系统工作方式选择"14"中的"$CH_1$"按下，"$CH_1$"通道（垂直）信号衰减选择"12"调节到 20mV/cm 位置上，"（水平）扫描时基选择"50"调整到 10μs 的位置，"$CH_1$"通道输入信号与垂直放大器连接方式选择"10"调整到"AC"挡位。接通示波器的电源开关"3"，适当调节"辉度调节 4"、"聚焦调节 6"、"$CH_1$ 通道垂直位移 9"及"曲线水平位置调节 32"，并适当调节信号发生器的旋钮"4"，即可得到一条输入电信号的曲线。

### 3. 谐振状态的确定

用示波器观察由 $S_2$ 接收并转换成的电信号。调节信号发生器的"频率调节钮 2",使示波器显示的波形振幅最大。此时信号发生器的工作频率即为换能器的固有频率。

### 4. $S_2$ 的起始最大值位置的确定

缓慢移动 $S_2$,可在示被器上观察到波形振幅的变化。将 $S_2$ 移到某一振幅最大处,固定 $S_2$,记录 $S_2$ 对应的标尺读数作为第一个极大值位置数据 $l_1$,作为测量 $S_2$ 与之间距离 $l$ 的起始位置。

**注意**:在完成操作步骤 3、4 的过程中,应随时调节示波器的"$CH_1$ 通道(垂直)信号衰减选择 12",务必控制示波器屏幕上显示波形的最大波峰在屏幕显示范围内,否则无法判断波形是否达到最大。

### 5. 用干涉法测声速

为提高实验精度,充分利用数据资源,本实验采用逐差法处理数据。缓慢移动 $S_2$,使 $S_2$ 远离 $S_1$ 顺序记录下示波器屏幕出现波形极大值时 $S_2$ 的位置读数 $l_1$(已在步骤 4 中记录下了)、$l_2$、…、$l_{12}$ 记入表格。但应注意,在 $S_2$ 移动中,由于能量的衰减,使信号的最大波峰逐渐减弱,此时可以将示波器的旋钮"12"换挡调节到 10mV/cm 或 5mV/cm,以放大波形。

### 6. 测量室温

记录下实验时实验室内的温度 $t$(摄氏温度),用于计算声速的理论预期值,供与实验结果比较之用。

## 五、数据及计算

$\Delta f = 0.003\,\mathrm{kHz}$,室温 $t=$ _____ ℃

信号频率 $f =$ _____ $\pm$ _____ kHz

3 个波长的仪器误差 $\Delta_{仪} =0.004\mathrm{mm}$            单位:mm

表 3-50

| 测次 $i$ | 1 | 2 | 3 | 4 | 5 | 6 | 7 | 8 | 9 | 10 | 11 | 12 |
|---|---|---|---|---|---|---|---|---|---|---|---|---|
| $l_i$ | | | | | | | | | | | | |
| $\Delta li$ | $l_7 - l_1 =$ | | $l_8 - l_2 =$ | | $l_9 - l_3 =$ | | $l_{10} - l_4 =$ | | $l_{11} - l_5 =$ | | $l_{12} - l_6 =$ | |
| | | | | | | | | | | | | |
| $\overline{\Delta l}$ | | | | | | | | | | | | |
| $S_{\Delta l}$ | | | | | | | | | | | | |

(1)三个波长的 A 类不确定度:$\Delta_{A3\lambda} = S_{\Delta l} =$            mm

(2)三个波长的 B 类不确定度:$\Delta_{B3\lambda} = \sqrt{\Delta_{仪}^2 + \Delta_{仪}^2} =$         mm

(3)三个波长的总不确定度:$\Delta_{3\lambda} = \sqrt{\Delta_{A3\lambda}^2 + \Delta_{B3\lambda}^2} =$         mm

（4） $\lambda = \overline{\lambda} \pm \Delta\lambda = \left( \dfrac{\overline{\Delta l}}{3} \pm \dfrac{\Delta_{3\lambda}}{3} \right) =$ mm

计算波速：

（1）波速：$\overline{v} = f \cdot \overline{\lambda} =$ m/s

（2） $E_r = \dfrac{\Delta v}{\overline{v}} = \sqrt{\left(\dfrac{\Delta f}{f}\right)^2 + \left(\dfrac{\Delta\lambda}{\overline{\lambda}}\right)^2} =$ %

（3） $\Delta v = \overline{v} \cdot Er =$ m/s

（4） $v = \overline{v} \pm \Delta v =$ m/s

与理论预期值比较：

（1） $v_{理} = v_0\sqrt{1 + \dfrac{t}{T_0}} = 331.45\sqrt{1 + \dfrac{(\quad)}{273.15}} =$ m/s

（2） $\Delta v' = \left| v_{理} - \overline{v} \right| =$ m/s

（3） $E_r' = \Delta v' / v_{理} \times 100\% =$ %

## 六、注意事项

① 实验过程中要保持信号发生器的工作频率始终工作于换能器的固有频率上，并保持输出电压基本不变。

② 实验中应注意保持换能器发射面与接收面的平行。

## 七、思考题

1. 本实验为什么要在换能器谐振状态下测定空气中的声速？

2. 为什么实验中要保持换能器发射面与接收面的平行？

# 实验二十六　弗兰克—赫兹实验

1914 年德国物理学家弗兰克（J·Franck）和赫兹（G·Hertz）用慢电子穿过汞蒸气的实验，测定了汞原子的第一激发电位，从而证明了原子分立能态的存在。后来他们又观测了实验中被激发的原子回到正常态时所辐射的光，测出的辐射光的频率很好地满足了玻尔理论。弗兰克—赫兹实验的结果为玻尔理论提供了直接证据。

玻尔因其原子模型理论获 1922 年诺贝尔物理学奖，而弗兰克与赫兹的实验也于 1925 年获此奖。弗兰克—赫兹实验与玻尔理论在物理学的发展史中起到了重要的作用。

## 一、实验目的

研究弗兰克—赫兹管中电流变化的规律。

测量氩原子的第一激发电位；证实原子能级的存在，加深对原子结构的了解。

了解在微观世界中，电子与原子的碰撞几率。

## 二、实验仪器

LB-FH 弗兰克—赫兹实验仪、示波器。

## 三、实验原理

夫兰克—赫兹实验原理（如图 3-102 所示），氧化物阴极为 K，阳极为 A，第一、第二栅极分别为 $G_1$、$G_2$。

K-$G_1$-$G_2$ 加正向电压，为电子提供能量。$V_{G1K}$ 的作用主要是消除空间电荷对阴极电子发射的影响，提高发射效率。$G_2$-A 加反向电压，形成拒斥电场。

电子从 K 发出，在 K-$G_2$ 区间获得能量，在 $G_2$-A 区间损失能量。如果电子进入 $G_2$-A 区域时动能大于或等于 $eV_{G2K}$，就能到达板极形成板极电流 $I$。

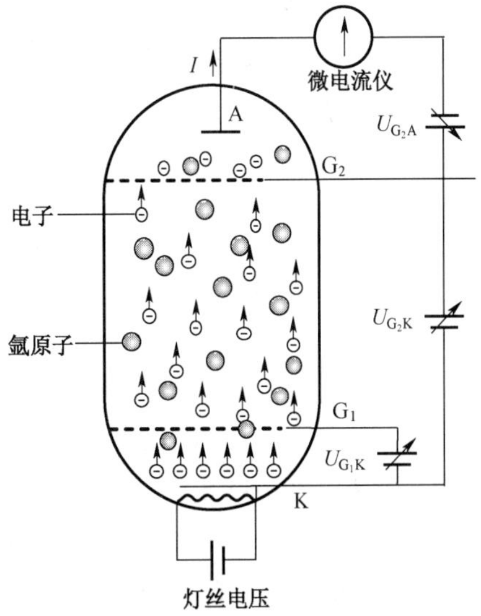

电子在不同区间的情况：

（1）K-$G_1$ 区间

电子迅速被电场加速而获得能量。

（2）$G_1$-$G_2$ 区间

电子继续从电场获得能量并不断与氩原子碰

图 3-102　弗兰克—赫兹实验原理图

撞。当其能量小于氩原子第一激发态与基态的能级差 $\Delta E = E_2 - E_1$ 时，氩原子基本不吸收电子的能量，碰撞属于弹性碰撞。当电子的能量达到 $\Delta E$，则可能在碰撞中被氩原子吸收这部分能量，这时的碰撞属于非弹性碰撞。$\Delta E$ 称为临界能量。

（3）G$_2$-A 区间

电子受阻，被拒斥电场吸收能量。若电子进入此区间时的能量小于 $EV_{G2A}$ 则不能达到板极。

由此可见，若 $eV_{G2K}<\Delta E$，则电子带着 $EV_{G2K}$ 的能量进入 G$_2$-A 区域。随着 $V_{G2K}$ 的增加，电流 $I$ 增加（如图 3-102 中的 $Oa$ 段）。

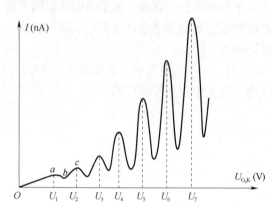

图 3-103　弗兰克—赫兹实验 $U_{G_2K} \sim I$ 曲线

若 $eV_{G2K}=\Delta E$，则电子在达到 G$_2$ 处刚够临界能量，不过它立即开始消耗能量了。继续增大 $V_{G2K}$，电子能量被吸收的概率逐渐增加，板极电流逐渐下降（如图 3-103 中的 $ab$ 段）。

继续增大 $V_{G2K}$，电子碰撞后的剩余能量也增加，到达板极的电子又会逐渐增多（如图 3-103 中的 $bc$ 段）。

若 $eV_{G2K}>n\Delta E$，则电子在进入 G$_2$-A 区域之前可能 $n$ 次被氩原子碰撞而损失能量。板极电流 $I$ 随加速电压 $V_{G2K}$ 变化曲线就形成 $n$ 个峰值，如图 3-103 所示。相邻峰值之间的电压差 $\Delta V$ 称为氩原子的第一激发电位。氩原子第一激发态与基态间的能级差

$$\Delta E = e\Delta V \tag{3-124}$$

## 四、实验内容

① 用示波器测量原子的第一激发电位。

② 手动测量，绘制 $U_{G_2K} \sim I$ 曲线，观察原子能量量子化情况，并用逐差法求出氩原子的第一激发电位。

## 五、实验步骤

### 1. 示波器的测量

（1）插上电源，打开电源开关，将"手动／自动"挡切换开关置于"自动"挡。（"自动"指 $V_{G2A}$ 从 0~120V 自动扫描，"自动"挡包含示波器测量和计算机采集测量两种。）

（2）先将灯丝电压 $V_H$、控制栅（第一栅极）电压 $V_{G1K}$、拒斥电压 $V_{G2K}$ 缓慢调节到仪器机箱上所贴的"出厂检验参考参数"。预热 10min，如波形好，可微调各电压旋钮；如需改变灯丝电压，改变后请等波形稳定（灯丝达到热动平衡状态）后再测量。

注意：每个 F-H 管所需的工作电压是不同的，灯丝电压 $V_H$ 过高会导致 F-H 管被击穿（表现为控制栅（第一栅极）电压 $V_{G1K}$ 和拒斥电压 $V_{G2K}$ 的表头读数会失去稳定）。因此灯丝电压 $V_H$ 一般不高于出厂检验参考参数 0.2V 以上，以免击穿 F-H 管，损坏仪器。

（3）将仪器上"同步信号"与示波器的"同步信号"相连，"Y"与示波器的"Y"通道相连。"Y 增益"一般置于"0.1V"挡；"时基"一般置于"1ms"挡，此时示波器上显示出

弗兰克—赫兹曲线。

（4）调节"时基微调"旋钮，使一个扫描周期正好布满示波器 10 格；扫描电压最大为 120V，量出各峰值的水平距离（读出格数），乘以 12V / 格，即为各峰值对应的 $V_{G2K}$ 的值（峰间距），可用逐差法求出氩原子的第一激发电位的值，可测 3 组算出平均值。

（5）将示波器切换到 X-Y 显示方式，并将仪器的"X"与示波器的"X"相连，仪器的"Y"与示波器的"Y"通道相连，调节"X"通道增益，是整个波形在 X 方向上满 10 格，量出各峰值的水平距离（读出格数），乘以 12V / 格，即为峰间距，可用逐差法求出氩原子的第一激发电位的值，可测 3 组算出平均值。

### 2. 手动测量

（1）将"手动 / 自动"挡切换开关置于"手动"挡，微电流倍增开关置于合适的挡位（说出挡位选择的依据）。

（2）先将灯丝电压 $V_H$、控制栅（第一栅极）电压 $V_{G1K}$、拒斥电压 $V_{G2K}$ 缓慢调节到机箱上所贴出的"出厂检验参考参数"。预热 10 分钟，如波形不好可微调各电压旋钮；如需改变灯丝电压，改变后等波形稳定（灯丝达到热动平衡状态）后再测量。

（3）旋转第二栅极电压 $V_{G2K}$ 调节旋钮，测定 $I_A$-$V_{G2K}$ 曲线，使栅极电压 $V_{G2K}$ 逐渐缓慢增加（太快电流稳定时间将变长），每增加 0.5V 或 1V，待阳极电流表读数稳定（一般都可以立即稳定，个别测量点需若干秒后稳定）后，记录相应的电压 $V_{G2K}$，阳极电流 $I_A$ 的值（此时显示的数值至少可稳定 10s 以上）。读到 120 V，个别仪器可以选择读到 118V。

**注意：** 因有微小电流通过阴极 K 而引起电流热效应，致使阴极发射电子数目逐步缓慢增加，从而使阳极电流 $I_A$ 缓慢增加。在仪器上表现为：某一恒定的 $V_{G2K}$ 下，随着时间的推移，阳极电流 $I_A$ 会缓慢增加，形成"飘"的现象。虽然这一现象无法消除，但此效应非常微弱，只要实验时方法正确，就不会对数据处理结果产生太大的影响：即 $V_{G2K}$ 应从小至大依次逐渐增加，每增加 0.5V 或 1V 后读阳极电流表读数，不回读，不跨读。

以下两种操作方法是不可取的，应尽量避免：①回调 $V_{G2K}$ 读阳极电流 $I_A$。因为电流热效应的存在，前后两次调至同一 $V_{G2K}$ 下相应的阳极电流 $I_A$ 可能是不同的。②大跨度调节 $V_{G2K}$，这样阳极电流表读数进入稳定状态所需的时间将大大增加，影响实验进度。

（4）根据所取数据点，列表作图。以第二栅极电压 $V_{G2K}$ 为横坐标，阳极电流 $I_A$ 为纵坐标，作出谱峰曲线。读取电流峰值对应的电压值，用逐差法计算出氩原子的第一激发电位。

（5）实验完毕后，请勿长时间将 $V_{G2K}$ 置于最大值，应将其旋至较小值。

## 六、数据处理

（1）示波器测量（表格仅供参考，以自己设计为准）。

表 3-51　　　　　　　　　　　　　第一激发电位测量数据

| 序号 | 1 | 2 | 3 | 4 | 5 | 6 | 7 | 8 |
|---|---|---|---|---|---|---|---|---|
| 峰值格数 | | | | | | | | |
| $V_{G2K}$（V） | | | | | | | | |

（2）手动测量（表格仅供参考，以自己设计为准）

表 3-52　　　　　　　　　　　手动数据记录

| N | 1 | 2 | 3 | 4 | 5 | 6 | 7 | 8 | 9 |
|---|---|---|---|---|---|---|---|---|---|
| $V_{G2K}$ | | | | | | | | | |
| $I_A$ | | | | | | | | | |
| N | 10 | 11 | 12 | 13 | 14 | 15 | 16 | 17 | ... |
| $V_{G2K}$ | | | | | | | | | |
| $I_A$ | | | | | | | | | |

（3）作出 $U_{G_2K}/I$ 曲线，确定出 $I$ 极大时所对应的电压 $U_{G_2K}$。

（4）用最小二乘法或者逐差法求氩的第一激发电位，并计算不确定度。

$$U_{G_2K} = a + n\Delta U \qquad\qquad (3\text{-}125)$$

式中 $n$ 为峰序数，$\Delta U$ 为第一激发电位。

## 七、思考题

1．$U_{G_2K}/I$ 曲线电流下降并不十分陡峭，主要原因是什么？

2．$I$ 的谷值并不为零，而且谷值依次沿 $U_{G_2K}$ 轴升高，如何解释？

3．第一峰值所对应的电压是否等于第一激发电位？原因是什么？

4．写出氩原子第一激发态与基态的能级差。

# 实验二十七 密立根油滴实验

1897 年汤姆生发现了电子的存在后，许多科学家为测量电子的电荷量进行了大量的实验探索工作。电子电荷的精确数值最早是美国科学家密立根于 1917 年用实验测得的。密立根在前人工作的基础上，通过油滴实验，进行基本电荷量 $e$ 的测量，最终测定基本电荷量 $e$ 的精确电量。他测的精确值结束了关于对电子离散性的争论，并使许多物理常数的计算获得较高的精度。

## 一、实验目的

① 通过对带电油滴在重力场和静电场中运动的测量，验证电荷的不连续性，并测定电子的电荷值 $e$。

② 通过对仪器的调整，油滴的选择、跟踪、测量及数据的处理等，培养学生科学的实验方法和态度。

图 3-104 实验原理图 1

## 二、实验仪器

密立根油滴仪，应包括水平放置的平行极板（油滴盒）、调平装置、照明装置、显微镜、电源、计时器（数字毫秒计）、实验油、喷雾器、CCD 摄像头、显示器等。

## 三、实验原理

一个质量为 $m$，带电量为 $q$ 的油滴处在两块平行极板之间，在平行极板未加电压时，油滴受重力作用加速下降，由于空气阻力的作用，下降一段距离后，油滴将作匀速运动，速度为 $V_g$，这时重力与阻力平衡（空气浮力忽略不计），如图 3-104 所示。根据斯托克斯定律，粘滞阻力为

$$f_r = 6\pi a\eta V_g$$

式中 $\eta$ 是空气的粘滞系数，$a$ 是油滴的半径，这时有

$$6\pi a\eta V_g = mg \tag{3-126}$$

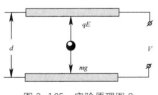

图 3-105 实验原理图 2

当在平行极板上加电压 $V$ 时，油滴处在场强为 $E$ 的静电场中，设电场力 $qE$ 与重力相反，如图 3-105 所示，使油滴受电场力加速上升，由于空气阻力作用，上升一段距离后，油滴所受的空气阻力、重力与电场力达到平衡（空气浮力忽略不计），则油滴将匀速上升，此时速度为 $V_e$，则有：

$$6\pi a\eta V_g = qE - mg \tag{3-127}$$

又因为

$$E = V/d \tag{3-128}$$

由（3-126）、（3-127）、（3-128）式可解出

$$q = mg \frac{d}{V} \left( \frac{V_g + V_e}{V_g} \right) \tag{3-129}$$

为测定油滴所带电荷 $q$，除应测出 $V$、$d$ 和速度 $V_e$、$V_g$ 外，还需知油滴质量 $m$，由于空气中的悬浮和表面张力作用，可将油滴看作圆球，其质量为

$$m = 4/3 \pi a^3 \rho \tag{3-130}$$

式中 $\rho$ 是油滴的密度。

由（3-126）和（3-130）式，得油滴的半径

$$a = \left( \frac{9 \eta V_g}{2 \rho q} \right)^{\frac{1}{2}} \tag{3-131}$$

考虑到油滴非常小，空气已不能看成连续媒质，空气的粘滞系数 $\eta$ 应修正为

$$\eta' = \frac{\eta}{1 + \dfrac{b}{pa}} \tag{3-132}$$

式中 $b$ 为修正常数，$p$ 为空气压强，$a$ 为未经修正过的油滴半径，由于它在修正项中，不必计算得很精确，由（3-131）式计算就够了。

实验时取油滴匀速下降和匀速上升的距离相等，设都为 $l$，测出油滴匀速下降的时间 $tg$，匀速上升的时间 $te$，则

$$Vg = l/tg \qquad Ve = l/te \tag{3-133}$$

将（3-130）、（3-131）、（3-132）、（3-133）式代入（3-129），可得

$$q = \frac{18\pi}{\sqrt{2\rho g}} \left( \frac{\eta l}{1 + \dfrac{b}{pa}} \right)^{3/2} \frac{d}{V} \left( \frac{1}{te} + \frac{1}{tg} \right) \left( \frac{1}{tg} \right)^{1/2}$$

令

$$K = \frac{18\pi}{\sqrt{2\rho g}} \left( \frac{\eta l}{1 + \dfrac{b}{pa}} \right)^{3/2} \cdot d$$

得

$$q = K \left( \frac{1}{te} + \frac{1}{tg} \right) \left( \frac{1}{tg} \right)^{1/2} /V \tag{3-134}$$

此式是动态（非平衡）法测油滴电荷的公式。

下面导出静态（平衡）法测油滴电荷的公式。

调节平行极板间的电压，使油滴不动，$V_e = 0$，即 $t_e \to \infty$，由（3-134）式可得

$$q = K \left( \frac{1}{tg} \right)^{3/2} \cdot \frac{1}{V}$$

或者

$$q = \frac{18\pi}{\sqrt{2\rho g}} \left[ \frac{\eta l}{t\left(1 + \dfrac{b}{pa}\right)} \right]^{3/2} \cdot \frac{d}{V} \tag{3-135}$$

（3-135）式即为静态法测油滴电荷的公式。

为了求电子电荷 $e$，对实验测得的各个电荷 $q$ 求最大公约数，就是基本电荷 $e$ 的值，也就是电子电荷 $e$。

## 四、仪器介绍

仪器主要由油滴盒、CCD 电视显微镜、电路箱、监视器等组成。

油滴盒是个重要部件，加工要求很高，其结构如图 3-106 所示。

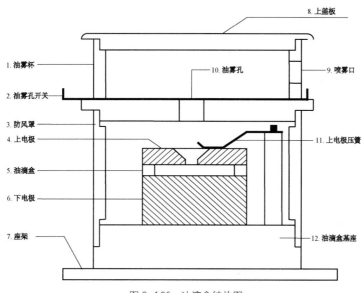

图 3-106　油滴盒结构图

从图 3-106 中可以看到，上下电极形状与一般油滴仪不同。取消了造成积累误差的"定位台阶"，直接用精加工的平板垫在胶木圆环上。这样，极板间的不平行度、极板间的间距误差都可以控制在 0.01mm 以下。在上电极板中心有一个 0.4mm 的油雾落入孔，在胶木圆环上开有显微镜观察孔和照明孔。

在油滴盒外套上有防风罩，罩上放置一个可取下的油雾杯，杯底中心有一个落油孔及一个挡片，用来开关落油孔。

在上电极板上方有一个可以左右拨动的压簧，**注意，只有将压簧拨向最边位置，才能取出上极板**。这一点也与一般油滴仪采用直接抽出上极板的方式不同，为的是保证压簧与电极始终接触良好。

照明灯安装在照明座中间位置，在照明光源和照明光路设计上也与一般油滴仪不同。传统油滴仪的照明光路与显微光路间的夹角为 120°，现根据散射理论，将此夹角增大为 150°～

160°，油滴像特别明亮。一般油滴仪的照明灯为聚光钨丝灯，很易烧坏，OM99油滴仪采用了带聚光的半导体发光器件，使用寿命极长，为半永久性。

CCD电视显微镜的光学系统是专门设计的，体积小巧，成像质量好。由于CCD摄像头与显微镜是整体设计，无须另加连接圈就可方便地装上拆下，使用可靠、稳定，不易损坏CCD器件。

电路箱体内装有高压产生、测量显示等电路。底部装有三只调平手轮，面板结构如图3-107所示。由测量显示电路产生的电子分划板刻度，与CCD摄像头的行扫描严格同步，相当于刻度线是做在CCD器件上的，所以，尽管监视器有大小，或监视器本身有非线性失真，但刻度值是不会变的。

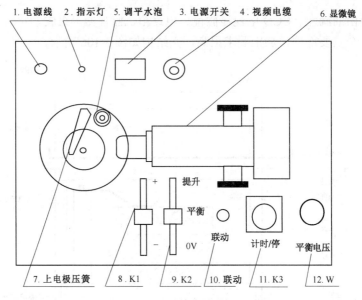

图 3-107　电路箱面板结构

OM99油滴仪备有两种分划板，标准分划板A是8×3结构，垂直线视场为2mm，分八格，每格值为0.25mm。为观察油滴的布朗运动，设计了另一种X、Y方向各为15小格的分划板B。用随机配备的标准显微物镜时，每格为0.08mm；换上高倍显微物镜后（选购件），每格值为0.04mm，此时，观察效果明显，油滴运动轨迹可以满格。

进入或退出分划板B的方法是，按住"计时／停"按钮大于5s即可切换分划板。

在面板上有两只控制平行极板电压的三挡开关，$K_1$控制上极板电压的极性，$K_2$控制极板上电压的大小。当$K_2$处于中间位置即"平衡"挡时，可用电位器调节平衡电压；打向"提升"挡时，自动在平衡电压的基础上增加200～300V的提升电压；打向"0V"挡时，极板上电压为0V。

为了提高测量精度，OM99油滴仪将$K_2$的"平衡"、"0V"挡与计时器的"计时／停"联动。在$K_2$由"平衡"打向"0V"，油滴开始匀速下落的同时开始计时，油滴下落到预定距离时，迅速将$K_2$由"0V"挡打向"平衡"挡，油滴停止下落的同时停止计时。这样，在屏幕上显示的是油滴实际的运动距离及对应的时间，提供了修正参数。这样可提高测距、测时精度。根据不同的教学要求，也可以不联动（关闭联动开关即可）。

由于空气阻力的存在，油滴是先经过一段变速运动然后进入匀速运动的。但这变速运动时间非常短，远小于 0.01s，与计时器精度相当。可以看作当油滴自静止开始运动时，油滴是立即作匀速运动的；运动的油滴突然加上原平衡电压时，将立即静止下来。所以，采用联动方式完全可以保证实验精度。

OM99 油滴仪的计时器采用"计时 / 停"方式，即按一下开关，清 0 的同时立即开始计数，再按一下，停止计数，并保存数据。计时器的最小显示为 0.01s，但内部计时精度为 1 μs，也就是说，清 0 时刻仅占用 1 μs。

主要技术指标：

平均相对误差：<3%　　　　　　　　　平行极板间距离：5.00mm ± 0.01mm

极板电压：±DC　0~700V 可调　　　　提升电压：200~300V

数字电压表：0~999V ± 1V　　　　　　数字毫秒计：0~99.99s± 0.01s

电视显微镜：放大倍数 60×（标准物镜），120×（选购物镜）

分划板刻度：两种分划板，电子方式，垂直线视场分 8 格，每格值 0.25mm

电源：　~220V、50Hz

## 五、实验步骤

① 调节仪器底座上的 3 只调平手轮，将水泡调平。由于底座空间较小，调手轮时应将手心向上，用中指和无名指夹住手轮调节较为方便。

照明光路不需调整。CCD 显微镜对焦也不用将调焦针插在平行电极孔中来调节，只需将显微镜筒前端和底座前端对齐，然后喷油后再稍稍前后微调即可。在使用中，前后调焦范围不要过大，取前后调焦 1mm 内的油滴较好。

② 打开监视器和 OM99 油滴仪的电源，在监视器上先出现"OM98　CCD 微机密立根油滴仪　南京大学　025-3613625"字样，5s 后自动进入测量状态，显示出标准分划板刻度线及 $v$ 值、$s$ 值。开机后如想直接进入测量状态，按一下"计时/停"按钮即可。

③ 平衡法（静态法）测量。可将已调平衡的油滴用 $K_2$ 控制移到"起跑"线上（一般取第 2 格上线），按 $K_3$（计时 / 停），让计时器停止计时（值未必要为 0），然后将 $K_2$ 拨向"0V"，油滴开始匀速下降的同时，计时器开始计时。到"终点"（一般取第 7 格下线）时迅速将 $K_2$ 拨向"平衡"，油滴立即静止，计时也立即停止，此时电压值和下落时间值显示在屏幕上，进行相应的数据处理即可。

④ 动态法测量。分别测出加电压时油滴上升的速度和不加电压时油滴下落的速度，代入相应公式，求出 $e$ 值，此时最好将 $K_2$ 与 $K_3$ 的联动断开。油滴的运动距离一般取 1~1.5mm。对某颗油滴重复 5~10 次测量，选择 5~10 颗油滴，求得电子电荷的平均值 $e$。

## 六、数据处理

平衡法依据公式为：

$$q = \frac{18\pi}{\sqrt{2\rho g}} \left[ \frac{\eta l}{t_g \left(1 + \dfrac{b}{pa}\right)} \right]^{3/2} \cdot \frac{d}{V}$$

式中

$$a = \sqrt{\frac{9\eta l}{2\rho g t_g}}$$

油的密度                    $\rho = 981 \text{kg} \cdot \text{m}^{-3}$（20℃）

重力加速度                  $g = 9.8 \text{m} \cdot \text{s}^{-2}$

空气粘滞系数                $\eta = 1.83 \times 10^{-5} \text{kg} \cdot \text{m}^{-1} \cdot \text{s}^{-1}$

油滴匀速下降距离            $l = 1.5 \times 10^{-3} \text{m}$

修正常数                    $b = 6.17 \times 10^{-6} \text{m} \cdot \text{cmHg}$

大气压强                    $p = 76.0 \text{cmHg}$

平行极板间距离              $d = 5.00 \times 10^{-3} \text{m}$

式中的时间 $t_g$ 应为测量数次时间的平均值。实际大气压可由气压表读出。

计算出各油滴的电荷后，求它们的最大公约数，即为基本电荷 $e$ 值。若求最大公约数有困难，可用作图法求 $e$ 值。设实验得到 $m$ 个油滴的带电量分别为 $q_1$, $q_2$, …, $q_m$，由于电荷的量子化特性，应有 $q_i = n_i e$，此为一直线方程，$n$ 为自变量，$q$ 为因变量，$e$ 为斜率。因此 $m$ 个油滴对应的数据在 $n \sim q$ 坐标中将在同一条过圆点的直线上，若找到满足这一关系的直线，就可用斜率求得 $e$ 值。

将 $e$ 的实验值与公认值比较，求相对误差。（公认值 $e = 1.60 \times 10^{-19}$ 库仑）

## 七、注意事项

① 如开机后屏幕上的字很乱或字重叠，先关掉油滴仪的电源，过一会儿再开机即可。

② 面板上 $K_1$ 用来选择平行电极上极板的极性，实验中置于＋位或－位置均可，一般不常变动。使用最频繁的是 $K_2$ 和 W 及"计时／停"（$K_3$）。

③ 监视器门前有一小盒，压一下小盒盒盖就可打开，内有 4 个调节旋钮。对比度一般置于较大（顺时针旋到底或稍退回一些），亮度不要太亮。如发现刻度线上下抖动，这是"帧抖"，微调左边起第二只旋钮即可解决。

④ 在每次测量时都要检查和调整平衡电压，以减小偶然误差和因油滴挥发而使平衡电压发生变化。

## 八、思考题

1．对实验结果造成影响的主要因素有哪些？

2．如何判断油滴盒内平行极板是否水平？不水平对实验结果有何影响？

3．用 CCD 成像系统观测油滴较直接从显微镜中观测有何优点？

# 实验二十八　多普勒效应综合实验

当波源和接收器之间有相对运动时，接收器接收到的波的频率与波源发出的频率不同的现象称为多普勒效应。多普勒效应在科学研究、工程技术、交通管理、医疗诊断等各方面都有十分广泛的应用。例如，原子、分子和离子由于热运动使其发射和吸收的光谱线变宽，称为多普勒增宽，在天体物理和受控热核聚变实验装置中，光谱线的多普勒增宽已成为一种分析恒星大气及等离子体物理状态的重要测量和诊断手段。基于多普勒效应原理的雷达系统已广泛应用于导弹、卫星、车辆等运动目标速度的监测。在医学上利用超声波的多普勒效应来检查人体内脏的活动情况、血液的流速等。电磁波（光波）与声波（超声波）的多普勒效应原理是一致的。本实验既可研究超声波的多普勒效应，又可利用多普勒效应将超声探头作为运动传感器，研究物体的运动状态。

## 一、实验目的

（1）测量超声接收器运动速度与接收频率之间的关系，验证多普勒效应，并由 $f$-$V$ 关系直线的斜率求声速。

（2）利用多普勒效应测量物体运动过程中多个时间点的速度，查看 $V$-$t$ 关系曲线，或调阅有关测量数据，即可得出物体在运动过程中的速度变化情况，可研究：

① 匀加速直线运动，测量力、质量与加速度之间的关系，验证牛顿第二定律；

② 自由落体运动，并由 $V$-$t$ 关系直线的斜率求重力加速度；

③ 简谐振动，可测量简谐振动的周期等参数，并与理论值比较。

④ 其他变速直线运动。

## 二、实验原理

1．超声的多普勒效应

根据声波的多普勒效应公式，当声源与接收器之间有相对运动时，接收器接收到的频率 $f$ 为

$$f = f_0 (u + V_1 \cos\alpha_1) / (u - V_2 \cos\alpha_2) \qquad (3\text{-}137)$$

式中 $f_0$ 为声源发射频率，$u$ 为声速，$V_1$ 为接收器运动速率，$\alpha_1$ 为声源与接收器连线与接收器运动方向之间的夹角，$V_2$ 为声源运动速率，$\alpha_2$ 为声源与接收器连线与声源运动方向之间的夹角。

若声源保持不动，运动物体上的接收器沿声源与接收器连线方向以速度 $V$ 运动，则从（3-137）式可得接收器接收到的频率应为

$$f = f_0 (1 + V/u) \qquad (3\text{-}138)$$

当接收器向着声源运动时，$V$ 取正，反之取负。

若 $f_0$ 保持不变，以光电门测量物体的运动速度，并由仪器对接收器接收到的频率自动计数，根据（3-138）式，作 $f$-$V$ 关系图可直观验证多普勒效应，且由实验点作直线，其斜率应为 $k = f_0/u$，由此可计算出声速 $u = f_0/k$。

由（3-138）式可解出：

$$V = u\,(f/f_0 - 1) \tag{3-139}$$

若已知声速 $u$ 及声源频率 $f_0$，通过设置使仪器以某种时间间隔对接收器接收到的频率 $f$ 采样计数，由微处理器按（3-139）式计算出接收器运动速度，由显示屏显示 $V$-$t$ 关系图，或调阅有关测量数据，即可得出物体在运动过程中的速度变化情况，进而对物体运动状况及规律进行研究。

2. 超声的红外调制与接收

早期产品中，接收器接收的超声信号由导线接入实验仪进行处理。由于超声接收器安装在运动体上，导线的存在对运动状态有一定影响，导线的折断也给使用带来麻烦。新仪器对接收到的超声信号采用了无线的红外调制—发射—接收方式，即用超声接收器信号对红外波进行调制后发射，固定在运动导轨一端的红外接收端接收红外信号后，再将超声信号解调出来。由于红外发射/接收的过程中信号的传输是光速，远远大于声速，它引起的多谱勒效应可忽略不计。采用此技术将实验中运动部分的导线去掉，使得测量更准确，操作更方便。信号的调制—发射—接收—解调，在信号的无线传输过程中是一种常用的技术。

## 三、实验装置

多普勒效应综合实验仪由实验仪、超声发射/接收器、红外发射/接收器、导轨、运动小车、支架、光电门、电磁铁、弹簧、滑轮，砝码等组成。实验仪内置微处理器，带有液晶显示屏，图 3-108 所示为实验仪的面板图。

实验仪采用菜单式操作，显示屏显示菜单及操作提示，由 ▲▼◄► 键选择菜单或修改参数，按"确认"键后仪器执行。可在"查询"页面，查询到在实验时已保存的实验的数据。操作者只须按提示即可完成操作，学生可把时间和精力用于物理概念和研究对象，不必花大量时间熟悉特定的仪器使用，以提高课时利用率。

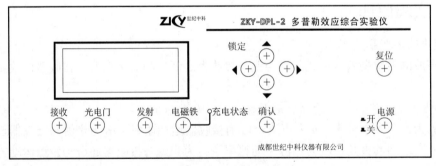

图 3-108　多普勒实验仪面板图

## 四、实验内容

### （一）验证多普勒效应并由测量数据计算声速

让小车以不同速度通过光电门，仪器自动记录小车通过光电门时的平均运动速度及与之对应的平均接收频率。由仪器显示的 $f$-$V$ 关系图可看出，若测量点成直线，符合（3-138）式描述的规律，即直观验证了多普勒效应。用作图法或线性回归法计算 $f$-$V$ 直线的斜率 $k$，由 $k$

计算声速 $u$ 并与声速的理论值比较，计算其百分误差。

1. 仪器安装

如图 3-109 所示，所有需固定的附件均安装在导轨上，并在两侧的安装槽上固定。调节水平超声传感发生器的高度，使其与超声接收器（已固定在小车上）在同一个平面上，再调整红外接收传感器高度和方向，使其与红外发射器（已固定在小车上）在同一轴线上。将组件电缆接入实验仪的对应接口上。安装完毕后，让电磁铁吸住小车，给小车上的传感器充电，第一次充电时间约 6～8s，充满后（仪器面板充电灯变绿色）可以持续使用 4～5min。在充电时要注意，必须让小车上的充电板和电磁铁上的充电针接触良好。

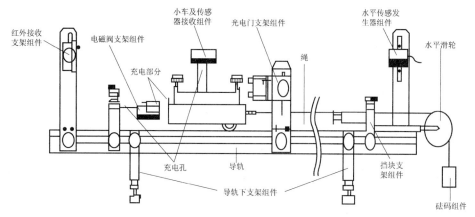

图 3-109　多普勒效应验证实验及测量小车水平运动安装示意图

**注意事项：**

① 安装时要尽量保证红外接收器、小车上的红外发射器和超声接收器、超声发射器三者之间在同一轴线上，以保证信号传输良好。

② 安装时不可挤压连接电缆，以免导线折断。

③ 小车不使用时应立放，避免小车滚轮沾上污物，影响实验进行。

2. 测量准备

（1）实验仪开机后，首先要求输入室温。因为计算物体运动速度时要代入声速，而声速是温度的函数。利用 ◀ ▶ 将室温 $T$ 值调到实际值，按"确认"键。

（2）第二个界面要求对超声发生器的驱动频率进行调谐。在超声应用中，需要将发生器与接收器的频率匹配，并将驱动频率调到谐振频率 $f_0$，这样接收器获得的信号幅度才最强，才能有效地发射与接收超声波。一般 $f_0$ 在 40kHz 左右。调谐好后，面板上的锁定灯将熄灭。

（3）电流调至最大值后，按"确认"键。本仪器所有操作，均要按"确认"键后，数据才被写入仪器。

**注意事项：**

① 调谐及实验进行时，须保证超声发生器和接收器之间无任何阻挡物；

② 为保证使用安全，三芯电源线须可靠接地。

3. 测量步骤

（1）在液晶显示屏上，选中"多普勒效应验证实验"，并按"确认"键。

（2）利用 ▶ 键修改测试总次数（选择范围 5~10，一般选 5 次），按 ▼ 键，选中"开始测试"。

（3）准备好后，按"确认"键，电磁铁释放，测试开始进行，仪器自动记录小车通过光电门时的平均运动速度及与之对应的平均接收频率。光电门的安装及高度调节示意图如图 3-110 所示。

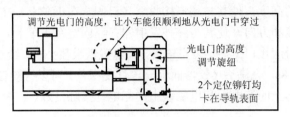

图 3-110　光电门的安装及高度调节示意

改变小车的运动速度，可用以下两种方式。

① 砝码牵引：利用砝码的不同组合实现。

② 用手推动：沿水平方向对小车施以变力，使其通过光电门。

为便于操作，一般由小到大改变小车的运动速度。

（4）每一次测试完成，都有"存入"或"重测"的提示，可根据实际情况选择，按"确认"键后回到测试状态，并显示测试总次数及已完成的测试次数。

（5）改变砝码质量（砝码牵引方式），并退回小车让磁铁吸住，按"开始"，进行第二次测试。

（6）完成设定的测量次数后，仪器自动存储数据，并显示 $f$-$V$ 关系图及测量数据。

**注意事项：**

小车速度不可太快，以防小车脱轨跌落损坏。

4．数据记录与处理

由 $f$-$V$ 关系图可看出，若测量点成直线，符合（3-138）式描述的规律，即直观验证了多普勒效应。用 ▶ 键选中"数据"，▼ 键翻阅数据并记入表 3-53 中，用作图法或线性回归法计算 $f$-$V$ 关系直线的斜率 $k$。式（3-140）为线性回归法计算 $k$ 值的公式，其中测量次数 $i=5 \sim n$，$n \leqslant 10$。

$$k = \frac{\overline{V_i \times f_i} - \overline{V_i} \times \overline{f_i}}{\overline{V_i}^2 - \overline{V_i^2}} \qquad (3\text{-}140)$$

由 $k$ 计算声速 $u = f_0/k$，并与声速的理论值比较，声速理论值由 $u_0 = 331(1+t/273)^{1/2}$（m/s）计算，$t$ 表示室温。测量数据的记录是仪器自动进行的。在测量完成后，只需在出现的显示界面上，用 ▶ 键选中"数据"，▼ 键翻阅数据并记入表 3-53 中，然后按照上述公式计算出相关结果并填入表格。

表 1　　　　　　　　　　　　　多普勒效应的验证与声速的测量　　　　　　　　　　　　　$f_0 =$

| 测量数据 | | | | | | | 直线斜率 $K$（1/m） | 声速测量值 $u=f_0/k$（m/s） | 声速理论值 $u_0$（m/s） | 百分误差 $(u-u_0)/u_0$ |
|---|---|---|---|---|---|---|---|---|---|---|
| 次数 $i$ | 1 | 2 | 3 | 4 | 5 | 6 | | | | |
| $V_i$（m/s） | | | | | | | | | | |
| $f_i$（Hz） | | | | | | | | | | |

## （二）研究匀变速直线运动，验证牛顿第二运动定律

质量为 $M$ 的接收器组件，与质量为 $m$ 的砝码托及砝码悬挂于滑轮的两端，如图 3-111 所示，运动系统的总质量为 $M+m$，所受合外力为 $(M-m)g$（滑轮转动惯量与摩擦力忽略不计）。

根据牛顿第二定律，系统的加速度应为：

$$a = g(M-m)/(M+m) \tag{3-141}$$

采样结束后会显示 $V$-$t$ 曲线，将显示的采样次数及对应速度记入表 3-54 中。由记录的 $t$、$V$ 数据求得 $V$-$t$ 直线的斜率即为此次实验的加速度 $a$。将表 2 得出的加速度 $a$ 作纵轴，$(M-m)/(M+m)$ 作横轴作图，若为线性关系，符合（3-54）式描述的规律，即验证了牛顿第二定律，且直线的斜率应为重力加速度。

### 1. 仪器安装与测量准备

（1）仪器安装如图 3-111 所示，让电磁阀吸住自由落体接收器，并让该接收器上充电部分和电磁阀上的充电针接触良好。

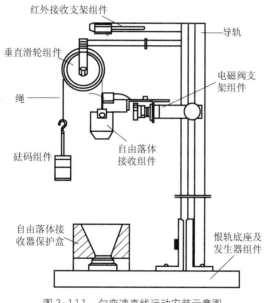

图 3-111 匀变速直线运动安装示意图

（2）用天平称量接收器组件的质量 $M$，砝码托及砝码质量，每次取不同质量的砝码放于砝码托上，记录每次实验对应的 $m$。

（3）由于超声发生器和接收器已经改变了，因此需要对超声发生器的驱动频率重新调谐。

**注意事项：**

① 须将"自由落体接收器保护盒"套于发射器上，避免发射器在非正常操作时受到冲击而损坏。

② 安装时切不可挤压电磁阀上的电缆。

③ 调谐时需将自由落体接收组件用细绳拴住，置于超声发射器和红外接收器得中间，如此兼顾信号强度，便于调谐。

④ 安装滑轮时，滑轮支杆不能遮住红外接收和自由落体组件之间信号传输。

**2．测量步骤**

（1）在液晶显示屏上，用 ▼ 键选中"变速运动测量实验"，并按"确认"键。

（2）利用 ▶ 键修改测量点总数为 8（选择范围 8~150），▼ 键选择采样步距，并修改为 50 ms（选择范围 50~100ms），选中"开始测试"。

（3）按"确认"键后，磁铁释放，接收器组件拉动砝码作垂直方向的运动。测量完成后，显示屏上出现测量结果。

（4）在结果显示界面中用 ▶ 键选择"返回"，按"确认"键后重新回到测量设置界面。改变砝码质量，按以上程序进行新的测量。

**注意事项：**

需保证自由落体组件内电池充满电后（即实验仪面板上的充电指示灯为绿色）开始测量。

**3．数据记录与处理**

采样结束后显示 $V$-$t$ 直线，用 ▶ 键选择"数据"，将显示的采样次数及相应速度记入表 3-54 中，$t_i$ 为采样次数与采样步距的乘积。由记录的 $t$、$V$ 数据求得 $V$-$t$ 直线的斜率，就是此次实验的加速度 $a$。

将表 3-54 得出的加速度 $a$ 作纵轴，$(M-m)/(M+m)$ 作横轴作图，若为线性关系，符合（3-141）式描述的规律，即验证了牛顿第二定律，且直线的斜率应为重力加速度。

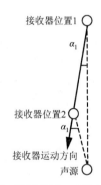

**注意事项：**

① 为避免电磁铁剩磁的影响，第 1 组数据不记。

② 接收器组件下落时，若其运动方向不是严格地在声源与接收器的连线方向，则 $\alpha_1$（为声源与接收器连线与接收器运动方向之间的夹角，图 3-112 所示为是其示意图）在运动过程中增加，此时式（3-138）不再严格成立，由（3-139）式计算的速度误差也随之增加。故在数据处理时，可根据情况对最后 2 个采样点进行取舍。

图 3-112 运动过程中 $\alpha_1$ 角度变化示意图

| 表 3-54 | | | 匀变速直线运动的测量 | | | | | | | M= (kg) |
|---|---|---|---|---|---|---|---|---|---|---|
| 采样次数 $i$ | 2 | 3 | 4 | 5 | 6 | 7 | 8 | 加速度 $a$ ($m/s^2$) | $m$ (kg) | $\dfrac{M-m}{M+m}$ |
| $t_i$=0.05($i$-1)（s） | | | | | | | | | | |
| $V_i$ | | | | | | | | | | |
| $t_i$=0.05($i$-1)（s） | | | | | | | | | | |
| $V_i$ | | | | | | | | | | |
| $t_i$=0.05($i$-1)（s） | | | | | | | | | | |
| $V_i$ | | | | | | | | | | |
| $t_i$=0.05($i$-1)（s） | | | | | | | | | | |
| $V_i$ | | | | | | | | | | |

# 实验二十九　铁磁材料居里点温度测量实验

## 一、实验目的

① 了解铁磁物质由铁磁性转变为顺磁性的微观机理。

② 利用交流电桥法测定铁磁材料样品的居里温度。

③ 分析实验时加热速率和交流电桥输入信号频率对居里温度测试结果的影响。

## 二、实验仪器

FD-FMCT-A 铁磁材料居里温度测试实验仪、示波器。

## 三、实验原理

### （一）概述

磁性材料在电力、通信、电子仪器、汽车、计算机、信息存储等领域有着十分广泛的应用，近年来已成为促进高新技术发展和当代文明进步不可替代的材料，因此在大学物理实验开设关于磁性材料的基本性质的研究显得尤为重要。

铁磁性物质的磁特性随温度的变化而改变，当温度上升至某一温度时，铁磁性材料就由铁磁状态转变为顺磁状态，即失掉铁磁性物质的特性而转变为顺磁性物质，这个温度称为居里温度，居里温度是表征磁性材料基本特性的物理量，它仅与材料的化学成分和晶体结构有关，几乎与晶粒的大小、取向以及应力分布等结构因素无关，因此又称它为结构不灵敏参数。测定铁磁材料的居里温度不仅对磁材料、磁性器件的研究和研制有意义，而且对工程技术的应用都具有十分重要的意义。

本实验仪根据铁磁物质磁矩随温度变化的特性，采用交流电桥法测量铁磁物质自发磁化消失时的温度，该方法具有系统结构简单、性能稳定可靠等优点，通过对软磁铁氧体材料居里温度的测量，加深对这一磁性材料基本特性的理解。仪器配有自动采集系统，可以通过计算机自动扫描分析。

### （二）实验原理

#### 1. 铁磁质的磁化规律

由于外加磁场的作用，物质中的状态发生变化，产生新的磁场的现象称为磁性，物质的磁性可分为反铁磁性（抗磁性）、顺磁性和铁磁性三种，一切可被磁化的物质叫做磁介质，在铁磁质中相邻电子之间存在着一种很强的"交换耦合"作用，在无外磁场的情况下，它们的自旋磁矩能在一个个微小区域内"自发地"整齐排列起来而形成自发磁化小区域，称为磁畴。在未经磁化的铁磁质中，虽然每一磁畴内部都有确定的自发磁化方向，有很大的磁性，但大量磁畴的磁化方向各不相同因而整个铁磁质不显磁性。如图 3-113、图 3-114 所示，给出了多晶磁畴结构示意图。当铁磁质处于外磁场中时，那些自发磁化方向和外磁场方向成小角度的磁畴其体积随着外加磁场的增大而扩大并使磁畴的磁化方向进一步转向外磁场方向。另一些自发磁化方向和外磁场方向成大角度的磁畴其体积则逐渐缩小，这时铁磁质对外呈现宏观磁性。当外磁场增大时，上述效应相应增大，直到所有磁畴都沿外磁场排列好，介质的磁化就达到饱和。

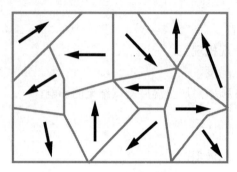

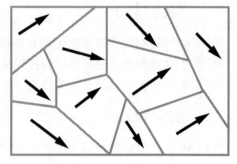

图 3-113　未加磁场多晶磁畴结构　　　　　　图 3-114　加磁场时多晶磁畴结构

由于在每个磁畴中元磁矩已完全排列整齐，因此具有很强的磁性。这就是为什么铁磁质的磁性比顺磁质强得多的原因。介质里的掺杂和内应力在磁化场去掉后阻碍着磁畴恢复到原来的退磁状态，这是造成磁滞现象的主要原因。铁磁性是与磁畴结构分不开的。当铁磁体受到强烈的震动，或在高温下由于剧烈运动的影响，磁畴便会瓦解，这时与磁畴联系的一系列铁磁性质（如高磁导率、磁滞等）全部消失。对于任何铁磁物质都有这样一个临界温度，高过这个温度铁磁性就消失，变为顺磁性，这个临界温度叫做铁磁质的居里点。

在各种磁介质中最重要的是以铁为代表的一类磁性很强的物质，在化学元素中，除铁之外，还有过度族中的其他元素（钴、镍）和某些稀土族元素（如镝、钬）具有铁磁性。然而常用的铁磁质多数是铁和其他金属或非金属组成的合金，以及某些包含铁的氧化物（铁氧体），铁氧体具有适于在更高频率下工作、电阻率高、涡流损耗更低的特性。软磁铁氧体中的一种是以 $Fe_2O_3$ 为主要成分的氧化物软磁性材料，其一般分子式可表示为 $MO \cdot Fe_2O_3$（尖晶石型铁氧体），其中 M 为 2 价金属元素。其自发磁化为亚铁磁性。现在以 Ni-Zn 铁氧体等为中心，主要作为磁芯材料。

磁介质的磁化规律可用磁感应强度 $B$、磁化强度 $M$ 和磁场强度 $H$ 来描述，它们满足以下关系

$$B = \mu_0(H + M) = (\chi_m + 1)\mu_0 H = \mu_r \mu_0 H = \mu H \tag{3-142}$$

式中，$\mu_0 = 4\pi \bullet 10^{-7} H/m$ 为真空磁导率，$\chi_m$ 为磁化率，$\mu_r$ 为相对磁导率，是一个无量纲的系数，$\mu$ 为绝对磁导率。对于顺磁性介质，磁化率 $\chi_m > 0$，$\mu_r$ 略大于 1；对于抗磁性介质，$\chi_m < 0$，一般 $\chi_m$ 的绝对值在 $10^{-4} \sim 10^{-5}$ 之间，$\mu_r$ 略小于 1；而铁磁性介质的 $\chi_m \gg 1$，所以，$\mu_r \gg 1$。

对非铁磁性的各向同性的磁介质，$H$ 和 $B$ 之间满足线性关系：$B = \mu H$，而铁磁性介质的 $\mu$、$B$ 与 $H$ 之间有着复杂的非线性关系。一般情况下，铁磁质内部存在自发的磁化强度，当温度越低自发磁化强度越大。图 3-115 所示为是典型的磁化曲线（B-H 曲线），它反映了铁

磁质的共同磁化特点：随着 $H$ 的增加，开始时 $B$ 缓慢地增加，此时 $\mu$ 较小；而后便随 $H$ 的增加 $B$ 急剧增大，$\mu$ 也迅速增加；最后随 $H$ 增加，$B$ 趋向于饱和，而此时的 $\mu$ 值在到达最大值后又急剧减小。图 3-115 表明了磁导率 $\mu$ 是磁场 $H$ 的函数。从图 3-116 中可看到，磁导率 $\mu$ 还是温度的函数，当温度升高到某个值时，铁磁质由铁磁状态转变成顺磁状态，在曲线突变点所对应的温度就是居里温度 $T_C$。

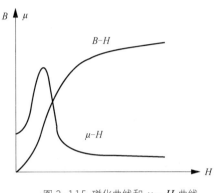

图 3-115 磁化曲线和 $\mu \sim H$ 曲线

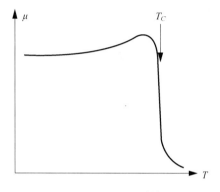

图 3-116 $\mu \sim T$ 曲线

### 2．用交流电桥测量居里温度

铁磁材料的居里温度可用任何一种交流电桥测量。交流电桥种类很多，如麦克斯韦电桥、欧文电桥等，但大多数电桥可归结为如图 3-117 所示的四臂阻抗电桥，电桥的 4 个臂可以是电阻、电容、电感的串联或并联的组合。调节电桥的桥臂参数，使得 CD 两点间的电位差为零，电桥达到平衡，则有

$$\frac{Z_1}{Z_2} = \frac{Z_3}{Z_4} \tag{3-143}$$

若要上式成立，必须使复数等式的模量和辐角分别相等，于是有

$$\frac{|Z_1|}{|Z_2|} = \frac{|Z_3|}{|Z_4|} \tag{3-144}$$

$$\varphi_1 + \varphi_4 = \varphi_2 + \varphi_3 \tag{3-145}$$

由此可见，交流电桥平衡时，除了阻抗大小满足（3-144）式外，阻抗的相角还要满足（3-145）式，这是它和直流电桥的主要区别。

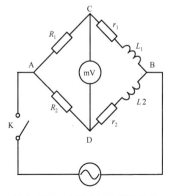

图 3-117 交流电桥的基本电路

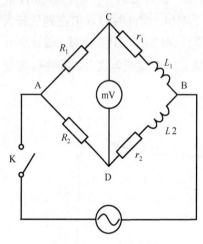

图 3-118　*RL* 交流电桥

本实验采用如图 3-118 所示的 *RL* 交流电桥，在电桥中输入电源由信号发生器提供，在实验中应适当选择较高的输出频率，$\omega$ 为信号发生器的角频率。其中 $Z_1$ 和 $Z_2$ 为纯电阻，$Z_3$ 和 $Z_4$ 为电感（包括电感的线性电阻 $r_1$ 和 $r_2$，FD-FMCT-A 型铁磁材料居里温度测试实验仪中还接入了一个可调电阻 $R_3$），其复阻抗为

$$Z_1 = R_1, \quad Z_2 = R_2, \quad Z_3 = r_1 + j\omega L_1, \quad Z_4 = r_2 + j\omega L_2 \tag{3-146}$$

当电桥平衡时有

$$R_1(r_2 + j\omega L_2) = R_2(r_1 + j\omega L_1) \tag{3-147}$$

实部与虚部分别相等，得

$$r_2 = \frac{R_2}{R_1} r_1, \quad L_2 = \frac{R_2}{R_1} L_1 \tag{3-148}$$

选择合适的电子元件相匹配，在未放入铁氧体时，可直接使电桥平衡，但当其中一个电感放入铁氧体后，电感大小发生了变化，引起电桥的不平衡。随着温度的上升到某一个值时，铁氧体的铁磁性转变为顺磁性，CD 两点间的电位差发生突变并趋于零，电桥又趋向于平衡，这个突变的点对应的温度就是居里温度。可通过桥路电压与温度的关系曲线，求其曲线突变处的温度，并分析研究在升温与降温时的速率对实验结果的影响。

由于被研究的对象铁氧体置于电感的绕组中，被线圈包围，如果加温速度过快，则传感器测试温度将与铁氧体实际温度不同（加温时，铁氧体样品温度可能低于传感器温度），这种滞后现象在实验中必须加以重视。只有在动态平衡的条件下，磁性突变的温度才精确等于居里温度。

3. 仪器简介

FD-FMCT-A 铁磁材料居里温度测试实验仪主要包括主机两台（见图 3-119 和图 3-120），手提实验箱 1 台（见图 3-121）。

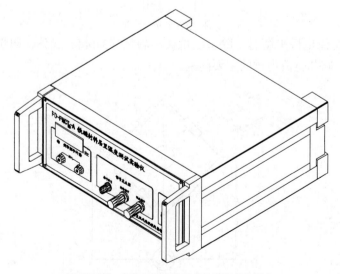

图 3-119　实验主机（信号发生器和频率计）

　　面板说明：①数字频率计：显示信号发生器的输出频率，"输入"（红黑接线座）——可以外部接入，测量信号频率（如正弦波）。②信号发生器："输出"——正弦波信号输出端，用 Q9 连接线连接实验箱，"频率调节"——调节正弦波频率，右旋增大；"幅度调节"——调节正弦波信号的幅度，右旋增大。

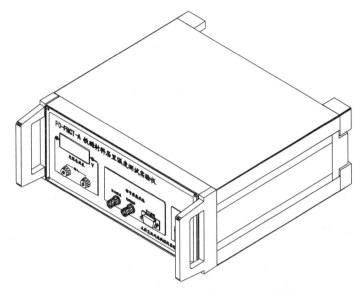

图 3-120　实验主机（交流电压表和信号采集系统）

　　面板说明：①交流电压表：测量交流电桥输出的电压信号，"输入"（红黑接线座）——外部信号接入，可以测量交流电压（如正弦波电压）。②信号采集系统："样品温度"——将温度传感器测得的样品温度信号通过 Q9 连接线接入信号采集系统，作为测量曲线的横坐标。"电桥输出"——将电桥输出的交流信号接入信号采集系统，作为测量曲线的纵坐标，同时将电桥输出的交流信号接入交流电压表；"串口输出"——通过串口连接线与电脑相连。

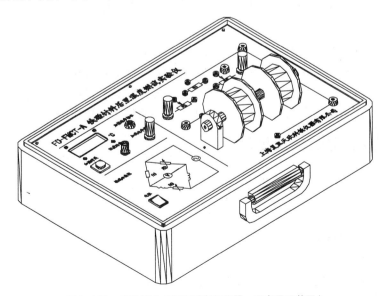

图 3-121　实验箱（交流电桥和加热器、温度显示装置）

面板说明："加热开关"——控制加热器是否开始加热；"温度输出"——通过 Q9 连接线与实验主机中的"样品温度"连接；"加热速率调节"——控制加热器的加热速率，右旋加热速率增大，右边两个线圈和电阻以及电位器接成交流电桥；"接交流电压表"——通过 Q9 线与 "电桥输出"相连；"接信号源"——用 Q9 线与信号发生器"输出"端相连。

实验仪器相关参数如下：

| | | |
|---|---|---|
| （1）信号发生器 | 频率调节 | 500Hz～1500Hz |
| | 幅度调节 | 2V～10V（峰—峰值） |
| （2）数字频率计 | 分辨率 | 1Hz |
| | 量程 | 0～9999Hz |
| （3）交流电压表 | 分辨率 | 0.001V |
| | 量程 | 0～1.999V |
| （4）数字温度计 | 量程 | 0 ℃～150 ℃ |
| | 分辨率 | 0.1 ℃ |
| （5）铁磁样品 | 居里温度分别为 | 60 ℃±2 ℃ 和 80 ℃±2 ℃ |

## 四、实验过程

（1）将两个实验主机和手提实验箱按照前面的仪器说明连接起来，并将实验箱上的交流电桥按照"接线示意图"连接，用串口连接线将实验主机与电脑连接。

（2）打开实验主机，调节交流电桥上的电位器使电桥平衡。

（3）移动电感线圈，露出样品槽，将实验测试铁氧体样品放入线圈中心的加热棒中，并均匀涂上导热脂，重新将电感线圈移动至固定位置，使铁氧体样品正好处于电感线圈中心，此时电桥不平衡，记录此时交流电压表的读数。

（4）打开加热器开关，调节加热速率电位器至合适位置，观察温度传感器数字显示窗口，加热过程中，温度每升高 5 ℃，记录电压表的读数，这个过程中要仔细观察电压表的读数，当电压表的读数在每 5 ℃变化较大时，再每隔 1 ℃左右记下电压表的读数，直到将加热器的温度升高到 100 ℃左右为止，关闭加热器开关。

（5）根据记录的数据作 $V \sim T$ 图，计算样品的居里温度。

（6）测量不同的样品或者分别用加温和降温的办法测量，分析实验数据。

（7）用计算机进行实时测量，通过计算机自动分析测试样品的居里温度，改变加热速率和信号发生器的频率，分析加热速率和信号频率对实验结果的影响。

## 五、实验数据记录及处理

按照上面实验过程记录数据如下：

测量条件。

（1）室温_____℃。

（2）信号频率 1500Hz。

（3）升温测量。

（4）测量样品：铁氧体样品，居里温度参考值 80 ℃ ±2 ℃。

表 3-55    铁氧体样品交流电桥输出电压与加热温度关系

| $T(℃)$ | 30 | 35 | 40 | 45 | 50 | 55 | 60 | 65 | 70 | 75 |
|---|---|---|---|---|---|---|---|---|---|---|
| $U(V)$ | | | | | | | | | | |
| $T(℃)$ | 76 | 77 | 78 | 79 | 80 | 81 | 82 | 83 | 84 | 85 |
| $U(V)$ | | | | | | | | | | |
| $T(℃)$ | 86 | 87 | 88 | 89 | 90 | 91 | 92 | 93 | 94 | 95 |
| $U(V)$ | | | | | | | | | | |

作出铁氧体样品的居里温度测量曲线，横坐标为温度 $T$，纵坐标为电压 $V$。

从上面的测量曲线上判断该铁氧体样品的居里温度。

用同样的方法，可以测量不同的样品在不同的信号频率下，不同的加热速率条件以及升温和降温套间下的曲线。

应用计算机进行实时测量具体操作见软件使用说明。

## 六、注意事项

（1）样品架加热时温度较高，实验时勿用手触碰，以免烫伤。

（2）放入样品时需要在铁氧体样品棒上涂上导热脂，以防止受热不均。

（3）实验时应该将输出信号频率调节在 500Hz 以上，否则电桥输出太小，不容易测量。

（4）加热器加热时注意观察温度变化，不允许超过 120℃，否则容易损坏其他器件。

（5）实验测试过程中，不允许调节信号发生器的幅度，不允许改变电感线圈的位置。

## 七、思考题

1．铁磁物质的 3 个特性是什么？

2．用磁畴理论解释样品的磁化强度在温度达到居里点时发生突变的微观机理。

3．测出的 $V$-$T$ 曲线，为什么与横坐标没有交点？

# 实验三十　旋光仪测旋光性溶液浓度实验

## 一、实验目的

① 观察光的偏振现象和偏振光通过旋光物质后的旋光现象。

② 了解旋光仪的结构原理，学习测定旋光性溶液的旋光率和浓度的方法。

③ 进一步熟悉用图解法处理数据。

## 二、实验装置

WXG-4 型目视旋光仪（见图 3-122）、标准溶液、待测溶液、温度计。

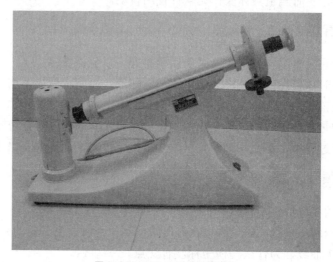

图 3-122　WXG-4 型目视旋光仪

## 三、实验原理

### 1. 偏振光的基本概念

根据麦克斯韦的电磁场理论，光是一种电磁波。光的传播就是电场强度 $E$ 和磁场强度 $H$ 以横波的形式传播的过程。而 $E$ 与 $H$ 互相垂直，也都垂直于光的传播方向，因此光波是一种横波。由于引起视觉和光化学反应的是 $E$，所以 $E$ 矢量又称为光矢量，把 $E$ 的振动称为光振动，$E$ 与光波传播方向之间组成的平面叫振动面。光在传播过程中，光振动始终在某一确定方向的光称为线偏振光，简称偏振光（见图 3-123（a））。普通光源发射的光是由大量原子或分子辐射而产生，单个原子或分子辐射的光是偏振的，但由于热运动和辐射的随机性，大量原子或分子所发射的光的光矢量出现在各个方向的概率是相同的，没有哪个方向的光振动占优势，这种光源发射的光不显现偏振的性质，称为自然光（见图 3-123（b））。还有一种光线，光矢量在某个特定方向上出现的概率比较大，也就是光振动在某一方向上较强，这样的光称为部分偏振光（见图 3-123（c））。

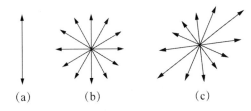

图 3-123　光线从纸面内垂直射出时，偏振光、自然光和部分偏振光振动分布的图示

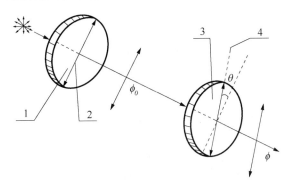

图 3-124　自然光通过起偏器和检偏器的变化

## 2．偏振光的获得和检测

将自然光变成偏振光的过程称为起偏，起偏的装置称为起偏器。常用的起偏器有人工制造的偏振片、晶体起偏器和利用反射或多次透射（光的入射角为布儒斯特角）而获得偏振光。自然光通过偏振片后，所形成偏振光的光矢量方向与偏振片的偏振化方向（或称透光轴）一致。在偏振片上用符号"$\updownarrow$"表示其偏振化方向。

鉴别光的偏振状态的过程称为检偏，检偏的装置称为检偏器。实际上起偏器也就是检偏器，两者是通用的。如图 3-124 所示，自然光通过作为起偏器的偏振片①以后，变成光通量为 $\phi_0$ 的偏振光，这个偏振光的光矢量与偏振化方向②同方位，而与作为检偏器的偏振片③的偏振化方向④的夹角为 $\theta$。根据马吕斯定律，$\phi_0$ 通过检偏器后，透射光通量为

$$\phi = \phi_0 \cos^2 \theta \qquad (3\text{-}149)$$

透射光仍为偏振光，其光矢量与检偏器偏振化方向同方位。显然，当以光线传播方向为轴转动检偏器时，透射光通量 $\phi$ 将发生周期性变化。当 $\theta = 0°$ 时，透射光通量最大；当 $\theta = 90°$ 时，透射光通量为极小值（消光状态），接近全暗；当 $0° < \theta < 90°$ 时，透射光通量介于最大值和最小值之间。但同样对自然光转动检偏器时，就不会发生上述现象，透射光通量不变。对部分偏振光转动检偏器时，透射光通量有变化但没有消光状态。因此根据透射光通量的变化，就可以区分偏振光、自然光和部分偏振光。

## 3．旋光现象

偏振光通过某些晶体或某些物质的溶液以后，偏振光的振动面将旋转一定的角度，这种现象称为旋光现象。如图 3-125 所示，这个角 $\alpha$ 称为旋光角。它与偏振光通过溶液的长度 $L$ 和溶液中旋光性物质的浓度 $C$ 成正比，即

$$\alpha = \alpha_m L C \qquad (3\text{-}150)$$

式中 $\alpha_m$ 称为该物质的旋光率.如果 $L$ 的单位用 dm，浓度 $C$ 定义为在 1cm³ 溶液内溶质的克数，单位为 g / cm³，那么旋光率 $\alpha_m$ 的单位为（°）cm³ / (dm·g)。

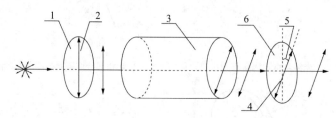

1-起偏器；2-起偏器偏振化方向；3-旋光物质；4-检偏器偏振化方向；5-旋光角；6-检偏器；

图 3-125　旋光现象

实验表明，同一旋光物质对不同波长的光有不同的旋光率。因此，通常采用钠黄光（589.3nm）来测定旋光率。旋光率还与旋光物质的温度有关。如对于蔗糖水溶液，在室温条件下温度每升高（或降低）1℃，其旋光率约减小(或增加)0.024° cm³ / (dm·g)。因此对于所测的旋光率，必须说明测量时的温度。旋光率还有正负，这是因为迎着射来的光线看去，如果旋光现象使振动面向右（顺时针方向）旋转，这种溶液称为右旋溶液，如葡萄糖、麦芽糖、蔗糖的水溶液，它们的旋光率用正值表示。反之，如果振动面向左（逆时针方向）旋转，这种溶液称为左旋溶液，如转化糖、果糖的水溶液，它们的旋光率用负值表示。严格来讲旋光率还与溶液浓度有关，在要求不高的情况下，此项影响可以忽略。

若已知待测旋光性溶液的浓度 $C$ 和液柱的长度 $L$，测出旋光角 $\alpha$，就可以由（3-150）式算出旋光率 $\alpha_m$。也可以在液柱长 $L$ 不变的条件下，依次改变浓度 $C$，测出相应的旋光角，然后画出 $\alpha$ 与 $C$ 的关系图线（称为旋光曲线），它基本是一条直线，直线的斜率为 $\alpha_m \cdot L$，由直线的斜率也可求出旋光率 $\alpha_m$。反之，在已知某种溶液的旋光曲线时，只要测量出溶液的旋光角，就可以从旋光曲线上查出对应的浓度。

4. 实验仪器介绍

用 WXG-4 型旋光仪来测量旋光性溶液的旋光角，其结构如图 3-126 所示。为了准确地测定旋光角 $\alpha$，仪器的读数装置采用双游标读数，以消除度盘的偏心差.度盘等分 360 格，分度值 $\alpha = 1°$，角游标的分度数 $n=20$，因此，角游标的分度值 $i= \alpha /n=0.05°$，与 20 分游标卡尺的读数方法相似.度盘和检偏镜连接成一体，利用度盘转动手轮作粗（小轮）、细（大轮）调节。游标窗前装有供读游标用的放大镜。

仪器还在视场中采用了半荫法比较两束光的亮度。其原理是在起偏镜后面加一块石英晶体片，石英片和起偏镜的中部在视场中重叠，如图 3-127 所示，将视场分为三部分，并在石英片旁边装上一定厚度的玻璃片，以补偿由于石英片的吸收而发生的光亮度变化。石英片的光轴平行于自身表面并与起偏镜的偏振化方向夹一小角 $\theta$（称影荫角）。由光源发出的光经过起偏镜后变成偏振光，其中一部分再经过石英片，石英是各向异性晶体，光线通过它将发生双折射。可以证明，厚度适当的石英片会使穿过它的偏振光的振动面转过 $2\theta$ 角，这样进入测试管的光是振动面间的夹角为 $2\theta$ 的两束偏振光。

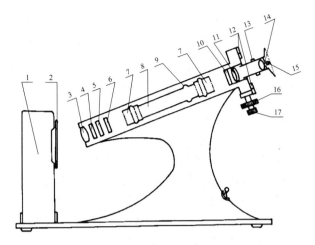

1-钠光灯；2-毛玻璃片；3-会聚透镜；4-滤色镜；5-起偏镜；6-石英片；7-测试管端螺帽；8-测试管；9-测试管凸起部分；10-检偏镜；11-望远镜物镜；12-度盘和游标；13-望过镜调焦手轮；14-望远镜目镜；15-游标读数放大镜；16-度盘转动细调手轮；17-度盘转动粗调手轮

图 3-126 WXG-4 型旋光仪

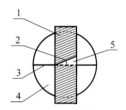

1-石英片；2-石英片光轴；3-起偏镜偏振化方向；4-起偏镜；5-起偏镜偏振化方向与石英片光轴的夹角

图 3-127 用半荫法比较两束光的亮度

在图 3-127 中，$OP$ 表示通过起偏镜后的光矢量，而 $OP'$ 则表示通过起偏镜与石英片后的偏振光的光矢量，$OA$ 表示检偏镜的偏振化方向，$OP$ 和 $OP'$ 与 $OA$ 的夹角分别为 $\beta$ 和 $\beta'$，$OP$ 和 $OP'$ 在 $OA$ 轴上的分量分别为 $OP_A$ 和 $OP_A'$。转动检偏镜时，$OP_A$ 和 $OP_A'$ 的大小将发生变化，于是从目镜中所看到的三分视场的明暗也将发生变化（见图 3-128 的下半部分）。图中画出了 4 种不同的情形。

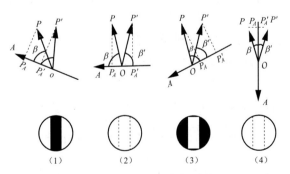

图 3-128 三分视场的明暗变化

（1）$\beta' > \beta, OP_A > OP_A'$。从目镜观察到三分视场中与石英片对应的中部为暗区，与起偏镜直接对应的两侧为亮区，三分视场很清晰。当 $\beta' = \pi/2$ 时，亮区与暗区的反差最大。

（2） $\beta' = \beta, OP_A = OP_A'$。三分视场消失，整个视场为较暗的黄色。

（3） $\beta' < \beta, OP_A < OP_A'$。视场又分为三部分，与石英片对应的中部为亮区，与起偏镜直接对应的两侧为暗区.当 $\beta = \pi/2$ 时，亮区与暗区的反差最大。

（4） $\beta' = \beta, OP_A = OP_A'$。三分视场消失.由于此时 $OP$ 和 $OP'$ 在 $OA$ 轴上的分量比第二种情形时大，因此整个视场为较亮的黄色。

由于在亮度较弱的情况下，人眼辨别亮度微小变化的能力较强，所以取图 3-128（b）情形的视场为参考视场，并将此时检偏镜偏振化方向所在的位置取作度盘的零点。

实验时，将旋光性溶液注入已知长度 $L$ 的测试管中，把测试管放入旋光仪的试管筒内，这时 $OP$ 和 $OP'$ 两束线偏振光均通过测试管，它们的振动面都转过相同的角度 $\alpha$，并保持两振动面间的夹角为 $2\theta$ 不变。转动检偏镜使视场再次回到图 3-128（b）状态，则检偏镜所转过的角度就是被测溶液的旋光角 $\alpha$。

## 四、实验内容及步骤

（1）接通旋光仪电源，约 5min 后待钠光灯发光正常，开始实验。

（2）测定零点位置。

① 在没有放测试管时，调节望远镜调焦手轮，使三分视场清晰。

② 调节度盘转动手轮，观察三分视场的变化情况，同时注意检偏镜的旋转方向和度盘转动手轮的转动方向之间的关系 。

③ 当三分视场刚好消失并且整个视场变为较暗的黄色时，记录下左右两游标的读数 $\alpha_{0i}$、$\alpha_{0i}'$。反复测 5 次，将数据记入表 3-56 中。

④ 计算左右两游标读数 $\alpha_{0i}$、$\alpha_{0i}'$ 的平均值 $\overline{\alpha_{0i}}$、$\overline{\alpha_{0i}'}$，填入表 3-57 中。

⑤ 利用公式 $\alpha_0 = \dfrac{1}{2}(\overline{\alpha_{0i}} + \overline{\alpha_{0i}'})$ 计算零点位置，并填入表（1）中。

（3）将装有蒸馏水的测试管放入旋光仪的试管筒内，调节望远镜的调焦手轮和度盘转动手轮，观察是否有旋光现象。

（4）测定旋光性溶液的旋光率。

① 将装有蔗糖溶液的测试管（已知浓度）放入试管筒内，试管的凸起部分朝上，以便存放管内残存的气泡。

② 调节望远镜调焦手轮，使三分视场清晰。

③ 在视场中找到三分视场刚好消失并且整个视场变为较暗黄色的状态，记下左右两游标的读数 $\alpha_{1i}$、$\alpha_{1i}'$ 反复测 5 次，将数据记入表（2）中。

④ 计算左右两游标读数 $\alpha_{1i}$、$\alpha_{1i}'$ 的平均值 $\overline{\alpha_{1i}}$、$\overline{\alpha_{1i}'}$，填入表（2）中。

⑤ 利用公式 $\alpha_1 = \dfrac{1}{2}\left[(\overline{\alpha_{1i}} - \overline{\alpha_{0i}}) + (\overline{\alpha_{1i}'} - \overline{\alpha_{0i}'})\right]$ 计算标准溶液的旋光角，并填入表 3-57 中。

⑥ 利用公式 $a_m = \dfrac{\alpha_1}{LC}$ 计算蔗糖溶液的旋光率，填入表 3-57 中。

（5）测量蔗糖溶液的浓度（一）（必做内容）。

① 将装有待测蔗糖溶液的测试管（未知浓度）放入试管筒内，试管的凸起部分朝上。

② 调节望远镜调焦手轮，使三分视场清晰。

③ 在视场中找到三分视场刚好消失并且整个视场变为较暗黄色的状态，记下左右两游标的读数 $\alpha_{2i}$、$\alpha'_{2i}$ 反复测 5 次，将数据记入表 3-58 中。

④ 计算左右两游标读数 $\alpha_{2i}$、$\alpha'_{2i}$ 的平均值 $\overline{\alpha_{2i}}$、$\overline{\alpha'_{2i}}$，填入表 3-58 中。

⑤ 利用公式 $\alpha_2 = \dfrac{1}{2}\left[\left(\overline{\alpha_{2i}} - \overline{\alpha_{0i}}\right) + \left(\overline{\alpha'_{2i}} - \overline{\alpha'_{0i}}\right)\right]$ 计算标准溶液的旋光角，并填入表 3-58 中。

⑥ 利用公式 $C = \dfrac{\alpha_2}{a_m L}$ 计算待测蔗糖溶液的浓度，填入表（3）中。

（6）绘制蔗糖溶液的 $\alpha - C$ 曲线、测量蔗糖溶液的浓度（二）（选做内容）。

① 取四个测试管，分别注入实验前配好的已知浓度的蔗糖溶液，浓度分别用 $C_1$、$C_2$、$C_3$、$C_4$ 标记。

② 将浓度为 $C_1$ 的测试管放入试管筒内不同浓度的溶液，试管的凸起部分朝上。

③ 调节望远镜调焦手轮，使三分视场清晰。

④ 在视场中找到三分视场刚好消失并且整个视场变为较暗黄色的状态，记下左右两游标的读数 $\alpha_{3i}$、$\alpha'_{3i}$ 反复测 5 次，将数据记入表 3-59 中。

⑤ 计算左右两游标读数 $\alpha_{3i}$、$\alpha'_{3i}$ 的平均值 $\overline{\alpha_{3i}}$、$\overline{\alpha'_{3i}}$，填入表 3-59 中。

⑥ 利用公式 $\alpha_3 = \dfrac{1}{2}\left[\left(\overline{\alpha_{3i}} - \overline{\alpha_{0i}}\right) + \left(\overline{\alpha'_{3i}} - \overline{\alpha'_{0i}}\right)\right]$ 计算标准溶液的旋光角，并填入表 3-59 中。

⑦ 分别在试管筒内放入浓度为 $C_2$、$C_3$、$C_4$ 的蔗糖溶液，重复上述步骤中的③、④、⑤、⑥，分别测出三种浓度所对应的旋光角 $\alpha_4$、$\alpha_5$、$\alpha_6$，将数据记入表 3-59 中。

⑧ 利用所得实验数据绘制 $\alpha - C$ 曲线。

⑨ 在试管筒内放入装有待测蔗糖溶液的测试管，重复上述步骤中的③、④、⑤、⑥，测出待测蔗糖溶液的旋光解 $\alpha_7$。

⑩ 对照 $\alpha - C$ 曲线，找出与 $\alpha_7$ 对应的浓度值，则该值即为待测蔗糖溶液的浓度。

# 五、数据记录及处理

实验温度：_____

表 3-56
单位：度（°）

| 测量次数 | $\alpha_{0i}$ | $\alpha'_{0i}$ |
|---|---|---|
| 1 | | |
| 2 | | |
| 3 | | |
| 4 | | |
| 5 | | |
| 平均值 | | |
| 零点位置 | | |

表 3-57
管长(dm)：_____ 浓度(g/mL)：_____
旋光率单位：（°）ml /（dm·g）

| 测量次数 | $\alpha_{1i}$（°） | $\alpha'_{1i}$（°） |
|---|---|---|
| 1 | | |
| 2 | | |
| 3 | | |
| 4 | | |
| 5 | | |
| 平均值（°） | | |
| 旋光角（°） | | |
| 旋光率 | | |

表 3-58
管长(dm)：_____ 浓度(g/mL)：_____
旋光率单位：（°）ml /（dm·g）

| 测量次数 | $\alpha_{2i}$（°） | $\alpha'_{2i}$（°） |
|---|---|---|
| 1 | | |
| 2 | | |
| 3 | | |
| 4 | | |
| 5 | | |
| 平均值（°） | | |
| 旋光角（°） | | |
| 旋光率 | | |

表 3-59

管长(dm)：_____          旋光率单位：（°）ml / (dm・g)

| 次数 | $C_1$ (g/ml)：____ | | $C_2$ (g/ml)：____ | | $C_3$ (g/ml)：____ | | $C_4$ (g/ml)：____ | | 待测溶液 |
|---|---|---|---|---|---|---|---|---|---|
| 1 | | | | | | | | | |
| 2 | | | | | | | | | |
| 3 | | | | | | | | | |
| 4 | | | | | | | | | |
| 5 | | | | | | | | | |
| 平均值（°） | | | | | | | | | |
| 旋光角（°） | | | | | | | | | |

待测蔗糖溶液的浓度（g/ml）：_____

## 六、注意事项

（1）测试管应轻拿轻放，小心打碎。

（2）所有镜片，包括测试管两头的护片玻璃都不能用手直接揩拭，应用柔软的绒布或镜头纸揩拭。

（3）只能在同一方向转动度盘手轮时读取始、末示值，决定旋光角，而不能在来回转动度盘手轮时读取示值，以免产生回程误差。

## 七、思考题

1．说明用半荫法测定旋光角（见图 3-124）只用起偏镜和检偏镜测旋光角更准确。

2．根据半荫法原理，测量所用仪器的透过起偏镜和石英片的两束偏振光振动面的夹角 $2\theta$，并画出所用方法的与图 3-128 类似的矢量图。

# 第四章
# 设计性实验

## 一、设计性实验的目的

"实践是检验真理的唯一标准。"物理实验作为基础实验，多为验证性实验，而要激发学生的学习动力和热情，这些一成不变的内容显然有些刻板，难以满足当前学生的求知欲。而参与性更强、动手更多、更为创新的设计性实验则能满足学生的需求和适应现代教育方式。

设计实验是学生自主探索自然现象的重要环节，是学生开展研究性学习的重要内容。在实验课程中，要求学生积极主动探求自然事物，形成对世界的科学认识，养成良好的科学素养。如果离开实验设计这一内容，学生的体验是不完整的。要让学生在科学学习活动中形成完整的体验，我们必须从实验的设计这一环节入手，让学生学会初步的实验设计，在自己设计的实验方案基础上展开实验。

在学习了基本实验知识与技能后，进一步培养学生的综合应用能力，加大设计性实验的力度，让学生在教师的指导下，由学生自己设计实验过程，自己准备实验仪器，在解决问题的过程中，充分发挥自己的聪明才智，培养学生的创新能力。不同的设计性实验，可以使学生在实验方法的构思，测量仪器的选择与配合，测量条件的确定及数据处理等方面得到一定程度的训练。设计性实验的内容往往是在基本实验的内容基础上的扩展和延伸。

## 二、设计性实验的教学要求

对于设计性实验我们对学生提出以下要求：学生除能查阅教师指定文献资料外，还能根据引文查阅其他书刊和资料，并能综合运用；能将所学的知识、方法和技术综合运用于设计方案中，设计方案无论在理论上还是在操作上均是合理的，可行的，可操作性强，设计思路新颖，有独到见解；在实验过程中，目的明确，操作规范，仪器使用正确，观察认真，记录准确，数据处理和图像分析准确可靠，结果正确，实验报告符合要求，条理清楚，表达精练，分析讨论科学，结论恰当。

## 三、设计性实验的教学方式

设计性实验我们采用启发式和开放式的教学方式。课程分两次进行，每次 3 学时，共计 6 学时。第一次课前要求学生查阅文献、资料，了解所需仪器设备，并初步拟定实验方案。第一次课堂上将自己的实验方案及数据处理方法提交指导教师，探讨可行性并熟悉实验设备和实验步骤；如方案需改进可在课堂上及课后进行修改，但应在第二次课前确定方案。第二次课在熟悉的基础上正常进行实验，采集原始数据。第二次课后数据处理，并对实验的整个过程进行总结，对其中出现的各种问题进行分析。

学生在指定的设计性物理实验项目的基础上还可以根据自己的兴趣，提出一些项目，在条件允许的情况下，实验室鼓励和支持。在实验时间方面，除指定课时外，学生可利用业余时间随时来实验室探讨实验方案，为学生提供充足的时间进行钻研和探讨。

# 实验三十一　碰　　撞

**实验目的：**

1．观察系统中物体间的各种形式的碰撞，考察动量守恒定律。

2．观察碰撞过程中系统动能的变化情况，分析实验中的碰撞是属于哪一种类型的碰撞。

**实验要求：**

1．深刻理解动量守恒定律，注意动量的矢量性和滑块在导轨上碰撞的标量表示式。

2．设计出观察两等质量滑块间发生弹性碰撞的实验方案。设计方案要画出示意图。设计方案包括实验步骤、数据记录和处理的表格。

3．设计出观察两不等质量滑块间发生弹性碰撞的实验方案。

4．设计出观察两等质量滑块间利用尼龙搭扣进行完全非弹性碰撞的实验方案。

5．写出实验预习报告。然后在实验室里对照仪器，再进行修改，做完实验后再写出完整的实验报告。

**提供设备：**

气垫导轨、气泵、滑块、智能计时器、细线等。

# 实验三十二　电 表 改 装

**实验目的：**

1．按照实验原理设计测量线路。

2．了解电流计的量程 $I_g$ 和内阻 $R_g$ 在实验中所起的作用，掌握测量它们的方法。

3．掌握毫安计和伏特计的改装、校准和使用方法。了解电表面板上符号的含义。

**实验要求：**

1．明确毫安表是利用并联电阻分流、伏特表是利用串联电阻分压原理；掌握电流计的两个重要参数 $I_g$ 和 $R_g$。

2. 设计出测定电流计的量程 $I_g$ 和内阻 $R_g$ 的实验方案。设计方案要画出电路图。

3. 设计出电流计改装为多量程毫安计的实验方案。设计方案要画出电路图。

4. 设计出电流计改装为 1V 量程伏特计的实验方案。设计方案要画出示意图。

5. 写出实验预习报告。然后在实验室里对照仪器，再进行修改，做完实验后再写出完整的实验报告。

**提供设备：**

200 微安电流表、电阻箱、稳压电源、滑线变阻器、标准电流表、导线、开关等。

# 实验三十三 用迈克尔逊干涉仪测空气的折射率

**实验目的：**

1. 熟悉迈克尔逊干涉仪的原理和使用方法。

2. 学会调出非定域干涉条纹，并测量常温下空气的折射率。

**实验要求：**

1. 熟练的使用迈克尔逊干涉仪，并调出一系列干涉条纹。

2. 设计出测量空气折射率的实验方案。设计方案要画出示意图。设计方案包括实验步骤、数据记录和处理的表格。

3. 写出实验预习报告。然后在实验室里对照仪器，再进行修改，做完实验后再写出完整的实验报告。

**提供设备：**

SMG-2 型迈克尔逊干涉仪，气室（$l = 80\,\mathrm{mm}$），气压计（$0\sim40\mathrm{kPa}$）等。

# 实验三十四 测定金属丝的电阻率

**实验目的：**

1. 熟练掌握基本测量工具使用方法。

2. 加深对金属导电性、阻碍性的认识。

**实验要求：**

1. 选用不同的方法测量金属丝的电阻，分析测量同一个被测电阻，并满足给定的误差要求。

2. 测金属丝直径(横截面积)和长度（长度由自己选取）。

3. 优选方案测金属丝电阻。

**提供设备:**

基本电学、力学设备均可提供。

# 实验三十五　偏振光研究

**实验目的:**

1. 观察光的偏振现象，巩固理论知识。
2. 了解产生与检验偏振光的元件及仪器。
3. 掌握产生与检验偏振光的条件和方法。

**实验要求:**

1. 观察反射起偏，检验布儒斯特定律。
2. 检验平面偏振光经过 1/2 波片后的偏振持性。
3. 检验平面偏振光经过 1/4 波片后的偏振特性。
4. 区别和检验圆偏振光与自然光、椭圆偏振光与部分偏振光。
5. 设计方案包括实验步骤、数据记录和处理的表格。

**提供设备:**

分光计，氦氖激光器，偏振片，1/2 波片，1/4 波片等。

# 第五章
# 大学物理实验预备知识

## 第一节　力学实验预备知识

### 1．长度测量

长度是一个最基本的物理量。为了测量长度，必须首先规定长度的单位标准。在国际单位制中长度的单位为米，用符号"m"表示。

为了掌握长度测量的基本方法和技能，必需熟悉几种常用的测长仪器，了解它们的测量原理和仪器的构造，能熟练地使用它们。

下面分别介绍游标卡尺、螺旋测微计和测微显微镜等物理实验中最常用的测长仪器。

（1）游标卡尺

游标卡尺由一根主尺及一根可沿主尺滑动的游标（副尺）组成，如图 5-1 所示。主尺刻有毫米分格，而游标的刻度则有各种不同的分格法，最简单的一种刻度是：游标上刻有十分格，但它的总长等于主尺九分格（即 9mm），所以每格是 0.9mm，主副尺格值之差为 $1.0-0.9=0.1$mm，如图 5-2 所示，设待测物长为 $AB$，它的 $AC$ 部分可以直接准确地从主尺上读出为 10mm，该读值是以游标尺上的"零"刻线所对应主尺上毫米以上的读值。而 $CD$ 部分即 1mm 以下的部分可借助于游标方便地读出。

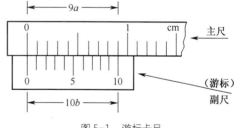

图 5-1　游标卡尺

我们先找出游标上的某刻度（图 5-2 中是第四刻度）和主尺某一刻度重合。

由图可知

$\because CD = 4\times 1$mm，　$BD = 4\times 0.9$ mm

$\therefore CB = CD - BD = 4\times 1 - 4\times 0.9 = 4\times 0.1$ mm $= 0.4$mm

这里 0.1mm 就是主、副尺的每格分度之差，用符号 $\delta$ 表示，则物体长为

$$AB = AC + CB = 10.0 + 4\times \delta = 10.0 + 0.4 = 10.4 \text{ mm}$$

在实际测量时不必经过这样的运算手续。而是先读出游标零线前主尺上的刻度数，再看游标上第 $n$ 根线与主尺的某一根线相对齐，然后把 $n\times \delta$ 数值加到主尺的读数上，这就是物体长度。

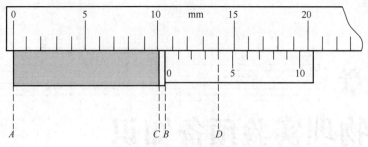

图 5-2　实物测量示意

$\delta = 0.02\text{mm}$ 的游标卡尺实际构造见图 5-3，D 为主尺，E 为副尺（游标），用大拇指推螺旋 F 可使游标沿主尺滑动，测量时把物体夹在 AB 间，C 为一金属杆，可测量物体的深度，而钳口 A′B′ 用以量度物体内部的宽度。在测量前应注意 AB 相接触时游标零线是否和主尺零线对齐，如果没有对齐，应读出其读数，称之为初读数。当游标的零线在主尺的零线左边时，初读数取负值，反之则取正值。实际测量时，应将游标卡尺直接读得的读数减去初读数，才得到物体的真实长度。

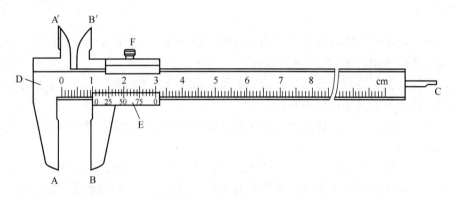

图 5-3　游标卡尺实际构造

实用上，常常使用主、副尺分度差值 $\delta$ 为 0.1、0.05、0.02mm 的游标卡尺，下面举一个例子。如图 5-4 所示：游标格值 49mm/50 格 = 0.98mm/格，这种游标卡尺的主、副尺每格分度之差 $\delta = 0.02\text{mm}$。

图 5-4　$\delta$=0.02mm 游标卡尺

图 5-5 表示用图 5-4 这种游标卡尺（已放大）来测量物体长 $L$，$L = 53.32\text{mm}$。通常认为游标上的读数是帮助测量者较方便地来读估计位的数，故在它的后面就不需要加"0"。

（2）螺旋测微计

螺旋测微计又叫千分尺，比游标卡尺更精密，一般可测到 1/100mm，估计到千分之几毫米，用以测量各种丝的直径，薄片厚度等。

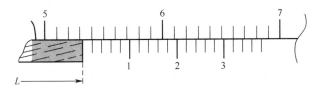

图 5-5　游标卡尺放大

螺旋测微计是根据螺杆推进的原理设计的。我们知道一个螺杆在螺母中旋转一周，螺杆便沿轴线方向移动一个螺距的长度，常用螺旋测微计的螺距是 0.5mm，在螺杆头上套着一圆筒，在这圆筒的外围边缘上，刻有 50 个等分刻度。圆筒转旋一周（50 个刻度）螺杆便沿轴线移动了 0.5mm，显然，圆筒旋转一个刻度，螺杆移动了 0.5mm/50=0.01mm，就是说转过圆筒上每一格代表螺杆移动 0.01mm，因此螺旋测微计可精确地读到 1/100mm，若再估计到一格的十分之几，那么螺旋测微计就可估计到千分之几毫米了。

螺旋测微计的外形如图 5-6，旋转 B 柄，A 端就随之移动。当 A 端与 E 端接触时，圆筒 C 周界上的 0 刻度恰好与 D 柱上标尺准线的 0 刻度重合，初读数为 0。反旋螺杆，A 端与 E 端离开，AE 间距离可从标尺上及圆筒周界的刻度上读出来。标尺上最小刻度为 0.05mm（即螺距的长度）。

测量时将待测物体放在 E 和 A 之间，然后转动 B，使 A 与待测物相接触，物体的长度就可在标尺 D 上读出其 0.5mm 整数倍数值，从圆筒 C 周界刻度上读出其小于 0.5mm 的数字（精确地读到百分之一毫米，估计千分之几毫米），例如图 5-6 中的物体长度读数是这样读的：标尺上读数为 6.0mm，圆筒上读数为 15.1/100=0.151mm，所以物体的长度为 6.0 + 0.151= 6.151mm（最后一位 1 是估计的）。

初读数处理如图 5-7 所示。

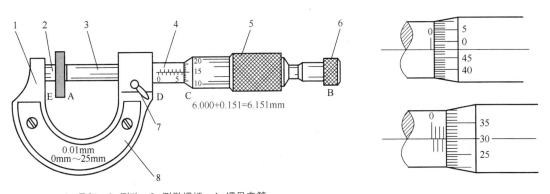

1-尺架；2-测砧；3-测微螺杆；4-螺母套管；
5-微分套管；6-棘轮；7-锁紧装置；8-绝热板

图 5-6　螺旋测微计外形

图 5-7　初读数处理

A 与 E 接触时的初读数=−0.025mm

测量读数=3.300mm

物长=3.300−(−0.025) = 3.325mm

使用注意事项如下：

① 应记录螺旋测微计的初读数，即 A 与 E 接触时的读数，注意是 0 还是正或负值。物

体的长度等于测量读数减去初读数。

② 进行测量时应旋转 B，不应旋转 C，当 A 与物（或 E）接触，B 柄发出喀喀的响声时就可以读数，这是因为 C 与 B 之间有一定的摩擦，当我们旋 B 时是利用摩擦力来带动 C 和 B 一同旋转前进。但当 A 与物（或 E）相接触时，B 与 A 相对滑动发出喀喀声音。如果旋转 C 不但使 A 轴将物体压得过紧而测不准物长，而且可能损坏螺纹。在旋转 B 柄时只能向一个方向转动，否则会因螺丝与螺母之间的空隙引起空转造成读数不正确。

③ 因 C 旋转一周前进 0.5mm，两周就前进 1mm。在 D 轴上毫米刻度（在上侧）和半毫米刻度（在下侧）使用时应特别注意。

④ 测量毕，应使 A 与 E 留一空隙。避免在热膨胀下使 A 与 E 压得过紧，以致螺纹损坏。

（3）测微显微镜（读数显微镜）

一般显微镜只有放大物体的作用，而不能定量地测出物体的大小。如果在显微镜的目镜中装上"+"字叉丝，而且把镜筒装在一个可以控制镜筒左右移动的螺旋测微装置上，这样改装后的显微镜就称测微显微镜，用它就可以测量微小的物体尺寸，如毛细管、金属丝等的直径。

图 5-8 为测微显微镜的简图，旋转测微螺旋 P，可使显微镜的镜筒左右移动，螺距为 1mm，在螺旋 P 圆周界上刻成 100 等份，P 旋转一周，镜筒就在主尺 S 旁移动 1mm。

使用时将待测物体放在显微镜的物镜 F 下的台上。旋转升降器使用 N 调节镜筒高低，使在目镜 T 中看清物体，转动 P 使目镜中的十字叉丝对准待测物的一边，记下主尺 S 和 P 周界上的读数，然后再转动 P 使叉丝移至待测物的另一边再记下读数，两读数差即待测物的长度。如图 5-9 所示。

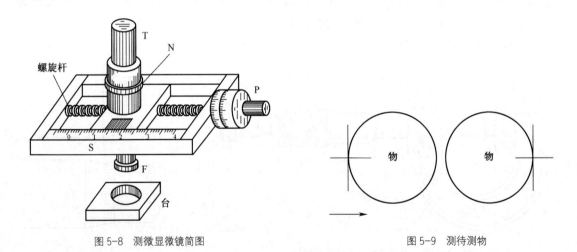

图 5-8　测微显微镜简图　　　　　　　　　　　　图 5-9　测待测物

使用注意事项如下。

① 根据各人眼睛的不同，调节目镜，直至获得清晰的叉丝像。

② 测微螺旋 P 在测量过程中在十字叉丝对准待测物一边和另一边前只能向一个方向转动。否则由于丝杆与螺母之间的空隙引起空转造成读数不准确。

③ 旋转 N 时当心物镜头触及待测物体而受到损坏。为此，应先把镜筒下降到物镜接近被测物为止，然后自下而上缓缓地提高镜筒，直到看见最清晰的像。

④ 目镜或物镜不能用手帕或较硬的东西去擦，不能用嘴吹气，一定要用擦镜纸去擦。

表 5-1 长度测量

| 名 称 | 主要技术性能 | 特点和简要说明 |
|---|---|---|
| 钢直尺 | 规格　　　全长允差<br>至 300mm　　±0.1mm<br>300～500mm±0.15mm<br>500～1000mm±0.2mm | 测量范围再大可用钢卷尺，其规格有 1，2，5，10，20，30，50m。1m，2m 的钢卷尺全长允差分别为±0.5mm，±0.7mm |
| 游标卡尺 | 测量范围：有 125，200，300，500mm<br>主副尺分度差值：0.1，0.05，0.02mm<br>测量范围：有 125，200，300，500mm<br>示值误差：0～300mm 的同分度值<br>大于 300～500mm 的相应有 0.1，0.05，0.04mm | 游标卡尺可用来测量内、外直径及长度。另外还有专门测量深度和高度的游标卡尺 |
| 螺旋测微计（千分尺） | 量限：10，25，60，75，100mm<br>示值误差（≤100mm 的）：<br>1 级为±0.004mm<br>0 级为±0.002mm | 千分尺的刻度值通常为±0.01mm，另外还有刻度值为 0.002mm 和 0.005mm 杠杆千分尺 |
| 测微显微镜 | JLC 型：测微鼓轮的刻度值为 0.01mm<br>测量误差：被测长度 $L$(mm)和温度为 20±3℃时为±$(5+L/15)\mu m$ | 显微镜目镜、物镜放大倍数可以改变。可用于观察、瞄准或直角坐标测量，有圆工作台的还可测量角度 |
| 阿贝比长仪 | 测量范围：0～200mm<br>示值误差：$(0.9+L/300-4H)\mu m$<br>$L$(mm)—被测长度<br>$H$(mm)—离工作台面高度 | 与精密石英刻尺比较长度 |
| 电感式测微仪 | 哈量型<br>示值范围：±125，±50，±25，±12.5，±5μm<br>分度值：5，2，1，0.5，0.2μm<br>示值误差：各挡均不大于±0.5 格<br>TESA，OH 型<br>示值范围：±10，±3，±1μm<br>分度值：0.5，0.1，0.05μm | 一对电感线圈组成电桥的两臂，位移使线圈中铁芯移动，因而线圈电感一个增大，一个减小，并且电桥失去平衡。相应地有电压输出，其大小在一定范围内与位移成正比 |
| 电容式测微仪 | 20 世纪 70 年代产品<br>示值范围：−2～+8μm<br>−20～+80μm<br>分度值：0.2μm，2μm<br>示值误差 1μm，80 年代已有分辨率达 $10^{-9}$m 的产品 | 将被测尺寸变化转换成电容的变化。<br>将电容接入电路，便可转换成电压信号 |
| 线位移光栅（长度光栅） | 测量范围可达 lm，还可接长<br>分辨率：1μm 或 0.1μm，甚至更高<br>精度可达 0.5μm/lm，甚至更高 | 光栅实际是一种刻线很密的尺。用一小块光栅作指示光栅覆盖在主光栅上，中间留一小间隙，两光栅的刻度相交成一小角度，在近于光栅刻线的垂直方向上出现条纹，称莫尔条纹。指示光栅移动一小距离，莫尔条纹在垂直方向上移动一较大距离，通过光电计数可测出位移量 |

续表

| 名　　称 | 主要技术性能 | 特点和简要说明 |
|---|---|---|
| 感应同步器，磁尺，电栅（容栅） | 分辨率可达 1μm 或 10μm | 多在精密机床上应用 |
| 单频激光干涉仪 | 量程一般可达 20m，分辨率可达 0.01μm 测量不确定度在环境条件好时可达 $1×10^{-7}$m 以上 | 激光作光源，借助于一光学干涉系统可将位移量转变成移过的干涉条纹数目。通过光电计数和电子计算直接给出位移量。测量精度高，需要恒温、防振等较好的环境条件 |
| 双频激光干涉仪 | 量程可达 60m，分辨率一般可达 0.01μm，最高可达 0.001μm，测量不确定度优于 $5×10^{-9}$m | 与单频激光干涉仪相比，抗干扰能力强，环境条件要求低，成本高 |
| 线纹尺 | 标准线纹尺有线纹米尺和 200mm 短尺两种。一般线纹尺的长度有：0.1，0.5，2.5，10，20，50m 等 1～1000mm 线纹尺精度 1 等：±(0.1+0.4$L$/m)μm 2 等：±(0.2+0.8 $L$/m)μm 3 等：±(3+7$L$/m)μm | 作为长度标准用或作为检定低一级量具的标准量具 |
| 量块 | 按其制造误差分成：00，0，1，2，3，标准(k)六级。00 级，小于 10mm 的量块工作面上任意点的长度偏差不得超过±0.06μm | 是长度计量中使用最广和准确度最高的实物标准，常为六面体。有两个平行的工作面，以两工作面中心点的距离来复现量值 |

### 2. 质量测量

质量是力学中三个基本物理量之一。国际单位制中量度质量的单位是千克（kg）。1 千克等于国际千克原器的质量，千克原器是用 90%铂和 10%铱的合金按特殊的几何式样（正圆柱体）制造，它保存在法国巴黎国际标准度量局里。

质量的测量是以物体的重量的测量通过比较而得到。根据物体的重量和质量关系知

$$P = mg$$

式中，$g$ 为重力加速度。在同一地点测量时，如果两个物体重量相等，即

$$P_1 = P_2$$

或

$$m_1g = m_2g$$

则

$$m_1 = m_2$$

这就是说，在同一地点，两个物体的重量相等，它们的质量也一定相等。物体的质量可用天平来称衡，称衡时把物体放入天平的左盘，在天平右盘中放砝码。由于天平的两臂是等长的，故当天平平衡时，物体的质量就等于砝码质量。而砝码的质量值已标出，于是可求得物体的质量。

天平是一种等臂杠杆，按其称衡的准确程度分等级，准确度低的是物理天平，准确度高的是分析天平。不同准确程度的天平配置不同等级的砝码。各种等级的天平和砝码其允

许误差都有规定。天平的规格除了等级以外主要还有最大称量及感量（或灵敏度）。最大称量是天平允许称量的最大质量。感量就是天平的摆针从标度尺的零点平衡位置偏转一个最小分格时，天平两侧称盘上的质量差。一般来说，感量的大小与天平砝码（游码）读数的最小分度值相适应。灵敏度是感量的倒数，即天平平衡时，在一个盘中加单位质量后摆针偏转的格数。

（1）物理天平

① 仪器描述。

物理天平（TW-1 型）的构造如图 5-10 所示。在横梁 7 的中点和两端共有三个刀口。中间刀口安置在中柱 11（H 型）顶的玛瑙刀承上，作为横梁的支点，在两端的刀口吊耳 5 上悬挂两个称盘 13。横梁下部装有一读数指针 9，中柱 11 装有读数标尺（牌）16。在底座左边装有托架 3。止动开关旋钮 15 可以使横梁升降。平衡调节螺母 8 是天平空载时调平衡用的。每架物理天平都配有一套砝码，实验室中常用的一种物理天平，最大称量为 500g，1g 以下的砝码太小，用起来很不方便，所以在横梁上附有可以移动的游码 6。横梁 7 上有 50 个刻度，游码向右移动一个刻度，就相当于在右盘上加 0.02g 的砝码，即感量为 0.02g/格。

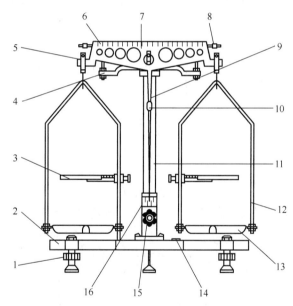

1-水平螺钉；2-底板；3-托架；4-支架；5-吊耳；6-游码；7-横梁；
8-平衡调节螺母；9-读数指针；10-感量调节器；11-中柱；12-托盘；
13-秤盘；14-水准器；15-止动开关旋钮；16-读数标牌

图 5-10　TW-1 型物理天平

② 操作步骤。

a. 调水平：调节水平螺钉 1 使中柱 11 铅直，利用底座上水准器（泡）14 来检查。（有的天平是利用铅锤的尖端与准钉尖端是否对准来检查）

b. 调零点：天平空载时，转动止动开关旋钮 15，使刀承上升托起刀口，横梁 7 即会摆动，观察读数指针 9 的摆动情况。当指针在标尺的中线（第 0 条刻线，称之为零点）两边作等幅摆动时，天平即平衡了，如摆动中心不在零点，则应先制动，使刀承下降，然后调节横梁上两边的平衡调节螺母8的位置；再启动横梁，观察指针位置，……如此反复调节，直到天平达到平衡。

c．称衡：将待测物体放置左盘，砝码放置右盘（包括移动游码），使天平达到平衡进行称衡。

d．将止动开关旋钮15向左旋转，使刀承下降，记下砝码及游码读数。把待测物体从盘中取出，砝码放回盒内，游码移到零位（最后把称盘摘离刀口），天平复原。

③ 操作规则

为了正确使用和保护物理天平，必须遵守以下操作规则。

a．天平的负载不得超过其最大称量，以免损坏刀口或压弯横梁。

b．在调节天平、取放物体、取放砝码（包括游码）以及不用天平时，都必须将天平止动，以免损坏刀口。只有在判断天平是否平衡时才将天平启动。天平启动、止动时动作要轻，止动时最好在天平指针接近标尺中线刻度时进行。

c．待测物体和砝码要放在盘正中。砝码不得直接用手拿取，只准用镊子夹取。称量完毕，砝码必须放回砝码盒内特定位置，不得随意乱放。

天平的各部件以及砝码都要注意防锈、防蚀。高温物体、液体及带腐蚀性的化学药品不得直接放在秤盘内称衡。

（2）托盘天平

托盘天平的构造如图5-11所示。测量时，应将待测物置于左盘中，砝码加在右盘中，小于10g的部分由游码在游标尺上的位置确定。

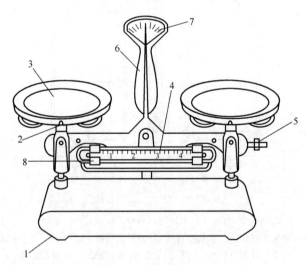

1-底座；2-托盘架；3-托盘；4-标尺；5-平衡螺母；
6-指针；7-分度盘；8-游码

图5-11　托盘天平构造

使用天平时应注意以下两点：

① 使用前必须做平衡调节。调节时应先将游码左缘对准游码尺的0刻线，再调节平衡调节螺母使天平平衡。若调平过程中指针摆动不止，可视指针在标尺0刻线左、右摆幅相等时

为平衡。

② 将待测物或砝码放入盘中时，动作要轻，不可将超过天平量限的物体置于盘中。

表 5-2　　　　　　　　　　　　　　　　质量测量

| 名　称 | 主要技术性能 | 特点和简要说明 |
|---|---|---|
| 国际千克原器 | 直径和高均为 39mm 的铂铱合金圆柱体，含铂 90%、铱 10%，在温度为 293.15K 时，其体积为 46.396cm$^3$ | 1889 年第一届国际计量大会决定该原器作为质量单位，保存在法国巴黎国际计量局原器库里 |
| 中国国家千克基准 | No.60；0℃时的体积为 46.3867cm$^3$，质量值为 1kg+0.271mg | 该原器由伦敦的 Stanton 仪器公司进行加工调整。1985 年由国际计量局检定 |
| 天平 | 按仪器分度值 $d$ 与最大载荷 $m_{max}$ 之比分 10 个精度级别 1～10，相应比值 $d/m_{max}$ 为 $1×10^{-7}$，$2×10^{-7}$，$5×10^{-7}$，$1×10^{-6}$，$2×10^{-6}$，$5×10^{-6}$，$1×10^{-5}$，$2×10^{-5}$，$5×10^{-5}$，$1×10^{-4}$ | 按结构形式分有：杠杆、无杠杆天平，等臂、不等臂天平，单盘、双盘天平，还有扭力天平、电磁天平、电子天平等<br>按用途分有：标准天平、分析天平、工业天平、专用天平<br>按分度值分有：超微量天平、微量天平、半微量天平、普通天平等 |
| 砝码 | 按精度高低分五等，例如允差（mg）等级<br>标称质量　　1　　2　　3　　4　　5<br>10kg　　±30　±80　±200　±500　±2500<br>1kg　　±4　±5　±20　±50　±250<br>100g　　±0.4　±1.0　±2　±5　±25<br>10g　　±0.10　±0.2　±0.8　±1　±5<br>1g　　±0.05　±0.10　±0.4　±1　±5<br>100mg　±0.03　±0.05　±0.2　±1　±5<br>10mg　±0.02　±0.05　±0.2　±1<br>1mg　±0.01　±0.05　±0.2 | 用物理化学性能稳定的非磁性金属制成<br>一、二等砝码用于检定低一等砝码及与 1 至 3 级天平配套使用，三等砝码与 3 至 7 级天平配套使用<br>四等砝码与 8 至 10 级天平配套使用<br>五等砝码用于检定低精度工商业用秤和低精度天平 |
| 工业天平（TG75） | 分度值 50mg，称量 5000g<br>准确度 $1×10^{-5}$，7 级 | 物理实验用 |
| 普通天平（TG805） | 分度值 100mg，称量 500g<br>准确度 $2×10^{-5}$，8 级 | 物理实验用 |
| 精密天平（LGZ6—50） | 分度值 25mg，称量 500g<br>准确度 $5×10^{-5}$，6 级 | 用于质量标准传递和物理实验 |
| 高精度天平 | 分度值 0.02mg，称量 200g<br>准确度 $1×10^{-7}$，1 级 | 检定一等砝码、高精度衡量，计量部门用 |

### 3. 时间测量

我们可用任何自身重复的现象来测量时间间隔。几个世纪以来一直用地球自转（一天时间）作时间标准，规定 1（平均太阳）日的 1/86400 为 1s。石英晶体钟充当次级时间标准，这种钟可达到一年中的记时误差为 0.02s。为满足更好的时间标准的需要，发展了利用周期性的原子振动作为时间标准（原子钟）。1967 年国际计量大会采用铯（$Cs^{133}$）钟为基础的秒作时间标准,秒规定为铯-133原子基态的两个超精细能级间跃迁相对应的辐射的 9 192 631 770 个周期的持续时间。这一规定使用时间测量的精确度提高到 $1/10^{12}$。

实验室里常用的时计,一种是以机械振子为基础;另一种是以石英振子为基础。前者便是机械秒表,其最小分度值为 0.2s 甚至 0.1s,要手动操作,会引入误差。后者为数字毫秒计,其数字显示的末位为 $10^{-3}$ms,可电动操作。此外 1/100s 为最小刻度的电子秒表也属常用。

**表 5-3** 时间和频率测量

| 名 称 | 主要技术性能 | 特点和简要说明 |
|---|---|---|
| 铯束原子频率标准 | 频率 $f_0=9\ 192\ 631\ 770$Hz<br>准确度优于 $1\times10^{-13}(1\sigma)$<br>稳定度 $7\times10^{-15}$ | 用作时间标准。在国际单位制中规定,与铯-133 原子基态的两个超精细能级间跃迁相对应的辐射的 9 192 631 770 个周期的持续时间作为时间单位:s (秒) |
| 石英晶体振荡器 | 频率范围很宽,频率稳定度在 $10^{-4}\sim10^{-12}$ 范围内,经校准一年内可保持 $10^{-9}$ 的准确度。高质量的石英晶体振荡器。在经常校准时,频率准确度可达 $10^{-11}$ | 在时间频率精确测量中获得广泛应用。频率稳定度与选用的石英材料及恒温条件关系密切 |
| 电子计数器时间间隔和频率 | 测量准确度主要取决于作为时基信号的频率准确度及开关门时的触发误差。不难得到 $10^{-9}$ 的准确度。若采用多周期同步和内插技术,测量精度可优于 $10^{-10}$ | 以频率稳定的脉冲信号作为时基信号,经过控制门送入电子计数器,由起始时间信号去开门、终止时间信号去关门,计数器计得时基信号脉冲数乘以脉冲周期即为被测时间间隔。用时间间隔为 1s 的信号去开门、关门,计数器所计的被测信号脉冲数即为被测信号频率 |
| 示波器 | 测频率最高准确度约 0.5% | 可测频率、时间间隔、相位差等,使用方便,准确度不特别高 |
| 秒表 | 机械式秒表,分辨率一般为 1/30s,电子秒表分辨率一般为 0.01s | |

# 第二节　电磁学实验预备知识

在电学和其他一些实验中,会遇到电源(直流电源、交流电源,稳压电压源、恒流电流源)、开关(单刀单掷开关、单刀双掷开关、双刀双掷开关、换向开关、电键)、电阻(普通电阻、滑线可变阻器、电阻箱)、电流计、伏特计和安培计等常用仪器,为此必须先了解它们的性能、使用方法和应该注意的地方。至于其他常用的基本仪器则在相应的实验中介绍。

### 1. 电学常用仪器

#### (1) 电源

供给电能的设备,分交、直流两种。实验用交流电源是市电 50Hz/220V/380V,或是经变压器降压。直流电源,多用直流稳压器、直流恒流源和干电池等。使用时必须注意以下几点。

① 电源电压超过 30V，人会麻电，电压更高且容量大的尤应谨慎、注意安全。

② 直流电源：其极性标记，一般用"+"或红色表示正极，用"−"或黑色、无色表示负极。但干电池中央为正，边缘为负。

③ 使用任何电源时，要注意负载大小，电流超过额定值会损坏电源。稳压源内阻小，恒流源内阻高，因此除恒流源外特别要防止电源两端短接，除具有自动保护的稳压源外，否则就会烧断熔断器（俗称保险丝），或烧坏导线的绝缘物，或报废电池，更不能把变压器或自耦变压器输入与输出反接。一般稳压电源具有自动保护电路，过载时会自动切断电路，欲再启动电源时，可按稳压电源的"启动"按钮。

使用电源时，必须检查电路无误后才准接上，实验结束后，应先拆除电源，再拆电路。

（2）开关

如图 5-12 所示。

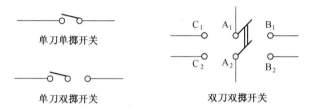

图 5-12　开关

① 单刀单掷开关（有弹性的按钮称电键）、单刀双掷开关。

② 双刀双掷开关，双刀 $A_1$、$A_2$，右掷时分别与 $B_1$、$B_2$ 接通，左掷时 $A_1$、$A_2$ 分别与 $C_1$、$C_2$ 接通。

③ 电键是带弹性的开关，按下时接通，释放时断开。

（3）电阻器

经常用到的电阻器是电阻箱和滑线式变阻器，分述如下。

① 常用的一种电阻箱是转盘式的，其原理如图 5-13 所示。转柄旋转时，短路了一定电阻，因而电阻箱两端间的总电阻也改变了。实验室用 ZX21 型旋转式电阻箱面板如图 5-14 所示。

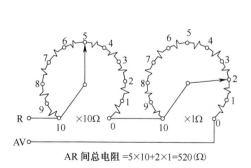

AR 间总电阻 $=5×10+2×1=520(\Omega)$

图 5-13　转盘式电阻箱原理

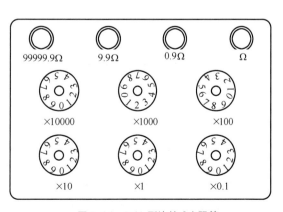

图 5-14　ZX21 型旋转式电阻箱

ZX21 型电阻箱数据如下：

调整范围：$0\sim9(0.1+1+10+100+1\,000+10\,000)\Omega$，即 $0\sim99\,999.9\,\Omega$。

零值电阻：$\leqslant0.03\,\Omega$

准确度等级：0.1 级

|  | ×0.1 | ×1 | ×10 | ×100 | ×1 000 | ×10 000 |
|---|---|---|---|---|---|---|
| 最大允许电源： | 1.5A | 0.5A | 0.15A | 0.05A | 0.015A | 0.005A |

基本误差：在出厂后的规定时期内不超过被接入电阻值 $R$ 的 $\pm[0.1+0.2m/R]\%$。$m$ 为使用十进制电阻箱旋钮个数。若读数为 $31200.0\,\Omega$ 时，其基本误差为

$$\frac{\Delta R}{R}=(0.1+0.2\times\frac{6}{31200})\%=0.1\%$$。又若表面读数为 $9.9\,\Omega$，该合理选择电阻箱接线柱，

则此时的基本误差为

$$\frac{\Delta R}{R}=(0.1+0.2\times\frac{2}{9.9})\%=0.14\%，否则 \frac{\Delta R}{R}=(0.1+0.2\times\frac{6}{9.9})\%=0.22\%$$

使用前应先旋转下各组旋钮，使内阻接触稳定可靠，并且不应超过最大允许电流值使用。

② 滑线式变阻器的构造是一绝缘筒上双绕电阻丝，如图 5-15 所示。电阻丝的两头与两个接线柱 A 和 B 相接，电阻丝上为一滑动接触器 C′，它可在电阻丝与金属棒间接触滑动，棒的一头为一接线柱 C，变阻器的用法如图 5-16 所示有以下三种。

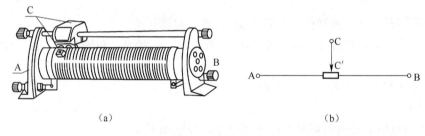

（a）　　　　　　　　　　　　　　　（b）

图 5-15　滑线式变阻器

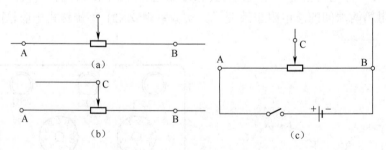

图 5-16　滑线式变阻器 3 种用法

a. 用作固定电阻：如接 A 和 B，则电阻固定不变，如图 5-16（a）所示。

b. 用作变阻器：如接 A 和 C 或 B 和 C，则随 C 滑动位置而有不同的电阻，当 C 滑近 A，则 AC 间电阻减少而 BC 间电阻增加，如图 5-16（b）所示。

c. 用作分压（或称电位器），接法如图 5-16（c）所示。E 为电源，它与变阻器的 A 和 B

相接，串连成一闭合回路，然后从 C 和 B 之间输出电压通往外电路。当 C 自 B 开始滑向 A 时，CB 两端间输出电压自 0 逐渐增大。亦可从 C 和 A 之间输出电压通往外电路，这时 C 的极性发生了变化。

上述后两种用法在今后实验中经常用到，注意它们在接法上的区别。

不论是变阻器还是电阻箱，除了注意电阻值外还需注意其最大允许电流值或电压值，这些值一般都标在仪器上。

（4）电表

电表是量度电学量的仪器，分交、直流两种，实验中多半用的是直流磁电式电表。按量度需要的不同，区分为电流计、安培计和伏特计。

电流计是量度微小电流和检查电路中有无电流存在的仪器，当电流计的指针可向两个方向偏转的话，接线时就没有正、负极性的限制，在没有电流通过时指针应指在零刻度上。电流计用符号"G"或"I"表示。必须注意电流计只能量度微小电流，其最大允许电流值一般标明在仪表上。

安培计和伏特计是量度较大电流和电压的仪器，平常用符号Ⓐ表示安培计，Ⓥ表示伏特计。使用时应注意以下几点。

① 连接：安培计是与需测量电流的电路串联，而伏特计是与需要测量电压的电路并联，如图 5-17 所示。

② 正、负极性：电表正极表示电流从这个极流入，而负极表示从这个极流出，与电源不同，在接线时应注意这点。通常电表的正极标志"+"，负极标志"−"，如果电表上只标有"+"接线柱，那么其他接线柱都是负极；反之只标有"−"，则其他为正极。

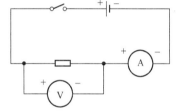

图 5-17　电表的连接

③ 量程：量程指仪器允许量度的最大数值。当测量的电流或电压值超过电表量程，就得更换量程大的电表来进行测量；反之，测量的电流或电压值远小于电表的量程，就得用小量程的电表。如果测量的电流或电压值事先不能估计，为安全起见，应先用较大量程的电表测试，然后改用适当量程的电表，否则会打坏电表指针甚至烧坏电表。实验室中用的多量程电表在量程选用上提供了不少方便，可以临时更换量程。

④ 电表的误差：在测量电学量时，由于电表本身机构及测量坏境的影响，测量结果会有误差。由温度、外界电场和磁场等环境影响而产生的误差是附加误差，可以由改变环境状况而予以消除。而电表本身结构缺陷（如摩擦、游丝残余形变，装配不良及标尺刻度不准确等）产生的误差则为仪表基本误差，它不依使用者不同而变化，因而基本误差也就决定电表所能保证的准确程度。仪表准确等级定义为仪表的最大绝对误差与仪表量程（即测量上限）的比值的百分数。例如某个电流表的量程为 1A，其最大绝对误差是 0.01A，那么

$$N\% = \frac{\text{最大绝对误差}（\varDelta_{\mathrm{m}}）}{\text{量程}（A_{\mathrm{m}}）} \times 100\% = \frac{0.01\mathrm{A}}{1\mathrm{A}} \times 100\% = 1\%（\text{级别1级}）$$

这个电流表的准确度等级就定义为 1.0 级。反之，如果知道某个电流表的准确度等级是 0.5 级，量程是 1A，那么该表的仪器误差就是 0.005A。每个仪表的准确度等级在该表

出厂前都经检定并标示在盘上，根据其等级就知道这个表的可靠程度。电表的准确度等级按国家技术监督局规定可分为0.1、0.2、0.5、1.0、1.5、2.5、5等七个等级，其中数字愈小的准确度愈高。

由于实验中误差的来源是多方面的，在其他方面的误差比仪表带来的误差还大的情况下，就不应去片面追求高级别的电表，因为级别提高一级，价格就要贵很多。实验室常用1.0级、1.5级电表，准确度要求较高的测量中则用0.5级或0.1级的。

从前面所述仪表准确度可知，在实际选用电表时，在待测量不超过所选量程的前提下，应力求指针的偏转尽可能大一些，只有在被测量接近仪表的量程时，才能最大限度达到这个仪表的固有准确度，以减少读数误差。此外，选表时要注意它们的内阻，一般说来伏特计的内阻（每伏欧姆数）越大越好，安培计的内阻越小越好，当电表的内阻对测量实际上没有什么影响时，就不要苛求。

⑤ 电表的读数：通电前应先检查电表指针是否在零点。不在零点时可调节机械调零。伏特表读数如图5-18（a）：量程1.5V读$V_1$=1.10V；量程30V读$V_2$=22.0V。仪器误差△V=量程×级别%，上述读数结果：$V_1$=1.10±0.02V，$V_2$=22.0±0.4V。毫安表读数如图5-18（b）所示：量程1mA读$I_1$=0.846mA；量程50mA读$I_2$=42.3mA。仪器误差△I=量程×级别%，上述读数结果：$I_1$=0.846±0.005mA；$I_2$=42.3±0.2mA。

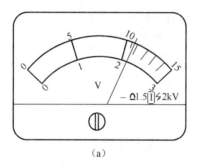
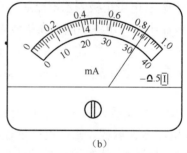

（a）　　　　　　　　　　（b）

图5-18　伏特表读数

读数时，应正对指针看刻度，否则会产生视差。等级高的电表（1级以上），为了减少视差，在表盘下面装有一镜面，读数时应看指针与它在镜面中的像重合时所对的刻度，这样可避免视差。一般情况下读数应读到电表最小分度的下一位，根据最小分度距离的大小，估计到最小分度的1/2、1/5或1/10。读数估计位应与仪器误差位相符合且以仪器误差位为准。

⑥ 电表在测量电路中因各种连接方法的不同所产生的误差也不同。

用电压表、电流表测电阻（简称伏安法测电阻）有两种测量电路，如图5-19所示，均有系统误差（方法误差）产生。

设流过电阻R（或非线性电阻D）上的电流$I$，电压表指示为$V$，严格地讲，电阻R阻值不能简单地表示为$R=V/I$，而必须考虑电表内阻的影响。若设电流表内阻为$R_g$，电压表内阻为$R_V$，则可证明，对图5-19（a）所示的测量电路应为

$$I = \frac{V}{R}\left(1 + \frac{R}{R_V}\right)$$

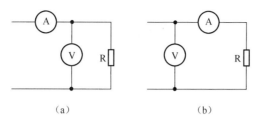

图 5-19　两种伏安法测电阻电路

而对图 5-19（b）所示的电路为

$$I = \frac{V}{R}\left(1 + \frac{R_g}{R}\right)$$

可见只有当 $R_V \gg R$ 时，图 5-19（a）电路近似有 $I=V/R$；当 $R_g \ll R$ 时，图 5-19（b）近似有 $V=IR$。否则用图 5-19（a）电路测得的 $R$ 值会偏小，用图 5-19（b）电路所测得的 $R$ 值总比实际值大。这种偏小或偏大就是由于测量方法的不完善所造成的，称为"方法误差"，是系统误差的一部分。可以利用上述公式予以修正。在实际测量时，应根据待测电阻值 $R$（或 $D$）、电表的内阻 $R_g$ 和 $R_V$ 的大小来选择测量电路，使"方法误差"尽可能小。以便在测量要求不高时可以忽略不计。

[附录]电表面板上的常见标记

～—交流；－—直流；⌇—电磁（动铁）式；∩—磁电（动圈）式；⊓—水平放置；⊥—垂直放置；＜60—倾斜角小于 60°放置；☆—绝缘经 2kV 高压试验；0.5—误差等级，分别有 0.1、0.2、0.5、1.0、1.5、2.5、5 七个等级；⊓—Ⅱ 级防外磁场。

## 2. 电路的连接

所谓电路的连接，就是将仪表、电源等用导线连接成通电的线路，要完成这项工作，首先应分析电路，理解各仪器仪表在电路中所起的作用，然后进行连接，具体做法如下所述。

① 把仪器仪表排列在恰当的位置，经常要读数和调节的应放在身边，以便读数和操作。相互干扰的应相隔远些设法避免之。

② 按电路图要求用适当长短的导线依次连接。如遇繁复的电路应分段分回路去连接，然后再加以组合，养成有条理有次序的接线习惯。在连接中必须注意：不准先接入电源，且所有开关必须打开，以防接错造成事故。

③ 电路（除电源外）全部接好后必须加以复查，注意每一接线柱是否旋紧并接触良好，电表正、负极性和量程有否接错，变阻器是否调在适当的位置等。请教师检查无误后，按下开关进行试验，先粗略过一遍，若无问题（如极性是否反了？量程选择合适否？）便可按步骤进行实验。

④ 在做完实验后，应先从线路中断开电源，再拆去线路，最后整理好仪器。

[附录]常用电气组件符号

在电学实验中必须画出电路图，以表明实验所依据的原理及所使用的仪表等。在电路图中，常用图形符号代表各种电气组件，常用的电气组件符号见表 5-4。

**表 5-4**　　　　　　　　　　　　　　　　常用电气组件符号

| 安培计 | (A) | 电感线圈 | |
| 伏特计 | (V) | 有铁芯的电感线圈 | |
| 交流电 | (~) | 变压器 | |
| 干电池 | + ┤├ − | 接地端 | |
| 直流电源 | ┤ⅠⅠ├ | 不连接的交叉导线 | |
| 晶体二极管 | ▷￤ | 连接的交叉导线 | |
| 晶体三极管 | E　C　B | 固定电阻 | ▭ |
| 真空三极管 | G　F　P | 可变电阻 | |
| 电容器 | ┤├ | 可变电阻器 | |
| 可变电容器 | ╫ | 电解电容 | + ├￤ − |
| 单刀单掷开关 | ○—○ | 电流计 | ↑ |
| 双刀双掷开关 | | 天线 | ▽ |

# 第三节　光学实验预备知识

　　光学实验中不论是几何光学实验还是波动光学实验都要用到许多常用的实验知识和调节技能，而它又有别于力学、热学、分子物理和电学的实验，有其特殊性，因此要求学生在进行光学实验前，应认真阅读此预备知识，在实验中牢记，进一步体会、运用它。

## 1. 光学组件和仪器的维护

　　所有光学组件和仪器的质量与精密度都与光学表面的情况有关，尘埃、霉斑、油脂、手痕和刻痕等是使透镜、棱镜、光栅、平面镜性能变坏的普遍原因。空气中含有许多灰尘，尤其是长期暴露在大气中的光学组件和仪器表面会染上不可忽视的灰尘，并且在灰尘中含有许多酸碱性物质，它们对光学表面，尤其是对镀膜层会有较大的损害。光学仪器中往往采用复合透镜，它们用光学胶粘合，光学胶富有一定的营养成分，在潮湿环境中容易滋生霉菌。手指上有许多油脂，手指接触光学表面就会打上指印，影响光学组件的质量。

为了合理使用光学组件和仪器，必须遵守以下规则。

① 必须加强实验预习，了解仪器的使用方法和注意事项。

② 轻拿轻放，切忌用手触摸组件的光学表面，在拿取光学组件时，只能在其磨砂面处抓住，如透镜、光栅的边缘、棱镜的上下面等。如图 5-20 所示。

图 5-20　抓光学组件的磨砂面

③ 切忌光学组件和仪器受冲击，特别要防止光学组件跌落，用毕后把光学组件及时装入专用盒内，并放在桌子的里侧，防止跌落。

④ 光学表面如有灰尘，应用实验室专备的擦镜纸或用橡皮球吹掉，切勿用手指抹，也不能用嘴吹。

⑤ 光学表面上若有轻微的污痕或指印，用擦镜纸轻轻拂去，但不能加压擦，更不准用普通纸、手帕、衣服等去擦。若表面有较严重的污痕或指印，应由实验室人员用丙酮或酒精清洗。若光学表面是镀膜面更不能随便擦拭。

⑥ 调整光学仪器要耐心细致，先粗调（大致的调整）后细调，动作要轻、慢，切勿盲目过猛的用力操作。

⑦ 实验结束后，一切复位，加罩，防止灰尘玷污。

### 2. 消视差

视差是指观察两个静止物体，当观察者的观察位置发生变化时，一个物体相对于另一个物体的位置有明显的移动。这在以往的实验中已有所见，如用木制的米尺测两点间的距离时，由于米尺的刻线与被测的两点不在同一平面内，则在读数时若改变视线角度，读数值就要发生改变，如图 5-21 所示；在指针式电表读数时也会产生同样的视差问题，对这类视差的消除，我们在做前面实验时已经有体会。那么在做光学实验时，视差的产生和消除又是怎么回事呢？

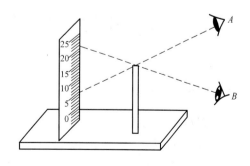

图 5-21　因视差影响读数不准

光学实验中经常要用目镜中的十字叉丝或标尺来测量像的位置和大小，当像平面与十字叉丝（或标尺）不在同一平面上时，就会产生视差，而且我们还须判断像的位置，若像在十字叉丝与眼睛之间时，当观察者的眼睛移到右边时，像就移到十字叉丝左边；若像在十字叉丝之前，即像距眼睛要比十字叉丝距眼睛远时，当观察者的眼睛同样移到右边时，像却也移动到十字叉丝的右边。这样就能帮助我们，欲使像与十字叉丝平面相重合，进一步聚焦时，像应向哪个方向移动。通过调焦使像平面与十字叉丝所在平面相重合。否则测量时就会引入误差。

### 3. 共轴调节

光学实验中经常要用到多个透镜成像。为了获得质量好的像，必须进行共轴调节，以使各个透镜的主光轴重合，并使物体置于近光轴位置，即使物体位于透镜的主光轴附近。而且透镜成像公式中的物距、像距等都是沿主光轴计算长度的，因此必须使透镜的主光轴与光具座的刻度尺相平行。故有平行共轴之称，我们简称共轴调节。

共轴调节方法如下：使光源、光阑、物或物屏和透镜在光具座上垂直导轨并彼此靠拢，调节它们的高低左右位置，凭眼睛观察，使它们中心的连线和光具座导轨上的标尺相平行。此调节步骤称为粗调。通常应再进行细调，移开像屏观察光斑在像屏上的位置，使它的位置几乎不变。共轴调节光路图如图 5-22 所示。

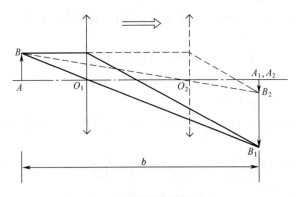

图 5-22　共轴调节光路图

# 第四节　常用仪器的仪器误差

### 1. 钢直尺和钢卷尺

常用的钢直尺的分度值为 1mm，有的在起始部分或末端 50mm 内加刻 0.5mm 的刻度线。

常用的钢卷尺分大、小钢卷尺两种，小钢卷尺的长度有 1m 和 2m 两种，大钢卷尺的长度有 5、10、20、30、50m 等 5 种，它们的分度值皆为 1mm。

国家标准钢直尺和钢卷尺的允许误差见表 5-5。

**表 5-5**

| 名　　称 | 规格/mm | 允许误差/mm |
|---|---|---|
| 钢直尺 | 至 300 | ±0.1 |
| | 300～500 | ±0.15 |
| | 500～1000 | ±0.2 |
| 钢卷尺 | 1000 | ±0.5 |
| | 2000 | ±0.1 |

#### 2．游标卡尺

游标卡尺使用前必须检查初读数，即先令游标卡尺的两钳口靠拢，检查游标的"0"刻线的读数，以便对被测量值进行修正。

我国使用的游标卡尺其分度值通常有：0.02mm，0.05mm 和 0.1mm 三种。它们不分精度等级，一般测量范围在 300mm 以下的游标卡尺取其分度值为仪器的允许误差。

**表 5-6**

| 游标精度 $\Delta I$ 标/mm | 游标刻度线 /格 | 游标刻度总长 /mm | 主尺分度值 /mm | 游标分度值 /mm | 示值误差 /mm |
|---|---|---|---|---|---|
| 0.1 | 10 | 9 | 1 | 9/10 = 0.9 | ±0.1 |
| | | 19 | | 19/10 = 1.9 | |
| 0.05 | 20 | 19 | 1 | 19/20 = 0.95 | ±0.05 |
| | | 39 | | 39/20 = 1.95 | |
| 0.02 | 25 | 12 | 0.5 | 12/25 = 0.48 | ±0.02 |
| | 50 | 49 | 1 | 49/50 = 0.98 | |

#### 3．螺旋测微计（千分尺）

千分尺是一种常见的高精度量具，按国家标准（GB1216—75）规定，量程为 25mm 的一级千分尺的仪器误差为 0.004mm。

千分尺误差主要由以下几个因素产生。

① 千分尺两测量面不严格平行。

② 螺杆误差。

③ 温度不同（试件与千分尺温度不同、或相同，但测量环境温度不同于千分尺的定标温度）。

④ 转动微分筒测量时，转矩的变化（同一测量人或不同的测量者）。

⑤ 读数误差，由于圆筒上的指示线与微分筒上的刻度不在同一平面内产生的视差。

千分尺的精度分零级和一级两类。大学物理实验使用的是一级，其仪器误差与量程有关，见表 5-7。

**表 5-7**

| 测量范围/mm | ～100 | 100～150 | 150～200 |
|---|---|---|---|
| 允许误差/mm | ±0.004 | ±0.005 | ±0.006 |

### 4．天平

天平的感量是指天平的指针偏转一个最小分格时，秤盘上所要增加的砝码。天平的灵敏度与感量互为倒数。天平感量与最大称量之比定义为天平的级别。国家标准有 10 级，见表 5-8。

表 5-8

| 精度级别 | 1 | 2 | 3 | 4 | 5 | 6 | 7 | 8 | 9 | 10 |
|---|---|---|---|---|---|---|---|---|---|---|
| 感量/最大称量 | $1\times10^{-7}$ | $2\times10^{-7}$ | $5\times10^{-7}$ | $1\times10^{-6}$ | $2\times10^{-6}$ | $5\times10^{-6}$ | $1\times10^{-5}$ | $2\times10^{-5}$ | $5\times10^{-5}$ | $1\times10^{-4}$ |

天平型号及参数见表 5-9。

表 5-9

| 类别 | 型号 | 级别 | 最大称量/kg | 感量/（$10^{-6}$）kg | 不等臂差/（$10^{-6}$） | 示值变动性差/（$10^{-6}$）kg | 游码质量/kg |
|---|---|---|---|---|---|---|---|
| 物理天平 | TWO2 型 | 10 | $200\times10^{-3}$ | 20 | <60 | <20 | |
| 物理天平 | TWO5 型 | 10 | $500\times10^{-3}$ | 50 | <150 | <50 | |
| | TW 型 | 10 | $1000\times10^{-3}$ | 100 | <300 | <100 | |
| | WL 型 | 9 | $400\times10^{-3}$ | 20 | 60 | 20 | $420\times10^{-6}$ |
| | TG628 型 | 9 | $1000\times10^{-3}$ | 50 | 100 | 50 | $+50\times10^{-6}$ |
| 分析天平 | TG628 A | 6 | $200\times10^{-3}$ | 1 | 3 | 1 | |
| 精密天平 | TG604 型 | 6 | $1000\times10^{-3}$ | 5 | ≤10 | ≤5 | |
| | TG504 型 | 5 | $1000\times10^{-3}$ | 2 | ≤4 | ≤2 | |

### 5．砝码

砝码是与天平配套使用的称衡质量的量具。根据《砝码检定规程》（JJG99-72）砝码精度分为 5 级，其允许误差请见表 5-2 质量测量。

### 6．停表和数字毫秒表

实验室中使用的机械式停表一般分度值为 0.1s。仪器误差亦为 0.1s。

CASIO 电子秒表计时的基本误差为

$$\Delta_{仪} = (0.01 + 0.0000058 \times t)(s)$$

式中，$t$ 为计时时间

数字毫秒表，时基值分别为 0.1ms、1ms 和 10ms，其仪器误差分别为 0.1ms、1ms 和 10ms。

### 7．水银温度计、热电偶、光测高温计等

**表 5-10**

| 仪 器 名 称 | 测 量 范 围 | 仪 器 误 差 |
|---|---|---|
| 实验室用水银玻璃温度计 | $-30\sim300℃$ | $0.05℃$ |
| 一等标准水银玻璃温度计 | $0\sim100℃$ | $0.01℃$ |
| 工业用水银玻璃温度计 | $0\sim150℃$ | $0.5℃$ |
| 基准铂铑铂热电偶 | $600\sim1300℃$ | $0.1℃$ |
| 标准铂铑铂热电偶 | $600\sim1300℃$以下 | $0.4℃$ |
| 工业铂铑铂热电偶 | $600\sim1300℃$ | $0.3\%$（乘以被测温度） |
| 标准光测高温计 | $800\sim1400℃$ | $5℃$ |
| 工作光测高温计 | $1400℃$以下 | $5℃$ |
| 工作光测高温计 | $2000℃$以下 | $10℃$ |
| 工作光测高温计 | $3000℃$以下 | $20℃$ |
| 标准辐射高温计 | $900\sim1800℃$ | $40℃$ |
| 工作辐射高温计 | 以度标的上限计 | $1.5\%\sim3\%$ |
| 压力计式温度计 | 以度标的上限计 | $2\%$ |

### 8．钮式电阻箱

根据部颁标准（D）36-61 将测量用的电阻箱分为 0.02、0.05、01、0.2 四个级别。等级的数值表示电阻箱内电阻器阻值相对误差的百分数，这个电阻箱内电阻器阻值误差与旋钮的接触电阻误差之和构成电阻箱的仪器误差。用相对误差表示时为

$$\frac{\Delta_{仪}}{R}=\left(a+b\frac{m}{R}\right)\%$$

式中

| 级别 $a$ | 0.02 | 0.05 | 0.1 | 0.2 |
|---|---|---|---|---|
| 常数 $b$ | 0.1 | 0.1 | 0.2 | 0.5 |

$m$ 为所用十进位电阻箱旋钮的个数，与选用的接线柱有关。$R$ 为所用电阻数值的大小。

若 ZX21 型 6 旋钮十进位电阻箱，已知为 0.1 级，当选用 $99999.9\Omega$，电阻值为 $0.1\Omega$ 时，因用 6 个旋钮时，其相对误差达

$$E_1=\frac{\Delta_{仪}}{R}=\left(0.1+0.2\times\frac{6}{0.1}\right)\%=12\%$$

可见其误差主要是由旋钮的接触电阻所引起，若改用低电阻 $0.9\Omega$ 接线柱，因只用一个旋钮时，则 $m=1$，这时其相对误差为

$$E_1=\frac{\Delta_{仪}}{R}=\left(0.1+0.2\times\frac{1}{0.1}\right)\%=2.1\%$$

大大减小了误差。故要合理选用电阻箱的接线柱。

### 9. 电子测量指示仪表的精度级别

根据国家标准 GB776—65《电子测量指示仪表通用技术条例》规定，仪表的准确度分为：0.1、0.2、0.5、1.0、1.5、2.5、5.0 七个等级。旧的仪表还会出现 4.0 的级别。

仪表准确度等级的数字 $N$ 是表示仪表本身在正常工作条件（位置正常，周围温度为 20℃，几乎没有外界磁场的影响）下可能发生的最大绝对误差与仪表的额定值（量程）的百分比值。

实验中一般多使用单向标度尺的指示仪表，在规定的条件下使用时，根据仪表级别的定义可得示值的最大绝对误差为

$$\Delta_{仪} = x_m \cdot N\%$$

$x_m$ 为仪表的量程，$N$ 为仪表的准确度级别。测量时，某一示值 $x$ 的最大相对误差

$$E = \frac{\Delta_{仪}}{x} = \frac{x_m}{x} \cdot N\%$$

由此可见，在选用仪表的量程时要尽可能使所测数值接近仪表的满量值，其测量的准确度才接近于仪表的准确度。

### 10. 万用表

实验室中常用的万用表有：MF9 型、500 型、MF30 型。精度等级及其主要性能，见表 5-11～表 5-13。

（1）MF9 型

**表 5-11**

| 功　能 | 测 量 范 围 | 内阻和电压降 | 精 度 等 级 | 基本误差表示方法 |
|---|---|---|---|---|
| 直流电压 | 0.5–2.5–10–50–250–500V | 20kΩ/V | 2.5 | 以标度尺上量限的百分数表示 |
| 交流电压 | 10–50–250–500V | 4kΩ/V | 4.0 | |
| 直流电流 | 50μA–0.5–5–50–500mA | 0.6V | 2.5 | 以标度尺长度的百分数表示 |
| 电阻* | 0–4–40kΩ–4–40MΩ | – | 2.5 | |
| 音频电平** | −10Ω+22dB | – | 4.0 | |

*作欧姆表使用测量电阻时，为了提高测量准确度，指针最好指在中间一段刻度，即全刻度的 20%～80% 弧度范围内。

**音频电平测量：测量方法与交流电压相似，将选择开关旋至适当的 V 范围内，使指针有较大偏转度。若被测信号同时带有直流电压，则在仪表的正插口上串联一个电容值在于 0.1μF，耐压大于 400V 的隔直电容器。

音频电平的刻度系根据 0dB = 1mW，600Ω 输送标准设计，标度尺指示值为 −10～22 + dB 音频电平与电压功率关系为

$$电平 = 10 \times \lg \frac{P_2}{P_1} = 20 \times \lg \frac{V_2}{V_1}[dB]$$

式中，$P_1$ 为在 600Ω 负荷阻抗上 0dB 的标称功率为 1mW；$V_1$ 为在 600Ω 负荷阻抗上消耗功率为 1mW 时的相应电压，$V_1 = \sqrt{PR} = \sqrt{1.00 \times 10^{-3} \times 600} = 7.76 \times 10^{-1}$ V；$P_2$、$V_2$ 分别为被测功率和电压。

（2）500 型

**表 5-12**

| 功　能 | 测量范围 | 内　阻 | 精度等级 | 基本误差表示方法 |
|---|---|---|---|---|
| 直流电压 | 0–2.5–10–50–250–500V | 20kΩ/V | 2.5 | 以标度尺工作部分上量限的百分数表示 |
| | 2500V | 4kΩ/V | 4.0 | |
| 交流电压 | 0–10–50–250–500V | 5kΩ/V | 4.0 | |
| | 2500V | 4kΩ/V | 5.0 | |
| 直流电流 | 0–50μA，1–10–100–500mA | − | 2.5 | 以标度尺长度的百分数表示 |
| 电阻 | 0–2–20–200kΩ，2–20MΩ | — | 2.5 | |
| 音频电平 | −10Ω22dB | — | | |

（3）MF30 型

**表 5-13**

| 功　能 | 测量范围 | 电阻和电压降 | 精度等级 | 基本误差表示方法 |
|---|---|---|---|---|
| 直流电压 | 0–1–5–25–50V | 20kΩ/V | 2.5 | 以标度尺上量取的百分数表示 |
| | 0–100–500V | 5kΩ/V | | |
| 交流电源 | 0–10–100–500V | 5kΩ/V | 4.0 | |
| 直流电流 | 0–50–500μA–5–50–500mA | <0.75V | 2.5 | 以标度尺长度的百分数表示 |
| 电阻 | 0–4–400kΩ–4–40MΩ | 25Ω(中心) | 2.5 | |
| 音频电平 | −10Ω + 22dB | | 4.0 | |

## 11．单电桥

按国家标准　ZBY164-83《测量电阻用直流电桥》，单电桥基本误差的允许极限为

$$E_{\lim} = \pm \frac{C}{100}\left(\frac{R_N}{k} + X\right)$$

式中，$\frac{C}{100}$ 是用百分数表示的准确度等级指数，请参看各仪器说明书或产品上所附的说明，如 QJ-23 型盒式电桥。

$k$ 值一般取 10，$X$ 为标度盘示值即测量值，$R_N$ 为基准值，为该量程内最大的 10 的整数幂。

## 12．电位差计

其基本误差允许极限为

$$E_{\lim} = \pm \frac{C}{100}\left(\frac{V_N}{10} + V_x\right)$$

式中，$C/100$ 为用百分数表示的电位差计的准确度等级，如 UJ31 型电位差计为 0.05 级则 $C = 0.05$。$V_N$ 为基准值，指第 1 测量盘第 10 点的电压值，$V_X$ 为标度盘示值，即测量值。

**表 5-14**

| 倍　率 | 测量范围 | 检 流 计 | 准　确　度 | 电源电压 |
|---|---|---|---|---|
| 0.01 | 1～9.999Ω | 内附 | ±2% | 4.5V |
| 0.01 | 10～99.99Ω | | | |
| 0.1 | 100～999.9Ω | | ±0.2% | 6V |
| 1 | 1000～9999Ω | | | |
| 10 | $10^4$～9.999Ω×$10^4$Ω | 外附 | ±0.5% | 15V |
| 100 | $10^5$～9.999Ω×$10^5$Ω | | | |
| 100 | $10^6$～9.999Ω×$10^6$Ω | | ±2% | |

### 13. 福廷式气压计

（1）福廷式气压计原理与结构

福廷式气压计是根据托里拆利原理做的，其结构如图 5-23 所示，将一根长约 80cm 的一端（上）封闭，一端（下）开口的玻璃管内装满水银，用拇指按住开口处，然后倒插入水银杯 B 内。于是管内水银在重力（因管封闭端和下降的水银面之间为真空，无其他力作用）作用下，从管的开口端流入水银杯内，直到管内水银柱高度所产生的压强和大气压强平衡为止，在管上端留一段真空。

测量时，因玻璃管上端为真空，管内水银柱上升或下降，仅取决于作用在水银杯 B 液面上大气压强。玻璃管安放在金属保护套 C 内，以免被碰破，在保护套 C 的上方开有两个彼此相对的长方形窗口。无论大气压强怎样变化，在窗口处都可看到玻璃管内的水银面。窗口旁边装有带有游标 D 的标度尺，该标度尺的零点就是下面水银杯内象牙针的端点。气压计的标度尺零点是在 0℃时刻画的，这就是说仅在 0℃时，标度尺的一小格才是 1mm。转动齿轮 A，可使游标 D 沿标度尺移动。游标 D 的零刻线在它的最下端（边缘）。气压计上还附有温度计，以供测量气压时，先确定观测时温度。

（2）福廷式气压计使用方法

① 调节水银气压计的玻璃管，使其处于铅直位置，并记下室温 $t$。

② 调节调节螺钉 S，使杯内水银面刚好与象牙针尖端相接触（这可以借助在水银面上象牙针尖是否恰与象牙针尖影子相连接来作为判断标准）。然后转动齿轮，

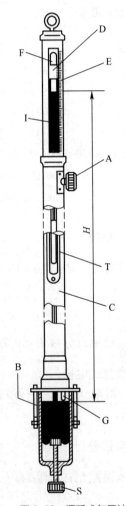

图 5-23　福廷式气压计

A-齿轮；D-游标；E-标尺；F-玻璃管；I-水银柱；
B-水银杯；C-金属保护套；T-温度计；
S-调节螺丝；G-象牙针；H-汞柱高

先把游标 D 升高后，再使游标 D 的零线从上向下与水银凸面的顶点正好相切。利用标度尺读出水银柱的高度 $H$（注意，由于玻璃和水银有粘附作用，玻璃管内水银的凸面在水银上升和下降时略有不同，以上升时最为凸出。为使其凸面有正常形状，可用手指轻轻敲击玻璃管，水银受震后，凸面就会自由形成。如果这时水银面有显著变化，应重新调节水银杯下调节螺钉 S）。

③ 在室温 $t$ 的影响下，水银的体积和黄铜标尺的长度都会发生变化，前者使读数增加，后者使读数减少，但因前者的影响比后者要大，故当 $t$ 为正时，测得的 $H$ 值比实际的大气压强要大些，为此引入温度修正，修正式为

$$H_0 = H(1-0.000163t)$$

式中，$H$ 为在 $t$ 温度下的直接测数值，$H_0$ 是换算到 0℃ 的气压计读数，例如 21℃ 时，从气压计上读得值为 765.5mmHg，则修正后的气压读数为

$$H_0 = 765.5(1-0.000163 \times 21.0)$$
$$= 762.9 \, (\text{mmHg})$$

④ 考虑到水银柱的顶端为一显著凸面，由于表面张力的作用，这一凸面将对水银柱施以附加的压强，结果使测得值比实际要小一些。为此先用游标尺测出凸面的顶端和水银、玻璃管两者相接触处之间高度差 $h$，然后再按表 5-15 修正。例如：凸面顶端读数为 762.9mm（已考虑温度修正），毛细管（即 C 管）直径 10mm，凸面高度差 $h$ 为 1.0mm，对应的修正值为 0.2mm，所以修正后的读数应为 $762.9 + 0.2 = 763.1$（mmHg）。SI 中压强的单位是帕斯卡（Pa）。Pa 的单位表示式为 N/m$^2$。Pa 与其他非法定计量单位换算如下：

$$1 \, \text{dyn/cm}^2 = 0.1\text{Pa}$$
$$1 \, \text{mmH}_2\text{O} = 9.80665\text{Pa}$$
$$1 \, \text{bar} = 10^5\text{Pa}$$
$$1 \, \text{mmHg} = 133.322\text{Pa}$$
$$1 \, \text{kgf} / \text{cm}^2 = 98 \, 066.5 \, \text{Pa}$$
$$1 \, \text{atm} = 101 \, 325\text{Pa} = 1.01325 \times 10^5\text{Pa}$$

实验室所用的福廷式气压计是以毫巴为单位刻划的。标度尺上（在金属保护管 C 上）每一小格（最小分度值，实际长度为 0.750063755mm，约为 0.75mm）为 1mbar（毫巴）即可。换算出来的 $H_0$，其单位就是 mbar。

对于 $H_0 = (1-0.000163t)$ 公式，可以不作任何修改。只要读数时，$H$ 读成 mbar（毫巴）即可。换算出的 $H_0$，其单位就是 mbar。

对于表 5-15，仅将毫米（汞柱高）数除以 0.750063755（一般情况下除以 0.75）就可以了，其单位即为毫巴了。

常用福廷式气压计，其管径为 8mm。

表 5-15　　　　　　　　不同直径毛细管的凸面高度所对应的修正值

| 管的直径/mm | 水银面凸起高度差 $S$/mm | | | | | | | |
|---|---|---|---|---|---|---|---|---|
| | 0.4 | 0.6 | 0.8 | 1.0 | 1.2 | 1.4 | 1.6 | 1.8 |
| 8 | | 0.20 | 0.29 | 0.38 | 0.46 | 0.56 | 0.65 | 0.77 |
| 9 | | 0.15 | 0.21 | 0.28 | 0.33 | 0.40 | 0.46 | 0.52 |
| 10 | | | 0.15 | 0.20 | 0.25 | 0.29 | 0.33 | 0.37 |
| 11 | | | 0.10 | 0.14 | 0.18 | 0.21 | 0.24 | 0.27 |

# 第五节　物理实验常用光源

能够发光的物体称为光源。实验室中常用的光源分为热辐射光源、气体放电光源和激光光源三类。热辐射光源是依靠电流通过物体，使物体温度升高而发光的光源。气体放电光源指使电流通过气体（包括某些金属蒸气）而发光的光源。激光器的发光原理是受激发射而发光。

### 1. 白炽灯

白炽灯的光谱是连续光谱，光谱成分和光强都与灯丝的温度有关。根据不同的用途和要求，制造出各类专用灯泡。实验室中常用的白炽灯有下列几种。

（1）普通灯泡

作白色光源或照明用。每个灯泡上都标明它的使用电压和功率。应按规定的电压使用。在白炽灯前加滤色片或色玻璃，就可以得到单色光，其单色性取决于滤色片的参数。

（2）标准灯泡

过去使用的标准灯泡就是经过校准后的普通白炽灯泡。经验表明：普通白炽灯泡使用后，钨丝会逐渐蒸发，灯丝的直径逐渐减少，灯泡越用越暗，而灯泡的玻璃壳，由于钨的沉积而越用越黑。它作为标准灯泡显然不稳定，须经常校准，十分麻烦。另外它的发光效率不高，光色不好（偏黄红）。

近年来，利用卤族元素和钨的化合物容易挥发的特点制成卤钨灯（其中，主要是碘钨灯和溴钨灯）。在灯泡内充入卤族元素后，沉积在玻璃壳内的钨将与卤族原子化合，生成卤化钨，卤化钨挥发成气体又反过来向灯丝扩散。由于灯丝附近温度高，卤化钨分解，钨又重新沉积在钨丝上，形成卤钨循环。所以卤钨灯能获得较高的发光效率，光色较好，同时提高了稳定性。

作为标准光源的卤钨灯仍然要经过校准，同时存在使用时的方向性，使用时应按规定的电压值（或电流值）和规定的方向才能得到正确的结果。

### 2. 水银灯（汞灯）

水银灯是一种气体放电光源，发光物是水银蒸气。稳定后发出绿白光，在可见光范围的光谱成分是几条分离的谱线。

因为水银灯在常温下要有很高的电压才能点燃，因此在灯管内还充有辅助气体，如氖氩等。通电时辅助气体首先被电离而开始放电，此后灯管温度得以升高，随后才产生水银蒸气的弧光放电。弧光放电的伏安特性有负阻现象，需要在电路中接入一定的阻抗以限制电流，否则电流急剧增加会把灯管烧坏，一般在交流220V电源与灯管的电路中串入一个扼流圈（镇流器）用来镇流，如图5-24所示，不同的水银灯泡电流的额定值不同，所需扼流圈的规格亦不同，不能互用，切忌弄混。

水银灯辐射的紫外线较强，不要直接注视水银灯，以防止眼睛受伤。

### 3. 钠光灯

钠光灯也是一种气体放电光源。在可见光范围内有两条强谱线（589.0nm 和 589.6nm），因此是一种比较好的单色光源。

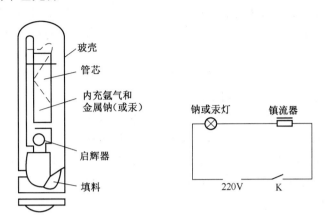

图 5-24 钠灯（汞灯）接线示意

这种灯将金属钠封闭在特种玻璃泡内，并且充以辅助气体氩，发光过程似汞灯。钠为难熔金属，冷时蒸气压很低，工作时钠蒸气压约为 0.133Pa，通电 15min 后可发出较强的黄色光。灯泡两端电压约为 200V（AC），电流为 1.0～1.3A。电源用交流 220V，并串入扼流圈。

### 4．氢放电管

氢放电管也是一种气体放电光源。如图 5-25 所示。在一根与大玻璃管相通的毛细管内充以氢气，放电时发出粉红色的光，含有原子光谱和分子光谱。可根据需要，采取适当措施突出一种。实验室里的氢灯是用于研究氢原子光谱的。工作电流一般为几毫安（不超过 10mA），管压降为几千伏。氢放电管接在霓虹灯变压器输出端，将 220V 的市电通过调压变压器输入到霓虹灯变压器的输入端，以调节其输出电压。输入电压应控制在 50～100V。

### 5．氦氖激光器

激光器是一种新发展起来的单色光源，它具有单色性好、发光强度大和方向性强等优点。氦氖激光器是一种气体激光器，输出波长为 632.8mm 的橙红色偏振光，输出功率在几毫瓦到几十毫瓦之间，如图 5-26 所示。

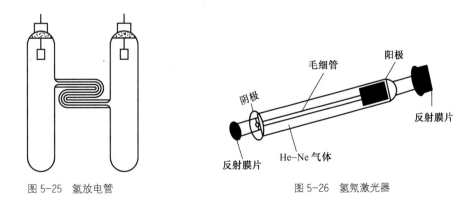

图 5-25 氢放电管          图 5-26 氦氖激光器

　　激光管两端是多层介质膜片，管体中间有一毛细管，它们组成光学谐振腔，这是激光器的主要部分，使用时必须保持清洁。点燃时应严格按说明书的要求控制辉光电流的大小，不得超过额定值。若低于阈值则使激光闪烁或熄灭。由于激光管两端加有高压，操作时应严防触及，以免造成电击事故。

　　由于激光束的能量高度集中，绝对不能迎着激光束的方向观察。照射到人眼中的不扩束的激光，将造成视网膜的永久性损伤。

　　作为常用的仪器、仪表、量具、光源和常用物理量的测量就介绍到此。

　　前面介绍了物理实验中的一些基本仪器。在物理实验中，还要涉及其他一些通用仪器和专用仪器，限于篇幅，在此不能一一详细介绍。我们将结合具体实验项目作出适当的说明，同时，所有仪器都配有相关资料和使用说明书，以供查阅和参考。大家可以通过研读有关资料来熟悉仪器的原理、性能和使用方法。

# 附录 A
# 常用基本物理量

**基本物理常量**

| 量 | 符号 | 数值 | 单位 | 不确定度（ppm） |
|---|---|---|---|---|
| 真空中光速 | $C$ | 299792458 | $ms^{-1}$ | （精确） |
| 真空磁导率 | $\mu_0$ | 12.566370614… | $10^{-7}NA^{-2}$ | （精确） |
| 真空电容率 | $\varepsilon_0$ | 8.854187817… | $10^{-12}Fm^{-1}$ | （精确） |
| 牛顿引力常数 | $G$ | 6.67259(85) | $10^{-11}m^3kg^{-1}s^{-2}$ | 128 |
| 普朗克常量 | $h$ | 6.6260755(40) | $10^{-34}Js$ | 0.60 |
| 基本电荷 | $e$ | 1.60217733(49) | $10^{-19}C$ | 0.30 |
| 玻尔磁子，$ch/2m_e$ | $\mu_g$ | 9.2740154(31) | $10^{-24}JT^{-1}$ | 0.34 |
| 里德伯常数 | $R_\infty$ | 10973731534(13) | $m^{-1}$ | 0.0012 |
| 玻尔半径，$\alpha/4\pi R_\infty$ | $\alpha_0$ | 0.529177249(24) | $10^{-10}m$ | 0.045 |
| 电子质量 | $m_e$ | 0.91093897(54) | $10^{-30}kg$ | 0.59 |
| 电子荷质比 | $-e/m_e$ | −1.75881962(53) | $10^{11}C/kg$ | 0.30 |
| 质子质量 | $m_P$ | 1.6726231(10) | $10^{-27}kg$ | 0.59 |
| 中子质量 | $m_n$ | 1.6749286(10) | $10^{-27}kg$ | 0.59 |
| 阿伏加德罗常量 | $N_A,L$ | 6.0221367(36) | $10^{23}mol^{-1}$ | 0.59 |
| 原子（统一）质量单位 | $m_\mu$ | 1.6605402(10) | $10^{-27}kg$ | 0.59 |
| 气体常量 | $R$ | 8.314510(70) | $Jmol^{-1}K^{-1}$ | 8.4 |
| 波尔兹曼常量，$R/N_A$ | $K$ | 1.380658(12) | $10^{-23}JK^{-1}$ | 8.4 |
| 摩尔体积（理想气体）$T$=273.15K $P$=101 325 Pa | $V_m$ | 22.414 10(19) | L/mol | 8.4 |

注：ppm=$1/10^6$（百万分之一）。

# 附录 B
# SI 国际单位制简介

| 量的名称 | 单位名称 | 单位符号 | 定　义 |
| --- | --- | --- | --- |
| 长度 | 米 | m | 米是光在真空中于 1/299792458s 时间间隔内所经路径的长度 |
| 质量 | 千克（公斤）[1] | kg | 千克是质量单位，等于国际千克原器的质量 |
| 时间 | 秒 | s | 秒是铯—133 原子基态的两个超精细能级间跃迁相对应的辐射的 9192631770 个周期的持续时间 |
| 电流 | 安[培][2] | A | 安培是电流单位。在真空中，截面积可忽略的两根相距 1m 的无限长平行圆直导线内通以等量恒定电流时，若导线间相互作用力在每米长度上为 $2 \times 10^{-7}N$，则每根导线中的电流为 1A |
| 热力学温度 | 开[尔文] | K | 开尔文是热力学温度单位，等于水的三相点热力学温度的 1/273.15 |
| 物质的量 | 摩[尔] | mol | 摩尔是一系统的物质的量，该系统中所包含的基本单元数与 0.012kg 碳—12 的原子数目相等<br>使用摩尔时，基本单元应予指明，可以是原子、分子、离子、电子及其他粒子，或是这些粒子的特定组合 |
| 发光强度 | 坎[德拉] | cd | 坎德拉是一光源在给定方向上的发光强度，该光源发出频率为 $540 \times 10^{12}Hz$ 的单色辐射，且在此方向上的辐射强度为 1/683W/sr |

注（1）圆括号中的名称与它前面的名称是同义词。以下各表同。

（2）去掉方括号时为单位名称的全称，去掉方括号中的字时即成为单位名称的简称，无方括号的单位名称、简称与全称同。以下各表同。

（3）除以开尔文表示的热力学温度外，也可用按式 $t = T - 273.15$ K 所定义的摄氏温度，式中，$t$ 为摄氏温度，$T$ 为热力学温度。单位"摄氏度"与单位"开尔文"相等。"摄氏度"是表示摄氏温度时用来代替"开尔文"的一个专门名称。摄氏温度间隔或温差可以用摄氏度表示，也可以用开尔文表示。

| 量的名称 | 单位名称 | 单位符号 | 定　义 |
| --- | --- | --- | --- |
| （平面）角 | 弧度 | rad | 弧度是圆内两条半径之间的平面角，这两条半径在圆周上所截取的弧长与半径相等 |
| 立体角 | 球面度 | sr | 球面度是一立体角，其顶点位于球心，而它在球面上所截取的面积等于以球半径为边长的正方形面积 |

**表 B3**　　　　　　　　　**用 SI 基本单位表示的部分 SI 导出单位**

| 量 的 名 称 | SI 单位 | |
|---|---|---|
| | 名　　称 | 符　　号 |
| 面积 | 平方米 | $m^2$ |
| 体积 | 立方米 | $m^3$ |
| 速度 | 米每秒 | $m/s$ |
| 加速度 | 米每二次方秒 | $m/s^2$ |
| 波数 | 每米 | $m^{-1}$ |
| 密度 | 千克每立方米 | $kg/m^3$ |
| 电流密度 | 安（培）每平方米 | $A/m^2$ |
| 磁场强度 | 安（培）每米 | $A/m$ |
| （物质的量）浓度[1] | 摩（尔）每立方米 | $mol/m^3$ |
| 比体积 | 立方米每千克 | $m^3/kg$ |
| （光）亮度 | 坎（德拉）每平方米 | $cd/m^2$ |

注（1）在不致产生误解时，量的名称中括号内的字可以省略。

**表 B4**　　　　　　　　　**用 SI 辅助单位表示的部分 SI 导出单位**

| 量 | SI 单位 | |
|---|---|---|
| | 名　　称 | 符　　号 |
| 角速度 | 弧度每秒 | $rad/s$ |
| 角加速度 | 弧度每二次方秒 | $rad/s^2$ |
| 辐（射）强度 | 瓦（特）每球面度 | $W/sr$ |
| 辐（射）亮度 | 瓦（特）每平方米球面度 | $W/(m^2 \cdot sr)$ |

**表 B5**　　　　　　　　　　　**SI 词头**

| 因数 | 词头名称 原文（法） | 中文 | 符号 | 因数 | 词头名称 原文（法） | 中文 | 符号 |
|---|---|---|---|---|---|---|---|
| $10^{18}$ | exa | 艾[可萨] | E | $10^{-1}$ | deci | 分 | d |
| $10^{15}$ | peia | 拍[它] | P | $10^{-2}$ | centi | 厘 | c |
| $10^{12}$ | tera | 太[拉] | T | $10^{-3}$ | milli | 毫 | m |
| $10^{9}$ | giga | 吉[咖] | G | $10^{-6}$ | micro | 微 | u |
| $10^{6}$ | mega | 兆 | M | $10^{-9}$ | nano | 纳[诺] | n |
| $10^{3}$ | kilo | 千 | k | $10^{-12}$ | pico | 皮[可] | P |
| $10^{2}$ | hecto | 百 | h | $10^{-15}$ | femto | 飞[姆托] | f |
| $10^{1}$ | deca | 十 | da | $10^{-18}$ | atto | 阿[托] | a |

**表 B6**　　　　　　　　　　用专门名称表示的部分 SI 导出单位

| 量的名称 | SI 单位 | | |
|---|---|---|---|
| | 名称 | 符号 | 用 SI 基本单位表示的表示式 |
| （动力）黏度 | 帕[斯卡]秒 | Pa·s | $m^{-1}·kg·s^{-1}$ |
| 力矩 | 牛[顿]米 | N·m | $m^2·kg·s^{-2}$ |
| 表面张力 | 牛[顿]每米 | N/m | $kg·s^{-2}$ |
| 热流密度，辐（射）照度 | 瓦[特]每平方米 | W/m$^2$ | $kg·s^{-3}$ |
| 热容，熵 | 焦[耳]每开[尔文] | J/K | $m^2·kg·s^{-2}·K^{-1}$ |
| 比热容，比熵 | 焦[耳]每千克开[尔文] | J/(kg.K) | $m^2·s^{-2}·K^{-1}$ |
| 比能 | 焦[耳]每千克 | J/kg | $m^2·s^{-2}$ |
| 热导率（导热系数） | 瓦[特]每米开[尔文] | W/(m.K) | $m·kg·s^{-3}·K^{-1}$ |
| 能（量）密度 | 焦[耳]每立方米 | J/m$^3$ | $m^{-1}·kg·s^{-2}$ |
| 电场强度 | 伏[特]每米 | V/m | $m·kg·s^{-3}·A^{-1}$ |
| 电荷体密度 | 库[仑]每立方米 | C/m$^3$ | $m^{-3}·s·A$ |
| 电位移 | 库[仑]每平方米 | C/m$^2$ | $m^{-2}·s·A$ |
| 电容率（介电常数） | 法[拉]每米 | F/m | $m^{-3}·kg^{-1}·s^4·A^2$ |
| 磁导率 | 亨[利]每米 | H/m | $m·kg·s^{-2}·A^{-2}$ |
| 摩尔能（量） | 焦[耳]每摩[尔] | J/mol | $m^2·kg·s^{-2}·mol^{-1}$ |
| 摩尔熵，摩尔热容 | 焦[耳]每摩[尔]开[尔文] | J/（mol·K） | $m^2·kg·s^{-2}·K^{-1}·mol^{-1}$ |

**表 B7**　　　　　　　　　　具有专门名称的 SI 导出单位

| 量的名称 | SI 具有专门名称的部分 SI 导出单位 | | | |
|---|---|---|---|---|
| | 名称 | 符号 | 用其他 SI 单位表示的表示式 | 用 SI 基本单位表示的表示式 |
| 频率 | 赫[兹] | Hz | | $s^{-1}$ |
| 力，重力 | 牛[顿] | N | | $m·kg·s^{-2}$ |
| 压力，压强，应力 | 帕[斯卡] | Pa | N/m$^2$ | $m^{-1}·kg·s^{-2}$ |
| 能量，功，热 | 焦[耳] | J | N.m | $m^2·kg·s^{-2}$ |
| 功率，辐射通量 | 瓦[特] | W | J/s | $m^{-2}·kg·s^{-3}$ |
| 电荷量 | 库[仑] | C | | $s·A$ |
| 电位，电压，电动势 | 伏[特] | V | W/A | $m^2·kg·s^{-3}·A^{-1}$ |
| 电容 | 法[拉] | F | C/V | $m^{-2}·kg^{-1}·s^4·A^2$ |
| 电阻 | 欧[姆] | Ω | V/A | $m^2·kg·s^{-3}·A^{-2}$ |
| 电导 | 西[门子] | S | A/V | $m^{-2}·kg^{-1}·s^{-3}·A^2$ |
| 磁通量 | 韦[伯] | Wb | V.s | $m^2·kg·s^{-2}·A^{-1}$ |
| 磁通密度，磁感应强度 | 特[斯拉] | T | Wb/m$^2$ | $kg·s^{-2}·A^{-1}$ |
| 电感 | 亨[利] | H | Wb/A | $m^2·kg·s^{-2}·A^{-2}$ |
| 摄氏温度 | 摄氏度 | ℃ | | K |
| 光通量 | 流[明] | lm | | $cd·sr$ |
| 光照度 | 勒[克斯] | lx | lm/m$^2$ | $m^{-2}·cd·sr$ |
| 放射性活度 | 贝克[勒尔] | Bq | | $s^{-1}$ |
| 吸收剂量 | 戈[瑞] | Gy | J/kg | $m^2·s^{-2}$ |
| 剂量当量 | 希[沃特] | Sv | J/kg | $m^2·s^{-2}$ |

# 附录 C
# GB 非国际单位制单位

| 量的名称 | 单位名称 | 单位符号 | 换算关系及说明 |
|---|---|---|---|
| 时间 | 分，[小]时，日[天] | min,h,d | $1min = 60 s$ |
| | | | $1h = 60min = 3600 s$ |
| | | | $1d = 24h = 86400 s$ |
| [平面]角 | [角]秒 | ″ | $1″= (1/60)′= (\pi/648000)rad$ |
| | [角]分 | ′ | $1′= (1/60)°= (\pi/10800(\pi/10800))rad$ |
| | 度 | ° | $1°=(\pi/180)rad$ |
| 体（容）积 | 升 | L,(l) | $1L = 1dm^3 = 10^{-3}m^3$ |
| 质量 | 吨 | t | $1t = 10^3kg$ |
| 旋转速度 | 转每分 | r/min | $1r/min=(1/60)/s$ |
| 长度 | 海里 | n mile | $1n\ mile =1852m$（只用于航程） |
| 速度 | 节 | kn | $1kn = 1n\ mile/h = (1852/3600)\ m/s$ |
| | | | （只用于航程） |
| 能 | 电子伏 | eV | $1eV=1.6021892 \times 10^{-19}\ J$ |
| 级差 | 分贝 | dB | |
| 线密度 | 特[克斯] | tex | $1tex = 10^{-6}\ kg/m$ |

# 附录 D
# 常用物理数据

表 D1                  20℃时一些物质的密度

| 物　质 | 密度ρ/(kg/m³) | 物　　质 | 密度ρ/(kg/m³) |
|---|---|---|---|
| 铝 | 2698.9 | 铂 | 21450 |
| 锌 | 7140 | 汽车用汽油 | 710～720 |
| 锡 | 7298 | 乙醇 | 789.4 |
| 铁 | 7874 | 变压器油 | 840～890 |
| 钢 | 7600~7900 | 冰（0℃） | 900 |
| 铜 | 8960 | 纯水（4℃） | 1000 |
| 银 | 10500 | 甘油 | 1260 |
| 铅 | 11350 | 硫酸 | 1840 |
| 钨 | 19300 | 水银（0℃） | 13595.5 |
| 金 | 19320 | 空气（0℃） | 1.293 |

表 D2                  不同纬度海平面上重力加速度*

| 纬度 $\varphi$ | g/(m/s²) | 纬度 $\varphi$ | g/(m/s²) |
|---|---|---|---|
| 0 | 9.78049 | 50 | 9.81089 |
| 5 | 9.78088 | 55 | 9.81515 |
| 10 | 9.78204 | 60 | 9.81924 |
| 15 | 9.78394 | 65 | 9.82294 |
| 20 | 9.78652 | 70 | 9.92614 |
| 25 | 9.78969 | 75 | 9.82873 |
| 30 | 9.79338 | 80 | 9.83085 |
| 35 | 9.79746 | 85 | 9.83182 |
| 40 | 9.80180 | 90 | 9.83221 |
| 45 | 9.80269 | | |

*地球任意地方重力加速度的计算公式为：$g = 9.78049(1+0.005288\sin^2\varphi - 0.000006\sin^2 2\varphi)$

表 D3　　　　　　　　　　　　　水的沸点（℃）随压力 *P*(bar)的变化

| P | 0 | 1 | 2 | 3 | 4 | 5 | 6 | 7 | 8 | 9 |
|---|---|---|---|---|---|---|---|---|---|---|
| 0.973 | 98.88 | 98.92 | 98.95 | 98.99 | 99.03 | 99.07 | 99.11 | 99.14 | 99.18 | 99.22 |
| 0.987 | 99.26 | 99.29 | 99.33 | 99.37 | 99.41 | 99.44 | 99.48 | 99.52 | 99.56 | 99.59 |
| 1.00 | 99.63 | 99.67 | 99.70 | 99.74 | 99.78 | 99.82 | 99.85 | 99.89 | 99.93 | 99.96 |
| 1.01 | 100.00 | 100.04 | 100.07 | 100.11 | 100.15 | 100.18 | 100.22 | 100.26 | 100.29 | 100.33 |
| 1.03 | 100.36 | 100.40 | 100.44 | 100.47 | 100.51 | 100.55 | 100.58 | 100.62 | 100.65 | 100.69 |

表 D4　　　　　　　　　　　20℃时某些金属的杨氏模量(N/mm$^2$)*

| 金　属 | $E$（×10$^4$） | 金　属 | $E$（×10$^4$） |
|---|---|---|---|
| 铝 | 6.8～70 | 铁 | 19～21 |
| 金 | 8.1 | 镍 | 21.4 |
| 银 | 6.9～8.4 | 碳钢 | 20～21 |
| 锌 | 8.0 | 合金钢 | 21～22 |
| 铜 | 10.3～12.7 | 铬 | 23.5～24.5 |
| 康铜 | 16.0 | 钨 | 41.5 |

*$E$ 的值与材料的结构、化学成分及其加工制造方法有关。

表 D5　　　　　　　　　　　　　某些物质中的声速（m/s）*

| 物质/0℃ | 声　速 | 物　质 | 声　速 |
|---|---|---|---|
| 空气 | 331.45 | 水（20℃） | 1482.9 |
| 一氧化碳 | 337.1 | 酒精（20℃） | 1168 |
| 二氧化碳 | 258.0 | 铝 | 5000 |
| 氧气 | 317.2 | 金 | 2030 |
| 氩气 | 319 | 银 | 2680 |
| 氢气 | 1269.5 | 铜 | 3750 |
| 氮气 | 337 | 不锈钢 | 5000 |

*干燥空气中的声速与温度的关系：331.45 + 0.54*t*

**固体中的声速为棒内纵波速度

# 参 考 文 献

[1] 国家技术监督局. 通用计量名词及定义. 中华人民共和国计量技术规范（JJG·1001—91），1991 年 10 月 1 日实施.

[2] 国家技术监督局. 测量误差及数据处理（试行）. 中华人民共和国国家计量技术规范（JJG 1027—91），1992 年 10 月 1 日实施.

[3] 金恩培，钱守仁，赵海发. 大学物理实验[M]. 哈尔滨：哈尔滨工业大学出版社，1998.

[4] 陆廷济，胡德敬，陈铭南. 物理实验教程[M]. 上海：同济大学出版社，2000.

[5] 金少先，王宏波，刘世清. 物理实验教程[M]. 哈尔滨：东北林业大学出版社，2000.

[6] 李化平，物理测量的误差评定[M]. 北京：高等教育出版社，1993.

[7] 潘人培，董宝昌. 物理实验教学参考书[M]. 北京：高等教育出版社，1990.

[8] 复旦大学物理系. 普通物理实验[M]. 上海：复旦大学出版社，1984.

[9] 丁慎训，张连芳. 物理实验教程[M]2 版. 北京：清华大学出版社，2002.

[10] 陈守船，田志勇. 大学物理实验教程[M]. 杭州：浙江大学出版社，1995.

[11] 朱筱玮，刘绒侠. 大学物理实验教程（第 2 版）. 西安：西北工业大学出版社，2009.

[12] 戴启润. 大学物理实验. 郑州：郑州大学出版社，2008.

[13] 王殿元. 大学物理实验（第 2 版）. 北京：北京邮电大学出版社，2008.

[14] 陈玉林，李传起. 大学物理实验. 北京：科学出版社，2007.

[15] 龙作友，戴亚文，杨应平，胡又平. 大学物理实验（修订本）. 武汉：武汉理工大学出版社，2006.

[16] 崔亚量，梁为民. 普通物理实验. 西安：西北工业大学出版社，2007.

[17] 吴桂玺. 物理实验. 成都：电子科技大学出版社，2005.

[18] 张逸民，张敏. 物理实验教程. 郑州：郑州大学出版社，2005.

[19] 张兆奎，缪连元，张立. 大学物理实验（第二版）. 北京：高等教育出版社，2006.

[20] 吴泳华，霍剑青，浦其荣. 大学物理实验（第 2 版）. 北京：高等教育出版社，2005.